高等院校计算机系列教材

计算机操作系统

主　编　王志刚　胡玉平
副主编　张如健　罗　心　徐雨明
参　编　戴祖雄　熊　江　伍雁鹏
　　　　张小梅　周　昱　李燕清
　　　　雷　清　彭大军　陈　曦

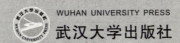
武汉大学出版社

图书在版编目(CIP)数据

计算机操作系统/王志刚,胡玉平主编.—武汉:武汉大学出版社,2005.8
(高等院校计算机系列教材)
ISBN 978-7-307-04585-9

Ⅰ.计… Ⅱ.①王… ②胡… Ⅲ.操作系统—高等学校—教材 Ⅳ.TP316

中国版本图书馆 CIP 数据核字(2005)第 084960 号

责任编辑:杨 华 黄金文　　责任校对:黄添生　　版式设计:支 笛

出版发行:武汉大学出版社　(430072　武昌　珞珈山)
(电子邮件:cbs22@whu.edu.cn　网址:www.wdp.com.cn)
印刷:武汉中科兴业印务有限公司
开本:720×1000　1/16　印张:22.375　字数:354 千字
版次:2005 年 8 月第 1 版　　2012 年 12 月第 3 次印刷
ISBN 978-7-307-04585-9/TP·175　　定价:33.50 元

版权所有,不得翻印;凡购我社的图书,如有质量问题,请与当地图书销售部门联系调换。

内容简介

本书全面介绍了计算机操作系统的基本概念、原理和实现方法。全书共分十一章，第一章讲述了操作系统的发展概况；第二章至第十章分别阐述了操作系统的基本原理、概念和实现方法，包括中断技术、进程和线程的管理、进程的同步和通信，存储器管理，虚拟存储器，处理机调度，死锁问题，设备管理和文件系统；第十一章介绍了 Linux 操作系统；在第二章到第十章后面还介绍了 Windows 2000 操作系统，并较详细地分析了这两个系统的基本结构、主要的功能模块及其相互之间的关系。

本书吸收了国内外近几年出版的同类教材的优点，内容丰富。它既可以作为计算机专业和相关专业的本科生教材，也可作为从事计算机工作人员的参考书。

操作系统是计算机系统中最基本的系统软件之一,它在计算机系统中具有中心地位,也是计算机教学中最重要的环节之一。操作系统被认为是信息系统的生命线,信息的处理和安全只能依靠技术手段来解决,而信息技术的核心是操作系统。操作系统的质量直接影响整个计算机系统的性能和用户对计算机的使用。

书中详细介绍了操作系统的基本原理和概念,吸收了国内外近几年出版的同类教材的优点,内容丰富,为读者学习、使用和分析操作系统提供了基本的原理和方法。这些知识对于计算机专业人员应用好计算机是不可缺少的。

全书共分十一章。第一章阐述了现代操作系统的发展概况;第二章至第十章分别阐述了操作系统的基本原理、概念和实现方法,包括中断技术,进程和线程的管理、进程的同步和通信,存储器管理,虚拟存储器,处理机调度,死锁问题,设备管理和文件系统。

在阐述基本原理和概念的基础上,介绍了当代操作系统的新概念、新技术和新方法。为了使读者对操作系统建立一个整体概念,对所学的知识能融会贯通,第十一章介绍了 Linux 操作系统,在第二章到第十章结合原理介绍了当今流行的 Windows 2000 操作系统,并较详细地分析了这两个系统的基本结构、主要的功能模块及其相互之间的关系。这些内容是深入了解和使用这些系统的重要知识。

本书第一章由王志刚、熊江编写,第二章由李燕清编写,第三章、第四章由雷清、张小梅编写,第五章由胡玉平编写,第六章由戴祖雄编写,第七章由张如健编写,第八章由陈曦、罗心编写,第九章由徐雨明编写,第十章由周昱、彭大钧编写,第十一章由伍雁鹏编写,Windows 2000 由丁湘陵、贺慧琳、刘亚琴、汤小康编写。全书由王志刚、胡玉平统稿。

由于编者水平有限,书中可能会有不妥之处乃至缺点和错误,恳切希望读者赐教。

在本教材的编写过程中,得到了武汉大学出版社的大力帮助,在此表示衷心的感谢。

作 者
2005 年 6 月

目 录

第一章 绪 论 ... 1
1.1 操作系统概述 ... 1
1.2 操作系统的发展过程 ... 4
1.2.1 人工操作阶段 ... 4
1.2.2 单道批处理阶段 ... 4
1.2.3 执行系统阶段 ... 6
1.2.4 多道程序系统阶段 ... 6
1.3 操作系统的功能 ... 7
1.3.1 用户接口 ... 7
1.3.2 处理机管理 ... 9
1.3.3 存储管理 ... 9
1.3.4 设备管理 ... 10
1.3.5 文件管理 ... 10
1.4 操作系统的结构 ... 11
1.4.1 系统结构 ... 11
1.4.2 两种机器状态 ... 13
1.4.3 两种系统界面 ... 14
1.5 操作系统的特征 ... 16
1.5.1 操作系统的基本特征 ... 16
1.5.2 现代操作系统的某些新特征 ... 18
1.6 操作系统的分类 ... 20
1.6.1 多道批处理系统 ... 20
1.6.2 分时系统 ... 21
1.6.3 实时系统 ... 23
1.6.4 网络操作系统 ... 24
1.6.5 分布式操作系统 ... 26
1.7 操作系统的启动和工作过程 ... 27
1.8 Windows 2000 的模型 ... 28

第二章 中断技术 …… 35
2.1 中断在操作系统中的地位 …… 35
2.2 中断的概念、作用和类型 …… 36
2.2.1 中断的作用 …… 36
2.2.2 中断的有关概念 …… 37
2.2.3 中断的类型 …… 38
2.2.4 中断嵌套、中断优先级和中断屏蔽 …… 39
2.3 中断响应过程 …… 39
2.4 中断处理过程 …… 41
2.4.1 中断处理过程 …… 41
2.4.2 中断处理例程简介 …… 41
2.5 向量中断 …… 44

第三章 进程和线程的描述与控制 …… 46
3.1 进程的引入 …… 46
3.1.1 程序的顺序执行 …… 46
3.1.2 程序的并发执行及特点 …… 47
3.2 进程的概念 …… 51
3.2.1 进程的定义和特点 …… 52
3.2.2 进程的基本状态 …… 53
3.2.3 进程控制块 …… 55
3.3 进程控制 …… 56
3.3.1 进程控制的有关概念 …… 56
3.3.2 进程创建 …… 58
3.3.3 进程终止 …… 59
3.3.4 进程等待 …… 60
3.3.5 进程唤醒 …… 61
3.3.6 进程挂起 …… 61
3.4 线程 …… 65
3.4.1 线程的引入 …… 65
3.4.2 线程的控制 …… 66
3.4.3 线程与进程的比较 …… 67
3.4.4 用户级线程和内核级线程 …… 68

第四章 进程的同步与通信 …… 72
4.1 互斥与同步的基本概念 …… 72
4.2 解互斥问题的算法 …… 75

4.3 同步与互斥的基本工具——信号量和 P,V 操作 ……… 78
4.4 经典的互斥、同步问题 …………………………………… 81
    4.4.1 生产者-消费者问题 ………………………………… 81
    4.4.2 读者-写者问题 ……………………………………… 83
    4.4.3 哲学家进餐问题 ……………………………………… 85
4.5 管程机制 …………………………………………………… 87
    4.5.1 管程的引入 …………………………………………… 87
    4.5.2 管程概念 ……………………………………………… 88
    4.5.3 利用管程解生产者-消费者问题 …………………… 90
    4.5.4 利用管程解哲学家进餐问题 ……………………… 91
4.6 进程通信 …………………………………………………… 93
    4.6.1 消息缓冲通信 ……………………………………… 93
    4.6.2 信箱通信 ……………………………………………… 95
    4.6.3 共享文件通信 ……………………………………… 96
4.7 Windows 2000 进程互斥与同步 ……………………… 97
4.8 Windows 2000 进程间通信 …………………………… 98

第五章 处理机调度 ……………………………………… 103

5.1 处理机调度类型 …………………………………………… 103
    5.1.1 作业调度 ……………………………………………… 104
    5.1.2 中级调度 ……………………………………………… 105
    5.1.3 进程调度 ……………………………………………… 106
5.2 调度算法性能的衡量 ……………………………………… 108
    5.2.1 确定调度算法应考虑的因素 ……………………… 108
    5.2.2 调度算法响应性能的衡量 ………………………… 109
5.3 调度算法 …………………………………………………… 110
    5.3.1 先来先服务调度算法 ……………………………… 111
    5.3.2 最短作业(短进程)优先调度算法 ……………… 112
    5.3.3 最高响应比优先算法 ……………………………… 113
    5.3.4 优先级调度算法 …………………………………… 114
    5.3.5 时间片轮转调度算法 ……………………………… 117
    5.3.6 多级反馈队列调度算法 …………………………… 118
    5.3.7 均衡调度算法 ……………………………………… 120
    5.3.8 实时调度算法 ……………………………………… 121
    5.3.9 几种常见调度算法的比较 ………………………… 122
5.4 多处理机调度 ……………………………………………… 124
    5.4.1 负载分配调度 ……………………………………… 124

    5.4.2 专用处理机分配调度 …………………………………………… 125
    5.4.3 群调度 ………………………………………………………… 126
    5.4.4 调度类和多模式调度器 ………………………………………… 126
  5.5 线程调度 ……………………………………………………………… 127
    5.5.1 线程的状态 ……………………………………………………… 127
    5.5.2 线程控制 ………………………………………………………… 128
    5.5.3 线程调度的特征 ………………………………………………… 129
    5.5.4 线程优先级 ……………………………………………………… 129
    5.5.5 线程时间配额 …………………………………………………… 130
    5.5.6 提高前台线程优先级的问题 …………………………………… 132
    5.5.7 调度数据结构 …………………………………………………… 132
    5.5.8 调度策略 ………………………………………………………… 133
    5.5.9 线程优先级提升 ………………………………………………… 135
    5.5.10 对称多处理机系统上的线程调度 …………………………… 137
    5.5.11 空闲线程 ……………………………………………………… 138

第六章 死 锁 ……………………………………………………………… 142
  6.1 死锁的基本概念 ……………………………………………………… 142
    6.1.1 什么叫死锁 ……………………………………………………… 142
    6.1.2 死锁产生的原因 ………………………………………………… 143
    6.1.3 产生死锁的必要条件 …………………………………………… 145
    6.1.4 死锁表示方法 …………………………………………………… 146
    6.1.5 死锁的判定 ……………………………………………………… 147
    6.1.6 处理死锁的基本方法 …………………………………………… 148
  6.2 死锁的预防 …………………………………………………………… 149
  6.3 死锁的避免 …………………………………………………………… 152
    6.3.1 数据结构 ………………………………………………………… 152
    6.3.2 系统的安全状态 ………………………………………………… 152
    6.3.3 死锁避免算法 …………………………………………………… 154
  6.4 死锁的检测和消除 …………………………………………………… 157
    6.4.1 死锁检测 ………………………………………………………… 157
    6.4.2 死锁消除 ………………………………………………………… 158
  6.5 处理死锁的综合措施 ………………………………………………… 159

第七章 存储器管理 ……………………………………………………… 163
  7.1 存储器管理的功能 …………………………………………………… 164
  7.2 存储器的地址变换 …………………………………………………… 165

7.3 存储器的分区存储管理 · 167
7.3.1 固定式分区存储管理 · 167
7.3.2 动态分区存储管理 · 168
7.3.3 碎片问题及拼接技术 · 172
7.4 存储器的分页存储管理 · 174
7.4.1 分页存储管理的基本原理 · 175
7.4.2 存储空间的分配和回收 · 177
7.4.3 地址变换机构 · 177
7.4.4 多级页表 · 180
7.5 存储器的分段管理 · 181
7.5.1 分段管理的原理 · 181
7.5.2 分段存储管理的实现 · 182
7.5.3 段的共享和保护 · 184
7.6 段页式管理 · 185
7.6.1 段页式管理的基本思想 · 185
7.6.2 段页式管理的实现方法 · 186

第八章 虚拟存储器 · 192
8.1 虚拟存储器概述 · 192
8.1.1 虚拟存储器的基本原理 · 192
8.1.2 虚拟存储器的理论基础 · 193
8.2 请求分页存储管理 · 194
8.2.1 页表结构 · 194
8.2.2 缺页中断处理 · 195
8.2.3 地址变换 · 196
8.3 页面置换算法 · 198
8.3.1 最佳置换算法 · 198
8.3.2 先进先出(FIFO)置换算法 · 199
8.3.3 最近最久未使用(LRU)置换算法 · 200
8.3.4 时钟置换算法 · 203
8.3.5 页面缓冲置换算法 · 205
8.4 页面分配算法和页面置换范围 · 206
8.4.1 进程正常运行所需的最少块数 · 206
8.4.2 页面分配算法 · 206
8.4.3 页面的分配和置换范围 · 207
8.5 请求分页系统性能分析 · 208
8.5.1 缺页率对有效访问时间的影响 · 208

     8.5.2 抖动现象 ………………………………………………… 210
     8.5.3 页面大小的选择 …………………………………………… 213
  8.6 请求分段存储管理 ………………………………………………… 217
     8.6.1 请求分段存储管理的实现原理 ……………………………… 217
     8.6.2 段的共享和保护 …………………………………………… 221

第九章 设备管理 …………………………………………………… 226

  9.1 设备管理概述 …………………………………………………… 226
     9.1.1 设备分类 …………………………………………………… 226
     9.1.2 设备管理的任务和功能 …………………………………… 227
     9.1.3 设备控制器与 I/O 通道 …………………………………… 228
     9.1.4 I/O 系统结构 ……………………………………………… 230
  9.2 输入/输出控制方式 ……………………………………………… 232
     9.2.1 程序直接控制方式 ………………………………………… 232
     9.2.2 中断控制方式 ……………………………………………… 232
     9.2.3 DMA 控制方式 …………………………………………… 233
     9.2.4 通道控制方式 ……………………………………………… 235
  9.3 缓冲技术 ………………………………………………………… 235
     9.3.1 缓冲的引入 ………………………………………………… 235
     9.3.2 单缓冲 ……………………………………………………… 236
     9.3.3 双缓冲 ……………………………………………………… 237
     9.3.4 循环缓冲 …………………………………………………… 237
     9.3.5 缓冲池 ……………………………………………………… 238
  9.4 设备分配 ………………………………………………………… 238
     9.4.1 设备分配中的数据结构 …………………………………… 239
     9.4.2 设备分配策略 ……………………………………………… 240
     9.4.3 设备分配程序 ……………………………………………… 241
     9.4.4 Spooling 系统 ……………………………………………… 242
  9.5 驱动调度 ………………………………………………………… 243
     9.5.1 移臂调度 …………………………………………………… 244
     9.5.2 旋转调度 …………………………………………………… 247
  9.6 软件的层次结构 ………………………………………………… 248
     9.6.1 中断处理程序 ……………………………………………… 248
     9.6.2 设备驱动程序 ……………………………………………… 249
     9.6.3 与设备无关的 I/O 软件 …………………………………… 250
     9.6.4 用户空间的软件 …………………………………………… 251
  9.7 Windows 2000 I/O 系统结构和模型 …………………………… 253

9.7.1 I/O 管理器 …… 254
9.7.2 即插即用管理器 …… 255
9.7.3 电源管理器 …… 257
9.8 Windows 2000 磁盘管理 …… 258
9.8.1 磁盘存储类型 …… 258
9.8.2 驱动程序 Ntldr …… 259
9.8.3 多重分区管理 …… 260
9.8.4 高速缓存 …… 261

第十章 文件管理 …… 265
10.1 文件系统的概念 …… 265
10.1.1 文件和文件系统 …… 265
10.1.2 文件分类 …… 267
10.2 文件结构与存储设备 …… 268
10.2.1 文件的逻辑结构 …… 268
10.2.2 文件的物理结构 …… 268
10.2.3 文件的存取方法 …… 269
10.2.4 文件的存储设备 …… 270
10.3 文件存储空间的分配与管理 …… 274
10.3.1 文件存储空间的分配 …… 274
10.3.2 空闲存储空间的管理 …… 277
10.4 文件目录管理 …… 279
10.4.1 文件目录 …… 279
10.4.2 单级目录结构 …… 280
10.4.3 二级目录结构 …… 281
10.4.4 多级目录结构 …… 282
10.5 文件共享及文件管理的安全性 …… 283
10.5.1 文件共享 …… 284
10.5.2 文件保护 …… 287
10.5.3 文件的转储和恢复 …… 290
10.6 文件的使用 …… 291

第十一章 Linux 操作系统 …… 293
11.1 内存管理 …… 294
11.1.1 虚拟内存 …… 294
11.1.2 内存映射 …… 295
11.1.3 页的分配和回收 …… 298
11.1.4 按需换页 …… 299

- 11.1.5 页的交换和释放 …… 300
- 11.1.6 缓存 …… 301
- 11.1.7 页缓存 …… 302
- 11.1.8 缓存页面的交换和释放 …… 302
- 11.1.9 交换缓存 …… 304

11.2 进程 …… 305
- 11.2.1 Linux 进程 …… 306
- 11.2.2 标识符 …… 307
- 11.2.3 调度 …… 308
- 11.2.4 文件 …… 310
- 11.2.5 虚拟内存 …… 311
- 11.2.6 创建进程 …… 313
- 11.2.7 时间和计时器 …… 314
- 11.2.8 执行程序 …… 315

11.3 进程通信机制 …… 317
- 11.3.1 信号 …… 318
- 11.3.2 管道 …… 319
- 11.3.3 系统 V IPC 机制 …… 320

11.4 设备驱动程序 …… 325
- 11.4.1 Linux 设备驱动程序的特点 …… 325
- 11.4.2 轮询与中断 …… 326
- 11.4.3 DMA(直接内存存取) …… 328
- 11.4.4 存储器 …… 329
- 11.4.5 设备驱动程序接口 …… 329
- 11.4.6 硬盘 …… 331

11.5 文件系统 …… 332
- 11.5.1 第二扩充文件系统(EXT2) …… 334
- 11.5.2 虚拟文件系统(VFS) …… 338
- 11.5.3 缓冲区缓存 …… 340
- 11.5.4 /proc 文件系统 …… 341
- 11.5.5 特殊设备文件 …… 342

参考文献 …… 344

第一章 绪 论

【学习目标】
了解操作系统的形成过程,建立起操作系统的整体概念;
熟悉操作系统的基本类型和服务方式;
掌握操作系统的定义、特征和功能。

【学习重点、难点】
操作系统的各种观点;
操作系统的基本类型和特征;
操作系统的服务和功能。

1.1 操作系统概述

操作系统,简称 OS(Operating System),是计算机系统中最基本和最重要的系统软件,是其他软件的支撑软件。它管理计算机系统资源,并通过这种管理为用户使用计算机提供公共的和基本的服务,从而成为用户与计算机之间的接口。

首先,操作系统是软件而不是硬件。特别是其内核,是一个确定的可执行程序,由几百个程序模块组成。然而,第一,操作系统的某些功能(如地址变换、内存保护等)是直接由硬件实现的;第二,操作系统的某些程序,如基本输入/输出系统(BIOS)里的许多程序,是固化在 ROM 内的,已经成了固件。所以,从这两点来说,操作系统又不是纯粹的软件,而是一个以软为主、软硬结合的整体。

其次,操作系统是系统软件,它是由系统程序员研制和编写的,并把它记录在外存(光盘或磁盘)上,随计算机硬件一起销售和运行。对于任何一个实用的计算机系统来说,可以没有其他软件,但绝不可以没有操作系统。

操作系统不仅与应用程序不同,也与其他系统程序不同。一个完善的机器系统通常都配有众多的系统软件,如编辑程序、编译、汇编程序、子程序库、各种命令的解释、执行程序、数据库管理系统等。所有这些程序,虽然与操作系统一样都属于系统软件,但它们都受操作系统的管理和控制,并得到操作系统的支持和服务,它们之间的关系如图 1-1 所示。

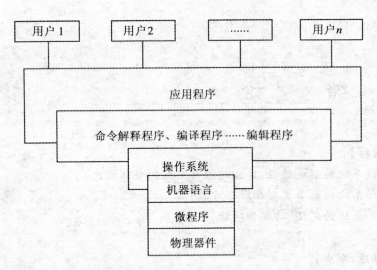

图 1-1　计算机系统的抽象层次结构

上述解释说明了如何看待操作系统的观点和设置操作系统的目的。看待操作系统有两个观点,即资源管理观点和服务用户观点。设置操作系统的两个主要目的是:高效地利用计算机系统资源和为用户使用计算机创造良好的工作环境。资源管理观点认为操作系统是管理计算机系统资源的程序。

计算机的系统资源包括硬件资源和软件资源。硬件资源包括 CPU、内存储器、外存储器、各种外部设备;软件资源主要指的是各种文件。所有系统程序以及用户要求长期保存的程序和数据都是以文件的形式存放在系统内的。

现代计算机系统通常都是多道程序系统,即同时有多个程序在主机内运行的系统。因此,所谓资源、管理,主要指的是在多道程序之间合理地分配和回收各种资源,使资源得到充分有效的使用,使程序得以有条不紊地运行。

从资源管理观点出发,可以把整个操作系统分成以下几部分:存储管理、CPU 调度(即处理机管理)、设备管理和文件系统。存储管理主要是指在多道程序之间分配和回收内存空间,其中包括作为内存的扩展和延伸的辅助空间;CPU 调度负责在多道程序之间分配 CPU,使每道程序都能得以运行;设备管理统一管理各种已登录系统的外部设备并负责外部设备与主机之间的信息交换;文件系统统一管理各种以文件形式保存在外存上的信息,负责文件的建立、读、写和删除等。

操作系统的服务用户观点是指,操作系统作为软件,它是一个为用户服务的大型的复杂程序。用户在使用计算机的过程中需要的公共和基本服务主要有以下几个方面:

(1) 程序执行。任何一个用户程序都要在 CPU 上运行,而在此之前必须被先装入内存。

（2）输入/输出操作。任何一个在计算机上运行的程序都必须先通过外部设备输入主机，程序在运行前和运行中都有可能输入其所加工的数据，任何程序都有运行结果，这些结果都要通过外部设备以适当的形式输出。

（3）信息保存。用户如果认为他的程序或数据是重要的，需要长期保存以便将来再次运行或进一步完善，则要以文件的形式将它们存储在外存上。系统要为用户提供支持和服务，既要使用户能方便存取和使用自己的文件，又要防止文件的泄密、被盗用或丢失。

（4）错误检测和处理。用户程序在运行过程中有可能出现各种错误，如算术运算溢出、程序中出现非法指令、地址越界等，操作系统应有能力对这些错误进行处理。此外，机器本身也有可能出现各种软、硬件故障，操作系统应及时地检测并修复它们，以保证用户程序的顺利运行。

上述服务功能是任何一个用户都需要的，是公共的和基本的。如果实现这些功能的程序都由每个用户去编写，这不仅增加了用户的工作量，而且这种重复性劳动往往容易产生各种各样的错误，使计算机系统的可靠性和有效性大大下降，甚至整个机器无法使用。因此，将这些功能集中起来，由系统程序员编写实现这些功能的程序是明智的、有效的、可靠的和易于实现的。这些程序的集合就是操作系统。除此之外，如果程序的运行需要服务，操作系统还为其他系统程序运行提供同样的服务。

操作系统的服务观点不仅使我们从一个侧面对操作系统的功能有了进一步的了解，而且也给出了其工作流程的一个大致的轮廓，因为操作系统的工作流程也就是沿着用户程序的执行提供各种服务的过程。此流程可粗略表示如下：程序和数据输入→作业收容→作业调度→作业运行→结果输出，如图1-2所示。

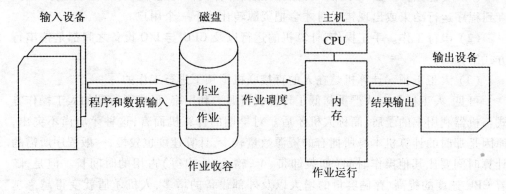

图1-2 操作系统的主要工作流程

在输入阶段，操作系统提供输入服务，把程序和数据从输入设备上调入辅存，这时程序变成了计算机收容的作业（jobs）；然后，操作系统按一定的调度算法，把这些作业调到主机（CPU + 内存）运行，这里涉及为作业分配外设和内存等资源；作业调入主机后,在多道环境下运行,操作系统要为它们合理地分配 CPU,使它们都能得以运行;当一作业运行终止有结果需要输出时,操作系统还要提供输出服务,把用户所需要的结果在不同的设备(如显示终端、打印机、绘图仪等)上输出。操作系统就是按照这样的流程周而复始地为用户服务的。

操作系统的管理观点和服务观点是一致的:通过管理而达到服务的目的,通过管理为用户提供良好的工作环境。良好的标准有两条:方便和安全。一个系统是否方便好用,这可以由用户的直觉来决定。至于"安全可靠"主要指的是多用户、多作业共享同一计算机时互相不发生干扰以及防止"黑客"对计算机系统软、硬件资源的破坏和窃取。

1.2 操作系统的发展过程

操作系统同其他任何事物一样,也有一个产生与发展的过程。为了进一步加深对操作系统的理解,下面先对操作系统的形成过程进行一个简单回顾。

1.2.1 人工操作阶段

在 20 世纪 50 年代以前的第一代计算机中是没有配置操作系统的,计算机只是由控制台控制的一个庞大的物理机器。当时人们使用计算机的过程可大致描述为:首先由程序员将其编好的程序从纸带或卡片机上装入内存,然后再通过控制台上的按钮或开关启动程序执行,最后当程序运行完毕时,取下纸带和运算结果,开始下一个用户程序。依次重复上述过程。这种人工操作方式存在以下三个主要问题:

(1) 资源独占。当一个用户开始操作后,计算机中的全部资源都归该用户所有,直到程序运行结束或出现错误时才会把资源转让给下一个用户。

(2) 串行工作。手工操作、计算机的运行以及 CPU 与 I/O 设备之间都是按串行方式工作的。

(3) 人工干预。计算机是在人的直接联机干预下进行工作的。

可见,人工操作方式严重降低了计算机资源的利用率,形成了所谓的人工操作方式与机器利用率的矛盾,简称人机矛盾。对早期的计算机而言,这种矛盾尚不突出,原因是那时的计算机本身所拥有的资源数量较少,计算速度也较慢,一般程序所需的计算时间要比其他操作时间(如装卸带、卡,输入/输出等)占用的时间长。但是,随着 CPU 速度的提高、存储容量的增大以及外部设备的增多,人机矛盾就变得越来越尖锐,使得这种方式到了非改不可的地步。

1.2.2 单道批处理阶段

为了解决上述问题,人们自然首先想到的是如何摆脱从一个用户程序过渡到另一个用户程序时的手工干预,使其能自动进行。这就产生了由计算机对一批用户程序进行自动处理的所谓批量处理技术。在批量处理方式中，一个用户程序及其所需要的数据和操作命令的总和被称为一个作业。批量处理技术出现于 20 世纪 50 年代末期的第二代计算机中，它又可分为早期批量处理和脱机批量处理两个阶段。

1. 早期批量处理

早期批量处理方式是把若干个用户作业集中起来组成一批作业，并在内存中放置一个监督程序，由监督程序来负责实现对这批作业的处理以及从一个作业过渡到另外一个作业的自动转换。

在这种处理方式下，先由操作员把一批用户作业的卡片叠放到读卡机上，然后由监督程序开始对该批作业进行自动处理。监督程序的处理过程是：先把读卡机上的这批作业全部输入到磁带上，然后按照某种策略从该批作业中选择一个作业调入内存，对它进行汇编或编译，并把汇编或编译结果装入内存，启动执行，运行结束后输出计算结果。当第一个作业全部完成后，监督程序会自动选择下一个作业运行，重复上述过程，直到该批作业全部完成为止。这样，在监督程序处理第一批作业的同时，操作人员可以将第二批作业的卡片叠放到读卡机上。当监督程序处理完第一批作业后，便可自动地从读卡机上输入和处理第二批作业。这样，监督程序就可以不停地对一批批、一个个作业进行处理，从而实现了作业之间的自动转换，解决了人工操作阶段所存在的人工干预问题和人工操作与计算机之间的串行工作问题。

虽然这种处理方式提高了系统的处理能力，但作业的输入/输出和 CPU 的计算仍然是串行的。也就是说，作业信息由卡片送到磁带，再由磁带调入内存，以及计算结果在打印机上的输出，都是由 CPU 来处理的。这种 CPU 和 I/O 设备之间的串行工作方式大大降低了程序的执行速度。

2. 脱机批量处理

为解决早期批量处理所存在的问题，人们在批量处理中引入了脱机输入/输出技术，形成了脱机批量处理方式。这种处理方式的处理过程如图 1-3 所示。它在早期批量处理的基础上增加了一台功能较差的处理机。原来的那台处理机称为主处理机（简称主机），它专门负责计算工作，不直接与输入/输出设备打交道。新增加的这台处理机称为卫星机，专门负责输入/输出工作。

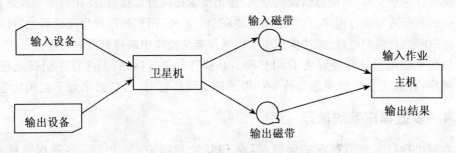

图 1-3　脱机批量处理

在图 1-3 中,卫星机负责把读卡机上的作业输入到输入磁带上,把输出磁带上的计算结果从输出设备上输出;主机直接从输入磁带上调入作业执行,并把计算结果送到输出磁带上。这样,作业的输入和输出工作完全与主机脱离,并且,卫星机的工作与主机的工作是同时进行的。因此,这种批处理方式解决了 CPU 与 I/O 设备之间的串行工作问题。

虽然批处理方式提高了系统的处理能力,但却带来了必须解决的保护问题。例如,监督程序、系统程序和用户程序之间是通过相互调用的方式来进行转移的,这样,当目标程序企图执行一条非法指令时,整个系统就会停顿下来。另外,若程序陷入死循环,则整个系统也无法进行下去。更为严重的是,它无法防止用户程序破坏监督程序的问题,潜伏着搞乱系统的危险。

1.2.3 执行系统阶段

从 20 世纪 50 年代末到 60 年代初,硬件方面获得了两个重要进展:一是通道的引入,二是中断的出现。所谓通道,实质上是一个功能单一、结构简单的 I/O 处理机。它独立于 CPU,并直接控制外部设备与内存进行数据传输,可代替上述卫星机的工作。所谓中断,开始是作为外部设备向中央处理机的"汇报"手段提出来的,即在输入/输出结束,或在硬件发生某种故障时,由相应硬件向 CPU 发出一个信号,使 CPU 停止正在执行的操作,而转去执行为处理该信号而设置的程序,中断处理完毕后 CPU 再回到原来的断点继续执行。而现代计算机系统中的中断概念已被大大扩展。

为了获得 CPU 和外部 I/O 设备在执行时间上的重叠,就必须提供中断处理程序和 I/O 控制程序,这样就把原来的监督程序扩大到了执行系统。可见,执行系统的程序可包括三大类:I/O 控制程序、中断处理程序和管理程序。这时,执行系统的程序已比较庞大,若把它们全部放到内存,就会大大减少用户程序的可用空间。为此,可仅让那些所有程序都要用到的中断处理程序和 I/O 控制程序常驻内存,而其他部分放在外存。常驻内存的那部分程序称为执行程序。

执行程序与前述监督程序有着明显差别,它与其他程序的关系不是相互调用关系,而是一种控制关系,执行程序对其他程序拥有控制权。用户程序的输入/输出通过委托执行程序来实现,系统对错误的输入/输出要求提供自动检查,受托程序完成之后,再用中断信号通知执行程序,以保证系统的安全。此外,用户程序发生死循环也可以通过时钟中断进行检测处理,非法操作也可以通过非法操作中断得到及时处理。

执行系统虽然较好地解决了 CPU 和 I/O 操作的并行问题,但内存中仍仅能存放一个程序,并且当这个程序因等待 I/O 而不能继续执行时,CPU 必须处于空闲状态。

1.2.4 多道程序系统阶段

为解决执行系统所存在的问题,提高 CPU 的利用率,又引入了多道程序技术。多道程序技术的主要思想是在内存中同时放入若干道用户作业或者说若干道用户程序,并允许它们交替执行,共享系统中的各种硬、软件资源。当一道程序因 I/O 请求而暂停执行时,CPU 便转去执行另一道程序。这种允许多道程序同时运行的系统称为多道程序系统。多道程序系统不仅使 CPU 得到了充分利用,同时还改善了 I/O 设备和内存的利用率。

从宏观上看,多道程序系统中的若干道用户程序是同时在系统中运行的,而从微观上看,这些程序则是在轮流使用 CPU,只是由于 CPU 的运行速度很快,人们感觉不到而已。多道程序的出现标志着操作系统的形成,最早出现的多道程序系统是多道批处理系统,之后又出现了分时系统、实时系统等。

虽然多道程序系统有效地提高了系统资源利用率,但实现多道程序则需要妥善解决下述一系列问题:

(1)内存的分配和保护。在内存空间中同时驻留了多道程序,应为每道程序分配自己的内存空间,使它们既不因相互重叠而丢失信息,又不因某道程序出现异常而破坏其他程序。

(2)处理机的管理和分配。多道程序共同使用一个中央处理机,这就必将引起各道程序对中央处理机的争夺,系统要协调它们之间的关系,既能使那些紧急的程序优先获得处理机,又能使各道程序都有得到处理机的机会。

(3)I/O 设备的管理和分配。计算机系统中的 I/O 设备数量一般都少于多道程序所需要的设备总量,这就必将引起各道程序对 I/O 设备的争夺。对此,系统应该能够进行协调,并能为各道程序分配相应的 I/O 设备。

(4)文件存储空间的组织和管理。通常,在辅助存储器上以文件形式存放着大量的有用信息。为提高文件存储空间的利用率,加速对信息的检索速度,系统应对它们进行组织和管理。同时,为方便用户使用文件,系统还应该提供存储和检索文件信息的手段。

在多道系统中,解决上述问题的一组程序的集合构成了操作系统。

1.3 操作系统的功能

在多道程序环境下,各个用户作业所需资源的总和一般要大于系统所拥有的资源量,这就必然引起多个作业之间对系统资源的相互竞争。为使多道程序能有条不紊地运行,操作系统必须提供对处理机、内存、设备和文件的管理功能。此外,为了便于用户对操作系统的使用,还必须提供一个使用方便的用户接口。

1.3.1 用户接口

操作系统与用户的接口也简称为用户接口。在以往的操作系统中,用户接口通常仅有命令和系统调用两种形式,前者供用户在终端键盘上使用,后者供用户在编写程序时使用。而在现代操作系统中,除上述两种接口外,又向用户提供了一种图形接口。

1. 命令接口

在命令接口方式下,用户可以通过该接口向作业发出命令,以控制作业的运行。命令接口又可进一步分为联机用户接口和脱机用户接口两种。

(1) 联机用户接口。

该接口是为联机用户提供的,它由一组建盘命令和命令解释程序所组成。每当用户在终端或控制台上键入一条命令后,系统便立即转入相应的命令解释程序,对该命令进行解释并执行。命令完成后,控制又返回到终端或控制台上,等待用户键入下一条命令。这样,用户可通过键入不同的命令来实现对作业的不同控制,直至作业完成。

(2) 脱机用户接口。

该接口是为批处理作业的用户提供的,故也称为批处理用户接口。它由一组作业控制语言(Job Control Language,JCL)组成。批处理作业的用户不能直接与自己的作业打交道,只能委托系统代替用户对作业进行控制和干预。作业控制语言 JCL 便是提供给批处理作业用户的、用来实现这种委托的一种语言。用户可以使用 JCL,把需要对作业进行的控制和干预事先写在作业说明书上,然后,将作业连同说明书一起提供给系统。

2. 程序接口

该接口是为用户程序在执行过程中访问系统资源而设定的,是用户程序取得操作系统服务的惟一途径。程序接口由一组系统调用组成,每个系统调用都是一个能完成特定功能的子程序。例如,在早期的 UNIX 系统版本中,其系统调用都是用汇编语言写的,因此只有在用汇编语言编写程序时,才能直接使用系统调用。但在近几年推出的操作系统中,例如 UNIX System V 等,其系统调用是用 C 语言编写的,并以函数形式提供,故在 C 语言编写的程序中,可直接使用系统调用。

3. 图形接口

用户虽然可以通过联机用户接口来得到操作系统的服务,并控制自己作业的运行,但要求用户必须记住各种命令的名字和格式,并严格按照规定的格式输入命令,这会给用户带来很多不便。为此,产生了图形用户接口。

图形用户接口采用图形化的操作界面,用非常容易识别的图标将系统的各种命令直观、逼真地表示出来。用户可通过鼠标、菜单或对话框来完成对应用程序和文件的操作。这样,用户就不需要去记忆那些操作系统命令以及它们的格式,并且,图形用户接口可以方便地将文字、图形和图像集成在一个文件中。可在文字型文件中加入一幅或多幅彩色图画,也可在图画中写入必要的文字,甚至可以把图画、文字和声音集成在一起。20 世纪 90 年代推出的操作系统一般都提供了图形用户接口,例如大家都熟悉的 Windows 系列操作系统。

1.3.2 处理机管理

处理机管理的主要任务是对处理机的分配和运行实施有效管理。在多道程序环境下,处理机的分配和运行都是以进程为单位的,因此对处理机的管理可归结为对进程的管理。进程管理的主要功能包括:

1. 进程控制

进程控制的基本功能是创建进程和撤销进程,以及控制进程的状态转换,即当一个作业装入运行时为其创建进程,当一个进程完成时撤销该进程,当一个进程需要 I/O 时让该进程等待,当一个进程等待的事件发生后再被唤醒。

2. 进程同步

进程同步是指系统对并发执行的进程的协调。最基本的进程同步方式有两种:一种是协调共享临界资源的诸进程实现互斥访问,另一种是协调为完成共同任务而相互合作的进程实现同步推进。

3. 进程通信

进程通信是指相关进程之间所进行的信息交换。通常,相互合作进程在运行时需要交换一定的信息,这种信息交换由进程通信来实现。

4. 进程调度

进程调度是指按照一定算法在等待执行的进程中选出其中一个,给它分配处理机、设置运行环境,并使其投入执行。当一个执行中的进程完成,或因某事件无法执行需要重新分配处理机时,将引起进程调度。

1.3.3 存储管理

存储管理的主要任务包括:为多道程序的并发运行提供良好环境,为用户使用存储器提供方便,提高存储器的利用率,为尽量多的用户提供足够大的存储空间。为实现上述任务,存储管理应具备以下功能:

1. 内存分配

内存分配的功能是为每道程序分配必要的内存空间。内存分配可分为静态和动态两种方式。在静态分配方式下,每个作业所占的内存空间是在其装入时确定的,作业一旦被装入内存,其整个运行期间不允许再重新申请内存,也不允许从内存的一个位置移到另一个位置。在动态分配方式下,每个作业需要的基本内存空间也是在装入时确定的,但允许作业在其运行过程中另外申请附加内存,也允许作业从内存的一个位置移到另外一个位置。

2. 内存保护

内存保护的功能是为了防止因一道程序错误而干扰其他程序,或因用户程序错误而侵犯操作系统的内存区。一般的内存保护方法是以硬件保护设施为基础,再加上软件的配合来实现的。

内存的分配和保护功能为多道程序的运行提供了良好的环境。

3. 地址映射

地址映射的功能是把目标程序中的地址转换为内存中所对应的实际地址。在多道程序系统中，目标程序所限定的地址范围和它被装入内存后的位置是很难一致的，因此操作系统必须提供地址映射功能。该功能可使用户或编译程序不必过问物理存储空间的分配细节，从而为用户编程提供了方便。

4. 内存扩充

内存扩充的功能是在不增加物理内存空间的前提下，使系统能够运行内存要求量比实际物理内存大得多的作业，或让更多的作业并发执行。内存扩充是借助于虚拟存储管理技术来实现的。

1.3.4 设备管理

设备管理的主要任务有：为用户分配 I/O 设备，完成用户程序请求的 I/O 操作，提高 CPU 和输入/输出设备的利用率，改善人机界面。为实现上述任务，设备管理应具备以下功能：

1. 缓冲管理

缓冲是指在内存中划出来的用来存放暂时信息的一片区域。为了缓解 CPU 与 I/O 设备间速度不匹配的矛盾，增加 CPU 与设备、设备与设备间操作的并行程度，提高 CPU 和 I/O 设备的利用率，通常在系统中设置了各种不同类型的缓冲区。操作系统应能对这些缓冲进行有效管理。

2. 设备分配

设备分配是指根据用户所请求的设备类型、数量，按照一定的分配算法对设备进行分配。同时也涉及对设备请求未能满足的进程的管理问题。

3. 设备处理

设备处理是指启动指定的 I/O 设备，完成用户规定的 I/O 操作，并对设备发来的中断请求进行及时的响应和处理。

4. 虚拟设备管理

虚拟设备也称为逻辑设备，是指用户意识中的、而实际上并不存在的设备。为提高设备的利用率和加快程序的执行速度，操作系统可通过虚拟设备技术，把每次仅供一个进程使用的独享设备改造成能被多个用户使用的虚拟设备。这样，每个用户都觉得自己得到了一台设备，但这台设备并不是真正的物理设备，而是由操作系统虚构出来的逻辑设备。

1.3.5 文件管理

现代计算机系统的外存中，都以文件形式存放着大量的信息。操作系统必须配置相应的文件管理机构来管理这些信息。文件管理机构的主要功能包括：

1. 文件存储空间的管理

文件存储空间是存放文件信息的载体。为实现对它的管理，文件管理机构必须能够记住整个文件管理存储空间的使用情况，并且能够根据文件需要对其进行分配和回收。至于文件空间的分配和回收，都是以盘块为单位进行的。

2. 目录管理

目录或称文件目录，是用来描述系统中所有文件基本情况的一个表。最简单的文件目录由若干个目录项所组成，每个目录项包括一个文件的名字、物理位置及其他大量管理信息。系统对文件的管理实际上是通过文件目录进行的。在不同系统中，文件目录有着不同的组织方式。文件管理机构应能够有效地管理所有文件目录。

3. 文件读写管理

对文件进行读写是文件管理必须具备的最基本操作。以读为例，应该能够从外存指定区域把指定数量的信息读入到内存指定的用户区或系统区。

4. 文件保护

文件保护是为了防止文件被盗窃或被破坏。文件保护应能够防止未经核准的或冒名顶替的用户存取文件，防止被核准的用户以不正当的方式使用文件。

5. 文件系统的安全性

文件系统的安全性是指文件系统避免因软件或硬件故障而造成信息破坏的能力。为尽量减少在系统发生故障时对文件系统的破坏，最简便的措施是为重要的文件保存多个副本，即"定期转储"。当系统出现故障时，可以装入转储的文件来恢复文件系统。

6. 文件接口

文件管理机构应向用户提供一个使用文件的接口，使用户能通过该接口，很方便地对文件进行建立、打开、关闭、撤销、读、写等操作。

1.4 操作系统的结构

1.4.1 系统结构

随着操作系统的功能愈来愈强，基本硬件越来越复杂，操作系统的规模和复杂性也在不断增加。从整体上讲，计算机操作系统一般可分成"内核"（kernel）和"外壳"（shell）两大部分。操作系统的内核是实现操作系统最基本功能的程序模块的集合，在机器的系统态（或者说核心态）下运行；操作系统的外壳，指的是运行在内核之上的、完成 OS 外层功能（如命令解释、机器诊断等）的程序，它们运行在机器的用户态下，是一种开放式结构，其功能可方便地修改或增删。

现代操作系统的体系结构大都采用分层结构，根据其复杂性和信息抽象的程度，将系统的功能分解到各层，每一层执行操作系统所需要的功能子集，每层都由若干数量不等的程序模块组成。通常将这些功能层构成一个半序结构。也就是说,高层模块可以调用它的所有低层模块,同层次的模块可以互相调用,但低层的模块不能调用高层的模块。较低层执行更为原始的功能并隐含这些功能的细节,还为其相邻的较高层提供服务。所以,定义不同层的目的是为了当某一层改变时不会影响其他层的功能。了解这样的层次结构是很重要的,它为学习、分析和设计操作系统提供了一种结构方法。从设计上说,通常有三种工作顺序,即从上到下,从下到上,以及从中间向上、下两个方向展开。表 1-1 是层次操作系统的一个模型。

表 1-1　　　　　　　　　操作系统设计的层次模型

层	名称	对象	操作示例
13	外壳(shell)	用户程序设计环境	shell 语言中的语句
12	用户进程	用户进程	退出、终止、挂起和恢复
11	目录	目录	创建、销毁、连接、分离、查找和列表
10	设备	打印机、显示器、键盘	打开、关闭、读、写
9	文件系统	文件	创建、销毁、打开、关闭、读、写
8	通信	管道	创建、销毁、打开、关闭、读、写
7	虚拟存储器	页、段、段页结合	读、写
6	局部辅存	数据块、设备通道	读、写、分配、释放
5	进程原语	进程原语、信号量、就绪队列	挂起、恢复、等待、发信号
4	中断	中断处理程序	调用、屏蔽、去屏蔽和重试
3	过程	过程、调用栈、显示	标记栈、调用、返回
2	指令集	计算栈、微程序解释器	加载、保存、加、减、转移
1	电路	寄存器、门电路、总线	清空、传送、激活、求反

第一层:由电路组成,处理的对象是寄存器、门电路、总线。
第二层:处理器指令集合。
第三层:增加了过程、子程序的概念,以及调用返回操作。
第四层:引入了中断,使处理机能保存当前运行环境,调用中断处理程序。
以上 4 层不是操作系统的一部分,而是组成处理机的硬件。但是,操作系统中的某些元素已在这些层出现,如中断处理程序。从第五层才是操作系统的真正开始,出现有关多道程序的概念。
第五层:进程作为程序的执行出现在本层,负责维护与进程相关的处理机寄存器的内容和用于调度进程的逻辑。为了支持操作系统运行多进程,其基本的要求有:挂起和重新恢复进程的功能。实现技术有:同步和信号量机制等。

第六层:处理计算机的辅助存储器。主要功能有:定位读/写磁头和实际传送数据块。该层依赖于第五层的调度操作,当一个操作完毕之后,通知正在请求的进程。较高层涉及对磁盘中所需数据的寻址,并向第五层中的设备驱动程序请求相应的块。

第七层:为进程创建逻辑地址空间。将虚拟空间组织成块,并在主、辅存之间进行传送。常使用的技术有:分页、分段和段页式。当需要的块不在主存储器时,本层将逻辑的请求传输到第六层。

对于前面所述的内容,操作系统处理的都是单处理机的资源。从第八层开始,操作系统处理外部对象,如外部设备和网络或网络中的计算机。这些位于高层的对象都是逻辑的,命名对象可以在同一台计算机或在多台计算机间共享。

第八层:处理进程间的信息和消息通信。在第五层仅提供一个原始的信号量机制,用于进程间的同步,而这一层处理更丰富的信息共享。使用的技术有:管道(pipe)(进程间数据流的一个逻辑通道)等。

第九层:支持文件长期存储。在此层,操作系统将辅存中的数据看做是一个抽象的可变长度的实体。这与第六层辅存中面向硬件的磁道、簇和固定大小的块形成对比。

第十层:提供访问外部设备的标准接口。

第十一层:建立系统资源和对象的外部定义和内部标识符之间的联系。外部定义是应用程序和用户可以使用的名字,而内部标识符是一个地址或能够被操作系统的低层使用、用于定位和控制一个对象的其他指示符。这些联系在目录中实现,目录不仅包括外部和内部之间的映射,而且还包括存取权限之类的特性。

第十二层:提供支持所有管理进程和完善其功能的软件设置。包括进程的虚拟地址空间,与该进程有相互作用的进程和对象的列表,创建进程时传递的参数,操作系统在控制进程时可能用到的其他特性等。

第十三层:为用户提供统一使用操作系统的界面,通常称之为"外壳"(shell),因为它将用户的操作命令与操作系统的具体实现细节分开,而简单地把操作系统作为一组服务的集合提供给用户。"外壳"接受用户的命令,解释后根据需要创建并控制进程。此层的界面为命令方式,其实现技术可采用图形方式,通过菜单提供给用户可以使用的命令,并输出到一个特殊设备显示结果(如屏幕上的图形)。

1.4.2 两种机器状态

计算机系统都有两种运行状态,即核心态(也叫系统态、管态)和用户态(也叫目态),在某一指定时刻,二者必居其一。当操作系统内核的程序模块运行时,机器处于核心态,其他程序(包括 OS 外壳程序和其他应用程序)运行时机器处于用户态。

1. 用户态

用户态具有较低特权的执行状态。在这种状态下,处理机只能执行规定的指令,访问指定的寄存器和存储区,用户程序通常只能在这一级别执行。

2. 核心态

核心态是指操作系统内核的运行状态。在这种状态下,处理机具有较高的特权,能执行一切指令,可以访问所有的寄存器和存储区。

需要强调的是,操作系统外壳程序与用户程序一样都是运行在用户态下而不是运行在核心态下。为此,我们把它们统统叫做用户态程序。请注意,用户程序只是用户态程序的一部分。

在实际系统中,之所以要区分机器的两种运行状态,目的是要给操作系统内核以某些特权。例如,改变状态寄存器和地址映射寄存器的内容,存取外部设备接口部件寄存器的内容等。这些特权是通过执行特权指令实现的,仅当在核心态下才能执行特权指令,若在用户态下执行特权指令则为非法。

1.4.3 两种系统界面

操作系统是用户与计算机之间的接口,用户只有通过操作系统提供的界面才能使用计算机。随着操作系统性能的不断改善,其提供给用户的界面也越来越友好,使用越来越方便。基于用户类型的不同,操作系统一般向用户提供两种层次的使用界面,即人-机界面和程序界面(也叫状态界面)。前者是面向一般用户的,而后者是面向程序员的。操作系统界面如图1-4所示。

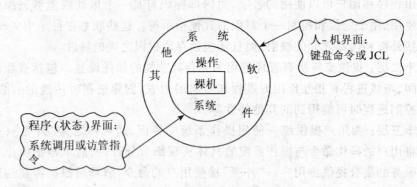

图1-4 操作系统界面图

人-机界面是人与计算机之间的接口,也是人与操作系统之间的接口。任何一个用户只有通门过这个界面才能与计算机系统打交道,获得机器的服务。对于批处理系统,这个界面就是作业控制语言 JCL,也就是说,用户使用这个语言(或类似语言)编制作业控制程序,以脱机方式控制作业的运行。对于会话式机器系统,这个界面由键盘命令及其图形图标组成,终端用户使用这些命令以交互会话方式与计算机打交道并运行各自的程序。不同的操作系统,键盘命令的多少和功能的强弱各不相同。

人-机界面的实现,即 JCL 程序或键盘命令(及键盘命令程序)的解释和执行,是操作系统的"外壳"(在 UNIX 系统中称 Shell)的功能。JCL 中的语句或键盘命令所指定的具体功能是由外壳中的相应程序模块实现的。这些程序模块在运行过程中也可以通过系统调用指令调用操作系统内核中的程序模块以获得操作系统内核的支持和服务。

通常所说的"操作系统"包不包括其外壳?这个问题涉及对操作系统的两种理解——狭义的理解和广义的理解。从广义上说,操作系统包括状态界面以内的程序以及外壳的全部程序;从狭义上说,操作系统仅指状态界面以内的程序,即运行在核心态下的内核程序。

随着操作系统的发展,操作系统向用户提供的使用界面也不断地变得更加友好和完善。例如,以 Microsoft 公司的 Windows 为代表的图形界面,就是一个更加直观和友好的人-机界面。

Windows 所提供的图形界面是以窗口为基础的,一个窗口对应一个任务,用户可以通过打开多个窗口来激活多个任务。所谓"窗口",是指屏幕上的一块矩形区域,系统通过该区域显示该窗口所能提供的各种服务功能及需要用户输入的信息。窗口除了有标题栏外,通常还有菜单栏等。用户通过移动和点击鼠标(或敲击键盘)可以方便地使用窗口内提供的所有服务功能。

图形界面的另一特点是在面向图形的窗口中把图标作为人-机接口的基本元素。图标是代表一种服务功能或文件的一个小图像,也可以看做是最小化的窗口。用户通过点击相应的图标,启动相应服务程序的运行,获得系统的服务。

程序界面由系统调用指令 SCI(System Call Instructions)或者中断、访管指令组成,例如,UNIX 系统提供了 50 多条系统调用指令。任何一个用户态程序,要想执行操作系统内核的程序模块,以获得操作系统内核提供的服务,惟一的办法就是执行相应的系统调用指令——系统调用指令是操作系统内核与用户态程序之间的惟一接口。系统调用指令通常是面向汇编语言的,有的也可面向像 C 语言这样的高级语言。

每一条系统调用指令与操作系统内核中一个可直接由用户态程序调用的程序模块相对应。因此,作为上述界面的系统调用指令的集合应包含哪些指令,是由操作系统内核中的哪些功能、哪些程序模块可由用户态程序直接调用决定的。以 UNIX 为例,操作系统内核中以下一些功能(实现这些功能的程序模块)是可以由用户态程序直接调用的。

(1) 与进程管理和控制有关的:进程的创建、睡眠和消亡,进程间的同步,进程的相互控制,进程优先数偏置值的设置,进程各种标识数的设置和获得,进程占用存储区的分配等。

(2) 与文件系统有关的:文件生成和取消,文件打开和关闭,文件读、写,文件执行,文件共享等。

（3）其他:设置和获得终端状态,设置和获得系统或进程时间,读控制台开关,间接系统调用等。

用户态程序经系统调用指令调用操作系统内核的程序模块,这与一般的子程序调用是有原则区别的。这是因为,一般的子程序调用并不涉及机器运行状态的改变,而用户态程序调用操作系统内核的程序模块则涉及机器运行状态的改变:用户态程序是在用户态下运行,操作系统内核程序是在核心态下运行。因此,在实际系统中,系统调用指令的执行往往是经中断机构"陷入"(trap)操作系统内核的。这会导致机器从用户态转入核心态,保存调用程序的现场,并调用相应的模块。当被调用模块执行完毕后,经中断机构返回,机器由核心态变回到用户态。系统调用指令示意如图1-5 所示。

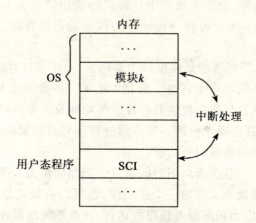

图 1-5　系统调用指令示意图

1.5　操作系统的特征

1.5.1　操作系统的基本特征

操作系统有以下4个基本的特征:

1. 并发(concurrence)

并发是操作系统的第一个重要特征。所谓并发是指在一段时间内有多道程序"在宏观上同时运行",这样的系统叫并发系统（concurrent system）。显然,并发和多道是同一事物的两个方面:正是由于多道程序设计才导致多个程序的并发执行。由于一般的计算机系统只有一台处理机,所以在任一指定时刻,只能有一道程序在真正运行,而其他参与并发执行的程序就只能是在"宏观上"处于运行状态,即它们都是处在已经开始运行和尚未结束运行的过程之中。

操作系统是并发系统的管理机构,其本身也是并发执行的,是与用户程序以及其他用户态程序一起并发执行的。程序的并发执行带来许多程序串行执行时所没有的新问题,这便导致了操作系统的复杂化。

2. 虚拟(virtual)

操作系统中的虚拟概念,指的是操作系统使用某种技术,要么把物理上的一个变成逻辑上的多个,例如,把一台物理 CPU 变成多台逻辑上独立的 CPU;要么把物理上的多个变成逻辑上的一个,例如,把物理上分开的主存和辅存变成逻辑上统一编址的编程空间,即虚存。

关于虚拟的另一个观点是,虚拟出来的东西只不过是用户的一个"错觉",并不是客观存在的东西。例如,在分时系统中,当操作系统的管理策略和管理算法应用得当时,每个终端用户都以为自己是在单独使用一台计算机,这当然只是用户的错觉,事实上往往只有一台计算机主机。

3. 共享(sharing)

操作系统是多道程序系统的管理机构(虽然也有单用户单道系统,但不是主要的)。多道必然带来共享,即多道程序、多个用户作业共享有限的计算机系统资源。由于资源是共享的,于是就有一个如何在多个作业之间合理地分配和使用资源的问题,正是从这个意义上,我们说操作系统是资源管理程序。

计算机系统中的资源共享有两种类型:一是互斥共享,二是"同时"共享。所谓互斥共享,是指这类资源必须以作业(或进程)为单位分配,在一个作业(或进程)未使用完之前,另一个作业(或进程)不得使用,这就是互斥。但这些资源毕竟是每个作业都可以使用的,在一个作业用完之后,另一个作业就可使用。从这个意义上说,又是共享的,总起来就是互斥共享。所有的字符设备都是这类资源。"同时"共享资源则不同,它是多个作业可"同时"使用的。这里的"同时",是指多个作业都已开始了使用且都未使用完毕,而在某一具体时刻,不一定会真正同时使用。例如,磁盘就是一个"同时"共享设备,多个作业(或进程)可"同时"从磁盘上读信息。但是,由于磁盘驱动器只有一套读写线路,故在某一指定时刻,只能为一个作业(或进程)真正执行读写操作。

4. 不确定性(nondeterministic)

操作系统的不确定性,不是说操作系统本身的功能不确定,也不是说在操作系统控制下运行的用户程序的结果是不确定的(即同一程序对相同的输入数据的两次或多次运行有不同的结果),而是指在操作系统控制下的多个作业的执行顺序和每个作业的执行时间是不确定的。具体地说,同一批作业,例如 3 个作业 A,B,C 两次或多次运行的执行序列可能是不相同的,而且,同一个程序这次运行需要 1 分钟,下次运行却要 4 分钟等。

系统外部表现出来的这种不确定性是有其内部原因的。系统内部的各种活动是错综复杂的,与这些活动有关的事,例如从外部设备来的中断、输入/输出请求、程序运行时发生的故障等都是不可预测的,这是造成操作系统不确定性的基本原因。这种不确定性对系统是个潜在的危险,它与资源共享一起,将可能导致各种与时间有关的错误,这些将在有关章节说明。

1.5.2 现代操作系统的某些新特征

随着许多新的设计思想和技术的引入,操作系统的结构和处理能力有了很大的发展,发生了本质性的变化。影响操作系统发展的硬件因素有:多处理机系统、高速网络连接、大容量内存和不断更新的外部设备。在应用程序方面有:多媒体应用、Internet 和 Web 访问、客户/服务器计算等。所有这些,对操作系统都提出了更高的要求,不仅需要修改和增强现有的结构,而且需要有新的组织方法。主要表现在以下几个方面。

1. 微内核结构

目前,大多数操作系统都维持有一个巨大的内核(monolithic kernel)。操作系统的功能都是由这些大内核提供的,包括进程调度、作业调度、文件系统、联网、设备驱动器、存储器管理等。最为典型的是,将这个大内核作为一个进程实现,所有元素都共享相同的地址空间。

现代操作系统的一个趋势是尽可能将代码移到更高层次,而保留一个最小的内核,即微内核结构(microkernel architecture)。通常采用的方法是,微内核结构只给内核分配一些最基本的功能,包括地址空间、进程通信(IPC)和最基本的调度。而其他的操作系统功能都由运行在用户模式下的进程(又称客户进程(client process),也称为服务程序)实现,可以与微内核提供的其他应用程序一样对待。这种方法把内核和服务程序的开发分离开,可以为特定的应用程序或环境要求定制服务程序。微内核方法的优点是,可以简化实现,提供灵活性,很适合于分布式环境,如图1-6所示。实质上,微内核可以以相同的方式与本地和远程的服务器进程(server process)交互,使分布式系统的构造更为方便。

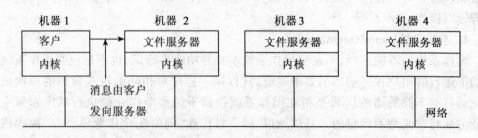

图 1-6 分布式系统中的客户-服务器模型

2. 多线程

多线程（multithreading）技术是指把执行一个应用程序的进程划分成可以同时运行的线程。多线程对执行许多本质上独立、不需要串行处理任务的应用程序是很有用的，例如监听和处理很多客户请求的数据库服务器。在同一个进程中运行多个线程，在线程间来回切换所涉及的处理器开销要比在不同进程间进行切换的开销少。线程对构造进程是非常有用的，进程作为操作系统内核的一部分。

多线程是指操作系统支持在一个进程中执行多个线程的能力。传统的每个进程中只有一个线程在执行（没有考虑线程的概念），称做单线程方法。MS-DOS 是一种支持单用户进程和单线程的操作系统，UNIX 支持多用户进程，既支持一个进程一个线程，也支持一个进程多个线程。Windows 2000（W2K），Solaris，Linux，Mach 和 OS/2 都采用了支持多线程的多进程。

3. 对称多处理

目前，所有单用户的个人计算机和工作站都包含一个通用的微处理器。随着性能要求的不断增加以及微处理器价格的不断降低，为实现更高的有效性和可靠性，可使用对称多处理（Symmetric Multi Processing，SMP）技术。对称多处理不仅指计算机硬件结构，而且指反映硬件结构的操作系统行为。对称多处理可以是具有以下特征的一个独立的计算机系统：

（1）由多个处理器组成；

（2）多个处理器共享同一个主存储器和 I/O 设备，它们之间通过通信总线或其他的内部连接方案互相连接；

（3）所有处理器都可以执行相同的功能（因此称为对称）。

SMP 操作系统通过所有的处理器调度进程或线程。SMP 比单处理器结构具有更多的潜在优势，包括：

- 性能：如果计算机完成的工作是有组织的，则一部分工作就可以并行完成，那么有多个处理器的系统将比只有一个同类型处理器的系统产生更好的性能。对多道程序设计来说，在单处理机上一次只能执行一个进程，此时，所有别的进程都在等待处理器；而对称多处理器则可让多个进程分别在不同的处理器上同时运行。

- 可用性：在对称多处理器中，由于所有的处理器都可以执行相同的函数，因而单个处理器的失败并不会使机器停止。相反，系统可以继续运行，只是性能有所降低。

- 增量扩展：用户可以通过添加额外的处理器增强系统的功能。特别需要注意的是，这些只是潜在的优点，而不是完全有保证的。操作系统必须提供开发 SMP 系统中并行性的工具和函数。

多线程和 SMP 在讨论时总是被放在一起，但它们是两个独立的概念，即使在单处理器机器中多线程对结构化的应用程序和内核进程也是很有用的。由于多个处理器可以并行运行,因而 SMP 机器对非线程化的进程也是有用的。但是,这两个设施是互补的,一起使用将会更有效。

SMP 一个很具有吸引力的特征是多处理器的存在对用户是透明的。操作系统负责在单个处理器中调度线程或进程,并且负责处理器间的同步。

4. 分布式操作系统

分布式操作系统(distributed operating system)是由网络中的所有计算机共享的操作系统,对用户来说,就像常规的集中式操作系统,但用户访问这些计算机中的资源是透明的。分布式操作系统要依赖一个通信体系结构来实现基本的通信功能。

5. 面向对象技术

操作系统设计中运用的最新技术是面向对象技术,而且这种技术变得日益普及。面向对象设计的原理用于给小内核增加模块化的扩展上,简化了进程间资源和数据的共享,便于保护资源免受未经授权的访问。在操作系统一级,基于对象的结构使程序员可以定制操作系统,而不会破坏系统的完整性。面向对象还使分布工具和分布式操作系统的开发变得容易。

1.6 操作系统的分类

操作系统发展到今天,已取得了辉煌的成果,各种功能完善、使用方便和界面友好的系统正在各类大、中、小、微型计算机上运行。如 MVS、UNIX、Linux、S/2 和 Windows 系列等。

操作系统从功能特征上大致可分为三大类:多道批处理操作系统,简称批处理系统(batch system);分时操作系统,简称分时系统(time-sharing system);实时操作系统,简称实时系统(real-time system)。

1.6.1 多道批处理系统

多道批处理系统实际上是批量处理技术和多道程序技术相结合的产物,它出现于 20 世纪 60 年代初期,目前仍在使用。

1. 多道批处理系统的运行方式

多道批处理系统的运行方式可参见图 1-2。操作员把用户提交的作业卡片放到读卡机上,系统通过 SPOOLing 输入程序及时地把这些作业送入外存的磁盘输入井,形成后备作业队列。作业调度程序根据系统的当前情况和后备作业的特点,按照一定的调度原则选择一个或几个搭配合理的一批作业,装入内存准备运行。所谓搭配合理,主要是指作业的选择应既有利于提高资源利用率,又能满足不同作业用户在等待时间方面的要求。内存中的多个作业交替执行。当某个作业完成时,系统把该作业的计算结果交给 SPOOLing 输出程序准备输出,并回收该作业的全部资源。重复上述过程,使得诸作业一个接一个地流入系统,经过处理后又一个接一个地退出系统,形成一个源源不断的作业流。

2. 多道批处理系统的特征

多道批处理系统具有如下特征:

(1) 多道性。在内存中可以同时驻留多道程序,并允许它们同时执行,从而有效地提高了系统的资源利用率和系统吞吐量。

(2) 无序性。多个作业完成的先后顺序与它们进入内存的先后顺序之间,并无对应的先后关系,即先进入内存的作业可能较后甚至最后完成,而后进入内存的作业则有可能先完成。

(3) 调度性。作业从提交给系统开始直至完成,需要经过以下两次调度:

① 作业调度:这是指按一定的作业调度算法,从外存的后备作业队列中选择若干个作业调入内存。

② 进程调度:这时指按一定的进程调度算法,从已在内存的作业中选择一个,将处理机分给它,使之执行。

3. 多道批处理系统的优缺点

多道批处理系统的主要优点如下:

(1) 资源利用率高。由于在内存中装入了多道程序,它们共享资源,使系统中的各种资源得到了更充分的利用。

(2) 系统吞吐量大。系统吞吐量是指系统在单位时间内完成的总工作量。能提高系统吞吐量的原因主要有以下两个方面:第一,CPU 和其他资源保持忙碌状态;第二,仅当作业完成或无法运行时才进行切换,系统开销小。

多道批处理系统的主要缺点如下:

(1) 平均周转时间长。作业周转时间是指从作业进入系统开始,直至完成并退出系统为止所经历的时间。而平均周转时间是指一批作业中所有作业周转时间的平均值。在多道批处理系统中,由于作业要排队、依次进行处理,因而作业的周转时间较长。

(2) 无交互能力。用户一旦把作业提交给系统后,系统只能根据用户提供的作业说明书对作业进行控制,这对程序的修改和调试是非常不便的。

1.6.2 分时系统

分时系统既是操作系统的一种类型,又是对配置了分时操作系统的计算机系统的一种称呼。在分时环境下,一个计算机系统连接有若干个本地或远程终端,每个用户都可以在自己的终端上以交互方式使用计算机,对系统资源进行时间上的分享。

1. 分时系统的实现方法

分时是计算机系统中的一个普遍概念,它可以理解为:两个或两个以上事件按时间划分轮流使用计算机系统中的某一资源。例如,CPU 和通道同时使用内存,多台设备同时使用通道等。而分时系统中的分时概念则侧重于对 CPU 的分时使用问题,它是通过操作系统软件来实现的。

实现分时的基本方法是设立一个时间分享单位——时间片。时间片的长短视具体系统而定,可长可短。另外,在硬件方面设立一个中断时钟,它每经过一个时间片,便向 CPU 发一次中断。于是,CPU 在一个用户程序执行了一个时间片时,便被中断,然后 CPU 转向操作系统程序。操作系统在对被中断的用户程序现场作必要的保护之后,转去执行另一个用户程序。这样,操作系统可以把 CPU 按时间片依次分配给系统中的每一个用户程序。由于系统中用户程序的数目是有限的,如果时间片的大小选取适当,则可以保证一个用户程序从放弃 CPU 到下一次再获得 CPU,只经过较短的一段时间(例如 2~3 秒)。这样,从用户的感觉来看,好像是一个速度不太快的 CPU 在单独为自己服务。例如,若时间片为 100 毫秒,系统中有 20 个用户在分享 CPU,若暂时忽略用户程序之间切换时运行操作系统的时间开销,则每个用户两次使用 CPU 之间的时间间隔为 100 毫秒×20 = 2 秒。再假定 CPU 的运算速度为 1 000 万次/秒,则对一个用户程序来说,等价的 CPU 速度为 1 000/20 = 500 万次/秒。

2. 分时系统的特性

综上所述,可以概括出分时系统的以下 4 个主要特征:

(1)多路性。在一台主机上连接了若干个用户终端,从宏观上看,多个用户在同时工作,共享系统资源。但从微观上看,各终端程序却是在按时间片依次轮流使用 CPU。多路性提高了系统资源利用率,节省了开支,促进了计算机的广泛应用。

(2)独立性。每个用户各占一台终端,彼此独立操作,互不干扰。从用户角度看,每个终端用户并不感到其他用户的存在,就像整个系统由自己独占一样。

(3)及时性。终端用户的请求能在允许的时间范围内得到响应,这个时间范围是衡量分时系统性能的一个重要指标,通常被规定为 2~3 秒。

(4)交互性。用户能与系统进行广泛的人机对话:用户从键盘输入命令,请求系统服务或控制作业的运行;系统能及时响应命令并显示结果。交互性是分时系统的一个重要特征,因此,分时系统也被称为交互系统。

3. 分时系统的响应时间

响应时间是指从终端用户发出一条命令开始,到系统处理完这条命令并做出回答为止所需的最大时间间隔。分时系统的响应时间是衡量分时系统性能的一个重要指标,也是设计分时系统时应注意的一个重要问题。

(1)影响响应时间的主要因素。

① 系统开销:分时系统中的系统开销主要是指进程的调度和对换时间。进程的对换时间可表示为:

$$对换时间 = 外存的访问时间 + 信息的传输时间$$

其中,信息的传输时间等于信息的对换量除以信息的对换速度,即:

$$信息的传输时间 = 信息对换量/信息对换速度$$

可见,同样一批信息,内外存之间的信息对换速度越高,其传输时间就越短,从而可以减少响应时间。因此,应选择速度高的磁盘作为外部存储器。

② 用户数目：若系统中有 n 个同时性用户，时间片为 q，则每个用户轮转一次所需的时间 $n×q$ 可近似地看做响应时间。可见，当 q 一定时，响应时间与用户数目成正比，这就限制了分时系统中的同时性用户的数目。

③ 时间片：当 n 一定时，响应时间正比于 q。从这种意义上说，减少时间片的长度便可改善系统对用户的响应时间。但从另一方面来看，同样一个作业，时间片越小，完成它所需的时间片个数和对换次数就会越多，这无疑会增加系统开销，降低系统效率。

④ 信息对换量：根据前面的分析，信息的对换时间与信息对换量成正比，在同样的对换速度下，信息的对换量越少，信息的传输时间就越短。反之，对换时间就会越长。

（2）改善响应时间的办法。

在上述影响响应时间的 4 个因素中，增加对换速度会受到硬件的限制，减少用户数目将影响系统性能，缩短时间片会降低系统效率。可行的办法是减少信息对换量。减少信息对换量可采用以下两种方法：

① 重入码技术：所谓重入码是指被多个作业共享的代码。用重入码技术编制的文件可供多个终端用户共享，而不必让每个用户都自带副本，这样可减少信息对换量。

② 虚拟存储技术：虚拟存储技术是一种能自动实现在较小内存中运行较大用户作业的内存管理技术。实现这种技术的主要方法是在外存保留作业的全部副本，而每次调入主存的仅是当前时间片所用到的部分。这样就可大大减少信息对换量。

1.6.3 实时系统

实时系统是为了满足实时问题对计算机应用所提出的特殊要求而出现的一种操作系统。所谓实时，是指"立即"、"马上"的意思。而实时系统则是指系统对特定输入做出反应的速度足以控制发出实时信号的对象，或者说计算机能够及时响应外部事件的请求，在规定的短时间内完成对该事件的处理，并控制所有实时设备和实时任务协调一致地运行。

1. 实时系统的类型

实时系统按其使用方式可分为实时控制系统和实时信息处理系统两大类。

（1）实时控制系统。

实时控制系统通常是指以计算机为中心的生产过程控制和活动目标控制。对生产过程控制的例子有钢铁冶炼、电力生产、化工生产、机械加工、炼油等。对活动目标控制的例子有飞机飞行、导弹发射、火炮射击等。在实时控制系统中，控制计算机通过特定的外围设备从被控制过程实时采集现场信息，如温度、压力、流量、空间位置等参数，并对它们进行及时处理，从而自动地控制响应机构，使这些参数能按预定规律变化或保持不变，以达到保证质量、提高产量、密切跟踪或及时操纵等目的。

（2）实时信息处理系统。

实时信息处理系统通常是指以计算机为中心的实时信息查询系统和实时事务处理系统。实时查询系统的主要特点是配置有大型文件系统或数据库,并具有向用户提供简单、方便、快速查询的能力,其典型的应用例子有仓库管理系统和医护信息系统等。实时事务处理系统的主要特点是数据库中的数据可随时更新,用户和系统之间频繁地进行交互作用,其典型的应用例子有飞机订票系统、电子商务系统、股票系统等。

2. 实时系统的特征

实时系统与分时系统相比,它们之间既有相似的地方,又有不同之处。

(1)多路性。实时系统也会遇到多个用户同时访问的问题。例如,实时控制系统往往需要同时采集多个现场信息和控制多个执行机构。实时信息处理系统往往需要同时处理多个用户的信息查询或服务请求。

(2)独立性。实时系统与分时系统一样具有独立性。在实时控制系统中,信息的采集和对象的控制都是彼此互不干扰的,在实时信息处理系统中,每个终端用户在向系统提出信息查询或服务请求时也都是彼此独立、互不干扰的。

(3)及时性。实时系统对及时性的要求比分时系统要高。分时系统的及时性通常是以人所能接受的等待时间来确定的,一般为秒级;而实时系统的及时性则是以控制对象所能接受的延迟时间来确定的,可能是秒级,也可能是毫秒级,甚至是微秒级。

(4)交互性。实时系统大都是具有特殊用途的专用系统,它仅允许操作人员访问系统中某些特定的专用服务程序,但一般不能写入程序或修改现有程序。因此,实时系统的交互能力比分时系统要差。

(5)高可靠性。实时系统和分时系统相比,对可靠性的要求会更高,原因是实时系统中的任何差错都可能带来巨大的经济损失,甚至无法预料的灾难性后果。因此,在实时系统中,往往都采取了多级容错措施,以保证系统的安全和数据的安全。

1.6.4 网络操作系统

计算机网络(Networks)是由多台计算机通过网线互连构成的多机系统。如前所述,操作系统是计算机系统的资源管理程序,是用户与计算机之间的接口,因此,在网络环境下的操作系统,也可以简单地定义为管理整个网络资源和方便网络用户的软件的集合。

1. 网络操作系统的功能

(1)网络通信。

这是网络最基本的功能,其任务是在源主机和目标主机之间,实现无差错的数据传输。为此,应有的主要功能如下:

①建立和拆除通信链路,这是为通信双方建立一条暂时性的通信链路。

②传输控制,指对数据的传输进行必要的控制。

③差错控制,对传输过程中的数据进行差错检测和纠正。

④流量控制,控制传输过程中的数据流量。

⑤路由选择,为所传输的数据,选择一条适当的传输路径。

(2)资源管理。

对网络中的共享资源(硬件和软件)实施有效的管理,协调诸用户对共享资源的使用,保证数据的安全性和一致性。在 LAN 中典型的共享资源有硬盘、打印机、文件和数据。

(3)网络服务。

这是在前两个功能的基础上,为了方便用户而又直接向用户提供的多种有效服务。主要的网络服务有:

①电子邮件服务。为源用户把电子邮件传送给目标用户。

②文件传输、存取和管理服务。把源用户存放在站点上的文件传送到指定目标站点显示或存盘,或从目标点索取文件。

③共享硬盘服务。

④共享打印服务。

(4)网络管理。

网络管理最基本的任务是安全管理。这是通过"存取控制"来确保存取数据的安全性,通过"容错技术"来保证系统故障时数据的安全性。此外,还应能对网络性能进行监视,对使用情况进行统计,以便为提高网络性能、进行网络维护和记账等,提供必要的信息。

(5)互操作能力。

在 20 世纪 80 年代后期所推出的操作系统,都已提供了联网功能,从而便于将微机连接到网络上。在 90 年代推出的网络操作系统,只提供了一定范围的互操作能力。所谓互操作,在客户/服务器模式的 LAN 环境下,是指连接在服务器上的多台客户机和主机,不仅能与服务器通信,而且还能以透明的方式访问服务器上的文件系统;而在互联网络环境下的互操作,是指不同网络间的客户机不仅能通信,而且也能以透明的方式,访问其他网络中的文件服务器。

2. 网络操作系统的工作模式

(1)客户-服务器(Client-Server,C-S)模式。

该模式是构造操作系统的一种方式,是在 20 世纪 80 年代发展起来的,目前仍是广为流行的网络工作模式,如图 1-7 所示。网络中的各个站点可分为以下两大类:

①服务器。它是网络的控制中心,其任务是向客户提供一种或多种服务。服务器可有多种类型,如提供文件/打印服务的文件服务器,提供数据库服务的数据库服务器等。在服务器中包含了大量的服务程序和服务支撑软件。

②客户。这是用户用于本地处理和访问服务器的站点。在客户中包含了本地处理软件和访问服务器上服务程序的软件接口。C-S 模式具有分布处理和集中控制的

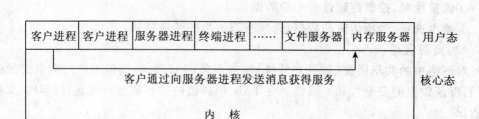

图 1-7 客户-服务器模型

特征。

（2）对等模式（Peer-to-Peer）。

在采用这种模式的网络操作系统中，各个站点是对等的。它既可作为客户去访问其他站点，又可作为服务器向其他站点提供服务。在网络中既无服务处理中心，也无控制中心。或者说，网络的服务和控制功能分布于各个站点上。可见，该模式具有分布处理的特征。

1.6.5 分布式操作系统

1. 分布式系统

在已往的计算机系统中，其处理和控制功能都高度地集中在一台主机上，所有的任务都由主机处理，这样的系统称为集中式处理系统。

分布式系统是指由多个分散的处理单元，经互联网络连接而成的计算机系统。其中各个资源单元（物理的或逻辑的）既相互协同又高度自治，能在全系统范围内实现资源管理和资源共享，动态地进行任务分配和功能分配，并能运行分布式程序。系统的处理和控制功能，都分散在系统的各个处理单元上，系统中的所有任务，也可动态地被分配到各个处理单元上去，使它们并行执行，实现分布处理。由此可见，分布式处理系统最基本的特征是处理上的分布。而处理分布的实质是资源、功能、任务和控制都是分布的。

2. 分布式操作系统

分布式操作系统是一个一体化的系统，是为分布式计算机系统配置的操作系统。除了最低级的 I/O 设备资源外，所有的任务都可以在系统中任何别的处理机上运行，即负责全系统的资源分配和调度、任务划分、信息传输、协调控制等工作，并为用户提供一个统一的界面和标准接口。用户通过统一的界面实现其操作，使用系统的资源。其主要特点有：

（1）进程通信采用信息传递方式，不能借助公共存储区；

（2）进程调度、资源分配和系统管理等必须满足分布处理要求，并保证一致性的分散式管理方式和具有强健性的分布式算法；

（3）协调系统中各处理机的负载基本平衡；

（4）具有检测任一处理机停机或发生故障的能力，并能做出适当处理，如自动重构、降级使用和错误恢复等。

3. 分布式操作系统与网络操作系统的比较

分布式操作系统虽与网络操作系统有许多相似之处，但两者各有特点。下面从5个方面对两者进行比较。

（1）分布性。分布式操作系统不是集中地驻留在某一个站点中，而是较均匀地分布在系统的各个站点上，因此，操作系统的处理和控制功能是分布式的。计算机网络虽然都具有分布处理功能，然而网络的控制功能则大多是集中在某个（一些）主机或网络服务器中，或者说控制方式是集中式的。

（2）并行性。分布式操作系统的任务分配程序可将多个任务分配到多个处理单元上，使这些任务并行执行，从而加速了任务的执行。而在计算机网络中，每个用户的一个或多个任务通常都在自己（本地）的计算机上处理，因此，在网络操作系统中通常无任务分配功能。

（3）透明性。分布式操作系统通常能很好地隐藏系统内部的实现细节，如对象的物理位置、并发控制、系统故障等对用户都是透明的。例如，当用户要访问某个文件时，只需提供文件名而无需知道它是驻留在哪个站点上，即可对它进行访问，亦即具有物理位置的透明性。对于网络操作系统，虽然它也具有一定的透明性，但主要是指在操作实现上的透明性。例如，当一用户要访问服务器上的文件时，只需发出相应的文件存取命令，而无需了解对该文件的存取是如何实现的。

（4）共享性。在分布式操作系统中，分布在各个站点上的软硬件资源，可供全系统中的所有用户共享，并能以透明方式对它们进行访问。而网络操作系统虽然也能提供资源共享，但所共享的资源大多设置在主机或网络服务器中。而在其他机器上的资源，则通常仅由使用该机的用户独占。

（5）健壮性。由于分布式系统的处理和控制功能是分布的，因此，任何站点上的故障都不会给系统造成太大的影响；另外，当某设备出现故障时，可通过容错技术实现系统重构，从而仍能保证系统的正常运行，因而系统具有健壮性，即具有较好的可用性和可靠性。而现在的网络操作系统，其控制功能大多集中在主机或服务器中，这使系统具有潜在的不可靠性。此外，系统的重构功能也较弱。

1.7 操作系统的启动和工作过程

计算机系统要能运行，首先要装入并初启操作系统。操作系统的初启是比较复杂的，而且具体的操作随系统的不同而异，一般有以下过程：

1. 装入阶段

由装入机构把指定操作系统的目标代码从系统磁盘上读入内存，存放在内存中固定的区域,通常是低地址区域,如图 1-8 所示。

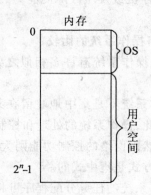

图 1-8 操作系统在内存的位置

操作系统的装入机构由输入部件和固定于系统盘上的引导程序组成,它们相互配合把操作系统代码装入并常驻内存。装入机构把操作系统代码装入内存后,便把控制转给操作系统中的初启程序(如 START () 或 MAIN () 等)。

2. 操作系统的初启工作

(1) 确定系统配置并给系统本身的全局变量和各种数据结构置初值。

(2) 为操作系统中的某些程序建立进程,其中包括作业流管理进程这样的"老祖宗"进程,它们都是系统进程,在整个系统存在期间,这些进程不被撤销。

(3) 将控制转低级调度(即 CPU 调度)或命令解释程序。

系统初启之后,便可接纳用户作业的运行,于是,整个系统便在操作系统的管理和控制下有条不紊地运转起来。在机器运行期间,操作系统为用户提供各种必要的服务。对于那些已建立进程的程序来说,它们是在低级调度的驱动下,主动地为用户提供服务,例如输入/输出服务等。对于那些未建立进程的程序,它们平时是处于被动等待的状态,仅当用户态程序通过相应的系统调用指令调用它们时,才为用户提供相应的服务,这就是操作系统的基本工作方式。

1.8 Windows 2000 的模型

Windows 2000 通过硬件机制实现了核心态和用户态两个特权级别。对性能影响很大的操作系统组件运行的核心态,采用了保护措施,防止应用程序直接访问操作系统特权代码和数据。设计充分体现了机制与策略分离的思想。Windows 2000 的核心态组件使用了面向对象设计原则。例如,它们不能直接访问某个数据结构中由单个组件维护的消息,只能使用外部的接口传送参数,并访问或修改这些数据,但它不是一个严格面向对象的操作系统。基于可移植性以及效率因素的考虑,大部分代码使用了基于 C 语言的对象实现。Windows 2000 的很多系统服务运行在核心态,这使其更高效,而且也相当稳定。

Windows 2000 的最初设计是相当微内核化的,随着不断的改型以及性能的优化,目前已不是经典定义的微内核系统。因为经典的微内核系统的效率太低,在商业上并不具有实际价值。Windows 2000 将很多系统服务的代码放在核心态,包括像文件服务、图形引擎这样的功能组件。应用实践证明,目前广泛流行的 Windows 2000 效率高,而且比经典的微内核系统更加稳定可靠。

1. Windows 2000 的软件体系结构

图 1-9 给出了 Windows 2000 的软件体系结构图。图中粗线的上部代表用户进程,它们运行在私有地址空间中。用户进程有 4 种基本类型:系统支持进程、服务进程、环境子系统和应用程序。从图中可以看出,服务进程和应用程序是不能直接调用操作系统服务的,它们必须通过子系统动态链接库(subsystem DLLs)和系统交互。子系统动态链接的作用就是将函数(公开的调用接口)转换为适当的 Windows 2000 内部调用。这种转换可能会向正在为用户程序提供服务的环境子系统发送请求。

图中粗线以下是 Windows 2000 的核心态组件,它们都运行在统一的核心地址空间中。核心态组件包括:硬件抽象层、核心、执行体、设备驱动程序和图形引擎。

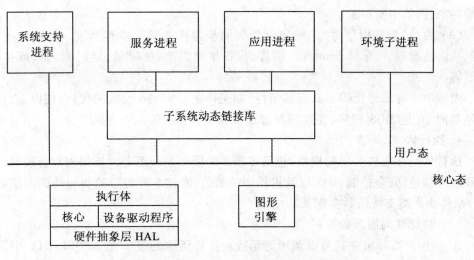

图 1-9 Windows 2000 软件体系结构图

与 UNIX 操作系统很相似,Windows 2000 也是一个集成操作系统,其重要组件和设备驱动程序共享内核受保护的地址空间,任何操作系统组件和设备驱动程序可以很容易地破坏其他组件和驱动程序使用的数据,不过实际上这种事情很少发生。将系统中的重要成分和应用程序隔离,这种保护使得 Windows 2000 具有高效率和健壮性。

2. 硬件抽象层（HAL）

硬件抽象层（HAL）是实际硬件与 Windows 2000 抽象计算机描述的接口层和功能映射层，将核心、设备驱动程序以及执行体同硬件分隔开来，使它们可以适应多种平台。HAL 隐藏了各种与硬件有关的细节，例如 I/O 接口、中断控制器以及多处理器通信机制等，实现多种硬件平台上的可移植性。

3. 内核

内核包含了最低级的操作系统功能，例如线程调度、中断和异常调度、多处理器同步等，同时它也为执行体（executive）提供了实现高级结构的一组例程和基本对象。

内核的功能：线程安排和调度、陷阱处理和异常调度、中断处理和调度、多处理器同步、供执行体使用的基本内核对象、使执行体和设备驱动程序与硬件无关。这些功能始终运行在核心态，代码精简，可移植性好。除了中断服务例程外，正在运行的线程不能抢先内核。内核通过以下"对象"实现其功能。

（1）通过"内核对象"的帮助，达到控制、处理并支持执行体对象的操作，以降低系统策略代价。

（2）通过"控制对象"集合为控制各种操作系统功能建立了语义。这个对象集合包括内核进程对象、异步过程调用对象、延迟过程调用对象和几个由 I/O 系统使用的对象，例如中断对象。

（3）通过"调度程序对象"的集合负责同步操作并影响线程调度。调度程序对象包括内核线程、互斥体（mutex）、事件、内核事件对象、信号量、定时器和可等待定时器等。

内核中也有部分代码不具有移植性，如支持虚拟 80x86 模式的代码，用以运行一些早期的 16 位 DOS 程序，高速缓存管理及描述表切换等。

4. 执行体

执行体是在内核上层的模块，包括了基本的操作系统服务。例如内存管理器、进程和线程管理、安全控制、I/O 以及进程间的通信，通过 5 种类型的功能性调用函数、5 种组件和 4 类支持函数实现其功能。

（1）功能性调用函数有：

① 由用户态导出并且可以调用的函数。这些函数的接口在 NTDEL.DLL 中，通过应用程序接口或其他环境子系统可以对它们进行访问。

② 从用户态导出并且可以调用的函数，但当前通过任何文档化的子系统函数都不能使用。

③ 在 Windows 2000 DDK 中已经导出并且文档化的核心态调用的函数。

④ 在核心态组件中调用但没有文档化的函数。例如在执行体内部使用的内部支持例程。

⑤ 组件内部的函数。

(2) 5 种组件(执行体包含的功能实体组件)有:

① 进程和线程管理器,负责创建、中止进程和线程。对进程和线程的基本支持在 Windows 2000 内核中实现,而执行体给这些低级对象添加附加语义和功能。

② 虚拟内存管理器,实现"虚拟内存",内存管理器也为高速缓存管理器提供基本的支持。

③ 安全引用监视器,在本地计算机上执行安全策略,保护操作系统资源,负责运行时对象的保护和监视。

④ I/O 系统,执行独立于设备的输入/输出,并为进一步处理调用适当的设备驱动程序。

⑤ 高速缓存管理器,通过将最近引用的磁盘数据驻留在内存中来提高文件 I/O 的性能,并且在把更新数据发送到磁盘之前,将它们在内存中保持一个短的时间来延缓磁盘的写操作,这样就可以实现快速访问。

(3) 提供执行体组件使用的 4 类支持函数:

① 对象管理,创建、管理以及删除 Windows 2000 的执行体对象和用于代表操作系统资源的抽象数据类型,例如进程、线程和各种同步对象。

② 本地过程调用(Local Procedure Call,LPC)机制,在同一台计算机上的客户进程和服务进程之间传递信息。LPC 是一个灵活的、经过优化的"远程过程调用"(Remote Procedure Call,RPC)版本。

③ 一组广泛的公用运行函数,例如字符串处理、算术运算、数据类型转换和完全结构处理。

④ 支持例程,例如系统内存分配(页交换区和非页交换区)、互锁内存访问和两种特殊类型(资源、快速互斥体)的同步对象。

5. 设备驱动程序

设备驱动程序包括文件系统和硬件设备驱动程序等,其中硬件设备驱动程序将用户的 I/O 函数调用转换为对特定硬件设备的 I/O 请求。

设备驱动程序是可加载的核心态模块。它作为 I/O 系统和相关硬件之间的接口,Windows 2000 使用 WDM(Win Driver Model)以及加强的 WDM 方式作为标准驱动程序模型。Windows 2000 中有 3 类驱动程序:

(1) 硬件设备驱动程序。其功能是将输出写入物理设备或网络,并从物理设备或网络获得输入。

(2) 文件系统驱动程序。其功能是接受面向文件的 I/O 请求,并把它们转化为对特殊设备的 I/O 请求。

(3) 过滤器驱动程序。其功能是截取 I/O 并在传递 I/O 到下一层之前执行某些特定处理,包含了实现图形用户界面的基本函数。

6. 图形引擎

图形引擎包括了实现图形用户界面（GUI）的基本函数。

7. 环境子系统

环境子系统将基本的执行系统服务的某些子集以特定的形态展示给应用程序，函数调用不能在不同子系统之间混用，因此每一个可执行的映像都受限于惟一的子系统。3 种环境子系统是：POSIE，OS/2（只能用于 x86 系统）和 Win32。Win 32 子系统必须始终处于运行状态，其他子系统只是在需要时才被启动，Win32 子系统是 Windows 2000 运行的基本条件之一。

（1）Win32 子系统由以下组件构成：

① Win32 环境子系统进程 CSRSS，包括对下列功能的支持：控制台（文本）窗口、创建及删除进程与线程、支持 16 位 DOS 虚拟机（VDM）进程的部分。

② 核心态设备驱动程序（WIN32K.SYS）。

③ 图形设备接口（Graphics Device Interfaces，GDI）。

④ 子系统动态链接库，它调用 NTOSKRNL.EXE 和 WIN32.SYS 将文档化的 Win32API 函数转化为适当的非文档化的核心系统服务。

⑤ 图形设备驱动程序，包括依赖于硬件的图形显示驱动程序、打印机驱动程序和视频小型端口驱动程序。

⑥ 其他混杂的函数，如几种自然语言支持函数。

（2）POSIE（Portable Operating System Interface for Computer Environments）子系统的特点：

① 设计的强迫性目标。

② 实现了 POSIX.1，功能有限，用处不大。

（3）OS/2 子系统。该子系统在实用性方面受到很大的限制，它仅支持 x86 系统和基于 16 位字符的 OS/2 1.2 或视频 I/O 应用程序。

8. 子系统动态链接库

用户的应用程序是不能直接调用 Windows 2000 系统服务的，所以应用程序必须通过一个或多个子系统动态链接库作为中介才能完成。

9. 系统支持进程

系统支持的进程有：Idle 进程（对于每个 CPU，Idle 进程都包含一个相应的线程，用于统计空闲 CPU 时间）、系统进程（包括核心态系统线程，系统线程只能从核心态调用）、会话管理器 SMSS.EXE（是第一个在系统中创建的用户进程）、Win32 子系统 CSRSS.EXE、登录进程 WinLogon.EXE（用于处理用户登录和注销的内部活动）、本地安全身份验证服务器 LSASS.EXE、服务器控制器 SERVICES.EXE 及相关的服务进程（特指用户态进程服务）。

10. 应用程序

用户应用程序可以是 Win32、Windows 3.1、MS-DOS、POSIE、OS/2 5 种类型之一。

小 结

本章主要介绍了操作系统的基本概念。如何看待操作系统有两种观点,即资源管理观点和服务用户观点。设置操作系统的主要目的是:高效地利用计算机系统资源和为用户使用计算机创造良好的工作环境。

操作系统的发展过程经历了人工操作、单道批处理、执行系统、多道程序系统等阶段。操作系统的类型按照为用户服务的方式,可分为多道批处理系统、分时系统和实时系统 3 种基本类型。随着计算机网络的发展,又产生了网络操作系统和分布式操作系统。

操作系统提供对处理机、内存、设备和文件的管理功能,此外还提供一个使用方便的用户接口。

操作系统一般可分成"内核"(kernel)和"外壳"(shell)两大部分。内核是实现操作系统最基本功能的程序模块的集合,在机器的系统态下运行;操作系统的外壳,指的是运行在内核之上的,完成 OS 外层功能的程序。

操作系统是用户与计算机之间的接口,用户只有通过操作系统提供的界面才能使用计算机。操作系统一般向用户提供两种层次的使用界面,即人-机界面和程序界面(也叫状态界面)。

操作系统具有并发、虚拟、共享、不确定性 4 个基本特征。现代操作系统还具有微内核结构、多线程、对称多处理、分布式操作系统、面向对象技术等特点。

习 题 一

1.1 什么是操作系统?它有哪些基本功能?
1.2 为什么要设置操作系统?
1.3 可用哪些基本观点看待操作系统?解释这些观点的含义。
1.4 操作系统与编译、编辑等其他系统软件的关系如何?
1.5 为什么要区分机器的两种运行状态?
1.6 举例说明分时系统键盘命令的执行要得到操作系统的哪些支持。
1.7 "操作系统是建立在一组数据结构之上的程序模块的集合。"这种观点对吗?为什么?
1.8 "操作系统本身是一个并发系统。"这种观点对吗?为什么?
1.9 操作系统有哪些基本类型?每种类型的主要特点是什么?
1.10 试说明虚拟处理机的概念及其实现方法。
1.11 操作系统的两个界面的关系如何?
1.12 什么是操作系统的不确定性?举例说明。

1.13 给出一个你与分时系统简单会话的例子。
1.14 你知道在使用计算机的过程中得到了操作系统的哪些服务吗?
1.15 试说明网络操作系统的主要功能。
1.16 试比较网络操作系统与分布式操作系统有什么不同的特点。
1.17 在 Windows 图形界面中,一个窗口通常由哪几部分组成?
1.18 试说明应用程序图标和应用程序项图标的异同。
1.19 请概要介绍 Windows 2000 体系结构。
1.20 Windows 2000 如何实现对硬件结构和平台的可移植性?

第二章 中断技术

【学习目标】
了解中断在操作系统中的地位,建立中断驱动操作系统的概念;
掌握中断的概念、作用和类型;
掌握计算机系统响应中断和处理中断的过程。

【学习重点、难点】
中断驱动操作系统的机制;
中断处理过程;
向量中断与中断向量。

2.1 中断在操作系统中的地位

  在现代计算机系统中,中断和通道技术是主机和外部设备并行工作的基础,是多道程序并发执行的推动力,也是整个操作系统的推动力——操作系统是由中断驱动的。
  为什么说中断是多道程序并发执行的推动力呢?在单 CPU 计算机系统中,要使多道程序得以并发执行,关键在于 CPU 能在这些程序间不断地切换,使得每道程序都有机会在 CPU 上运行。导致这种切换的动力是什么? 主要是时钟中断。这是因为,多道程序通常是按一定的"时间片"交替地占用 CPU 的。当一个正在 CPU 上运行的程序的"时间片"到期后,便要把 CPU 让给另一程序运行,这就是 CPU 的切换。而时间片是否到期,显然是由时钟计时的。也就是说,报告"时间片"到期的时钟中断一来,便要实现 CPU 的切换(通过 CPU 调度)。因此从这个意义上说,时钟中断使 CPU 交替,因而是多道程序并发执行的推动力。
  有的系统不按时间片原则运行,而是按优先权或其他原则运行。这种情况下 CPU 交替也主要发生在中断处理之时。
  为什么说操作系统是由中断驱动的呢?操作系统是一个众多程序模块的集合,这些程序模块大致可分为 3 类:第一类是在系统初启之后便和用户态程序一起主动地参与并发运行,例如,作业流管理程序、输入/输出程序等。所有并发程序都是由中断(特别是时钟中断)驱动执行的,故操作系统中属于这一类的程序也是由中断驱动的。第二类是直接面对用户态程序的,这是一些"被动"地为用户服务的程序,每一条系统调用指令都对应一个这类程序。系统初启后,这类程序平常是不运行的,仅当用户态程序执行相应的系统调用指令时,这些程序才被调用、被执行。而系统调用指令的执行,正如上面所说,是经中断(陷入)机构处理的。因此,从这个意义上说,操作系统中的这一类程序也是由中断驱动的。第三类是那些既不主动运行,也不直接面对用户态程序的程序,它们是由前两类程序调用的,是隐藏在操作系统内部的。既然前两类程序都是由中断驱动的,则这一类程序当然也是由中断驱动的。

综上所述,操作系统是由中断驱动的,程序的并发执行也是由中断推动的。

2.2 中断的概念、作用和类型

CPU 在执行一个程序时,对系统发生的某个事件(程序自身或外界的原因)会做出一种反应:CPU 暂停正在执行的程序,保留现场后自动转去处理相应的事件,处理完该事件后,到适当的时候返回断点,继续完成被中断的程序。

在计算机系统中存在着多种活动,在多道程序环境下,系统进程执行不同系统管理功能,用户进程完成用户提交的任务,即系统中所有进程共享 CPU。那么,应该如何实现 CPU 在进程间的切换?如何让 CPU 在系统发生随机紧急事件时转向相应的事件处理?另外,计算机系统还应该具备处理其他各种事件的能力。

为了实现并发活动,保证系统中各部分能自动协调、有条不紊地工作,系统必须具备处理中断的能力。例如,当外部设备传输完毕时,可以发信号通知主机,使主机停止对现行程序的处理,而立即去处理这个信号所指示的工作。如电源故障、地址错等事故发生时,中断系统可以引出该事件的程序来处理。另外,当操作员请求主机完成某项工作时,可通过发中断信号的方式通知主机,使它根据信号和相应参数来完成这一工作。

中断技术的应用已非常广泛,它不仅用于处理外部设备请求或出错等事件,而且是中断 CPU 当前正常工作并要求 CPU 处理某一事件的一种常用手段。

2.2.1 中断的作用

中断是由 I/O 设备或其他非预期的急需处理的事件引起的,使 CPU 暂时中断现在正在执行的程序,而转至另一服务程序去处理这些事件。处理完后再返回原程序。中断有下列一些作用:

(1) CPU 与 I/O 设备并行工作。假如系统中有 CPU 和 I/O 设备并行工作,当打印机打印完一行信息后,便向 CPU 发中断信号,CPU 则响应中断,停止正在执行的程序转入打印中断服务程序,将要打印的下一行信息传送到打印机控制器并启动打印机工作,然后 CPU 又继续执行原来的程序,此时打印机开始了新一行信息的打印过程。打印机打印一行信息需要几毫秒到几十毫秒的时间,而中断处理时间是很短的，一般是微秒级。从宏观上来看，CPU 和 I/O 设备是并行工作的。

（2）硬件故障处理。当计算机在运行过程中出现某些硬件故障时，便会向系统发出中断请求，CPU 响应中断后自动进行相应的故障处理。

（3）实现人-机联系。利用中断系统实现人-机通信是很方便、很有效的。在计算机工作过程中，如果用户要干预机器，如抽查计算中间结果，了解机器的工作状态，给机器下达临时性的命令等，在没有中断系统的机器里这些功能几乎是无法实现的。

（4）实现多道程序和分时操作。计算机实现多道程序运行是提高机器效率的有效手段。多道程序的切换运行需借助于中断系统。在一道程序的运行中，由中断系统切换到另外一道程序运行，也可以通过分配每道程序一个时间片，利用时钟定期发中断进行程序切换。

（5）实现实时处理。所谓实时处理，是指某个事件或现象出现时及时地进行处理，而不是集中起来进行批处理。例如，在某个计算机过程控制系统中，当压力过大、温度过高等情况发生时，必须及时输入到计算机进行处理。这些事件出现的时刻是随机的，而不是程序本身所能预见的，因此，要求计算机中断正在执行的程序，转而去执行中断服务程序。在实际工作中，利用中断技术进行实时控制已广泛地应用于各个领域中。

（6）实现应用程序和操作系统的联系。可以在用户程序中安排一条 trap 指令进入操作系统，称之为"软中断"。其中断处理过程与其他中断类似。

（7）多处理机系统中处理机间的联系。在多处理机系统中，处理机和处理机之间的信息交流和任务切换可以通过中断来实现。

2.2.2　中断的有关概念

中断是指某个事件（例如电源掉电、加法溢出或外部设备传输结束等）发生时系统中止现行程序的运行，引出中断处理程序对该事件进行处理，完毕后再返回断点继续运行，这个过程称为"中断"。

发生某个事件时发出的信号称为中断信号，用于处理中断信号的工作程序称为中断处理程序，引起中断的那个事件称为中断事件或中断源。

中断由软件（中断处理程序）、硬件协同完成，硬件机构称中断装置。软硬件部分合称为中断系统。

中断装置：指发现中断、响应中断的硬件。

中断的特点：中断具有随机性、可恢复性和自动性（进行处理）。

中断进入时会访问中断寄存器、程序状态字寄存器的内容。通过硬件为每个中断源设置中断寄存器，中断发生时的有关信息被记录在寄存器中，以便分析处理。通常将中断寄存器中的内容称为中断字。

程序运行时都有反映其运行状态的一组信息，它反映程序运行时机器所处现行状态的代码。程序状态字寄存器（PSW）的作用是控制指令执行顺序，并保留和指示与程序相关的系统状态,如 IBM 370 机采用的正是这种办法;也可以将这些信息分散存放在指令计数器(PC)和处理器状态字寄存器(PSW)中,如 Intel 8088/8086 系列机把程序状态信息放在两个寄存器中,一个是指令指针(IP),一个是状态标志寄存器(FLAG)。

PSW 主要包括:指令地址、条件码、目态/管态、中断屏蔽位、寻址方式、编址、保护键、响应中断的内容等。

(1) 指令地址:程序现在应该执行哪条指令。

(2) 条件码:当前指令的执行情况。

(3) 目态/管态:CPU 处于何种工作状态。

(4) 中断屏蔽位:程序在执行时应该屏蔽哪些中断,即中断发生时 CPU 不予响应的状态。常用于必须连续运行的程序,防止任务被中断干扰;或执行处理某一类中断时,防止其他中断干扰。例如,中断处理程序可屏蔽比自己级别低的中断事件。在 PSW 中设置一个中断屏蔽位,通过设置中断屏蔽指令完成开中断与关中断来进行中断屏蔽。

(5) 寻址方式、编址、保护键。

(6) 响应中断的内容。

2.2.3　中断的类型

引起中断的事件很多,不同机器的中断源各不相同。按中断事件的性质,一般可分为以下 5 种类型:

(1) 硬件故障中断。它是机器发生故障时所产生的中断。例如,电源故障、通道与主存交换信息时主存出错、从主存取指令错、取数据错、长线传输时的奇偶校验错等。

(2) 程序性中断。在现行程序执行过程中,发现了程序性质的错误或出现了某些特定状态而产生的中断,称为程序性中断。程序性错误有:定点溢出、十进制溢出、十进制数错、地址错、目态下的用户使用了管态指令、越界、非法操作等。程序的特定状态包括逐条指令跟踪、指令地址符合跟踪、状态跟踪、监视等。

(3) 外部中断。对某台中央处理机而言,它的外部非通道式装置所引起的中断称为外部中断。例如,时钟中断(定时时钟的时间周期到)、操作员控制台中断、多机系统中 CPU 之间的通信中断等。

(4) 输入/输出设备中断。当外部设备或通道操作正常完成或发生某种错误时发生的中断。例如,设备出错、传输出错等。

(5) 访管中断。对操作系统提出某种需求(如请求 I/O 传输、创建进程等)时发生的中断称为访管中断,即用户在程序中有意识安排的中断。这是由于用户在编制程序时要求使用操作系统提供的服务,有意使用访管指令或系统调用所引起的中断,又称软中断。这种中断的特点是断点位置确定。例如,用户请求系统分配内存空间、请求分配设备、请求启动外围设备等。

各计算机系统都提供了访管指令作为调用操作系统功能的手段,但其名称和格式可能不同。例如,UNIX 系统允许使用 trap 提出系统调用要求,DOS 中可用 INT 进入系统调用。当 CPU 执行到这类指令时便产生一个访管中断。

(1)~(4)类中断是由随机事件引起的,而不是由程序设计人员事先安排的,因此称为强迫性中断。这类中断的特点是随机发生,不知何时、何处发生,进程的断点可能在任意位置。而第 5 类中断是正在运行的进程所期待的、自愿性中断事件,这种事件是执行了一条访管指令引起的,它表示进程对操作系统的要求。访管中断又称为自愿性中断。

2.2.4 中断嵌套、中断优先级和中断屏蔽

当 CPU 正在处理一个中断事件时,系统又响应了新的中断事件,CPU 应如何反应?如果有多个中断同时发生时,中断硬件装置如何响应?以下具体讨论这两种情况的处理。

1. 中断嵌套及中断嵌套处理

在处理一个中断事件时,系统又响应了新的中断事件。此时,前一个中断处理程序的执行被中止,由处理后一个事件的中断处理程序插入执行。这可能会引发两个问题:一是优先级低的中断事件的处理打断了优先级高的中断事件的处理,使中断事件的处理顺序与中断的响应顺序不一致;二是会形成多重嵌套处理,中断的嵌套处理使现场保护、中断返回等工作变得复杂。

2. 中断优先级和中断屏蔽

(1)中断优先级。

中断优先级是由硬件规定的,系统根据引起中断事件的重要性与紧迫程度,将中断源划分为若干个级别。当有多个中断同时发生时,系统根据优先级决定响应中断的次序,优先响应级别高的中断,对同级中断则按硬件规定次序响应。不同系统对中断优先级的划分是不一样的,这是硬件设计时规定的。中断优先级规定了中断响应的次序,不可改变,但可调整。中断优先级由高到低的顺序为:硬件故障中断,自愿性中断,程序性中断,外部中断,输入/输出中断。

(2)中断屏蔽技术。

让程序状态字中的中断屏蔽位与一些中断事件相对应,当某位有屏蔽标志时,表示封锁对相应事件的响应。于是,当中断装置检查到有中断事件后,要查看当前 PSW 的中断屏蔽标志。若没有屏蔽,则可响应该中断;若有屏蔽标志,则暂不响应该中断,待屏蔽标志消除后再响应。需要注意的是,自愿性中断不能屏蔽。

2.3 中断响应过程

处理机通常在执行完一条指令后,硬件的中断装置立即检查有无中断事件发生。

若发现中断,则暂停现行进程的运行,而让操作系统中的中断处理程序占用处理机,这一过程称为"中断响应"。中断响应流程见图 2-1。中断响应过程一般包括以下几步:

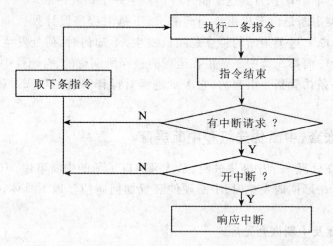

图 2-1　中断响应流程图

1. 发现中断源

发现中断源即识别发生中断的原因。当有多个中断源存在时,选择优先级高的中断源,并设置中断码。CPU 在执行每条指令后,硬件中断装置扫描中断寄存器,检查有无中断请求。如果没有,则执行下一指令;如果有中断请求,则暂停现行进程的执行,通过交换程序状态字引出中断处理程序,让操作系统的中断处理程序占用 CPU。

发现中断源而产生中断过程的设备称为中断装置。中断系统的职能是实现中断的进入,也就是实现中断响应过程。

发现中断时,刚执行完的那条指令的逻辑后继指令所在的单元称为中断断点,也称为恢复点。它是程序被中断后再返回时应继续执行的那条指令的单元号。

2. 保护现场和恢复现场

所谓现场是指在中断的那一刻能确保程序继续运行的信息。保存现场的目的是使中断处理结束后、被中断的程序能继续运行。一般来说,中断一个程序的执行只能发生在一条指令周期的末尾,所以,中断系统要保存的应该是确保后继指令能正确执行的那些现场信息。现场信息主要包括:后继指令所在主存的单元号、程序运行时 CPU 所处的状态(是目态还是管态)、指令执行的情况以及程序执行的中间结果等。对多数机器而言,这些信息存放在指令计数器、通用寄存器(或累加器或某些机器的变址寄存器)以及一些特殊寄存器中。当中断发生时,必须把现场信息保存在主存中(不同程序的现场一般保存到不同的区域中)。这一工作称为保护现场,因此,保护现场应该是中断进管后的第一件工作。此工作应由硬件和软件共同完成,但二者各承担多少任务,则随具体机器而异。

当一个程序被中断信号打断时,这时指令计数器 PC 和处理器状态寄存器 PSW 的内容是十分重要的,这两个信息必须由硬件来保护,因为一旦软件的中断处理程序得到控制权,PC 和 PSW 的内容就已经被破坏了。另外,被中断程序还有其他信息,如各累加器、寄存器的信息可以在中断处理程序得到控制权后再来保护。

在中断处理结束后、该程序重新运行之前,为了确保被中断的程序从恢复点继续运行,必须把保留的该程序现场信息从主存中送至相应的指令计数器、通用寄存器或一些特殊的寄存器中,以便恢复进程在被中断那一刻的状态。完成这些工作称为恢复现场。

3. 引出中断处理程序

中断响应是当中央处理机发现已有中断请求时,中止现行程序的执行,并自动引出中断处理程序的过程。当发生中断事件时,中断系统只要将当前程序的 PC 和 PSW 寄存器的内容存放到主存约定单元保存(在小型机和微型机中一般存放到堆栈中),以备需要返回被中断程序时,再用它们来恢复 PC 和 PSW 寄存器。与此同时,将中断处理程序的指令执行地址和处理器状态送入相应的寄存器中,于是引出了处理中断的程序。

中断响应的实质是交换指令执行地址和处理器状态,以达到如下目的:
(1)保留程序断点及有关现场信息;
(2)自动转入相应的中断处理程序执行。

2.4 中断处理过程

2.4.1 中断处理过程

当硬件完成了中断进入过程后,由相应的中断处理程序得到控制权,进入软件的中断处理过程。软件的中断处理过程主要有三项工作:
(1)保护被中断程序的现场和传递参数;
(2)执行相应的中断服务例程;
(3)恢复被执行程序的现场并退出中断。
图 2-2 说明了中断处理的一般过程。

2.4.2 中断处理例程简介

中断处理过程中的中断服务是很复杂的,因为中断类型是多种多样的,故对于每一个中断都应由相应的中断服务例程来处理。下面将简单介绍硬件故障中断、程序性中断、外部中断、输入/输出中断和访管中断的服务内容。

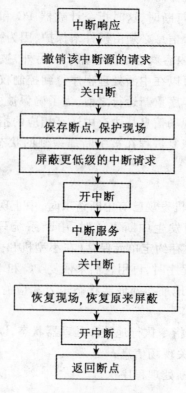

图 2-2 中断处理流程图

1. 硬件故障中断的处理

这类中断往往需要人工干预去排除故障。操作系统所做的工作只是保护现场,防止故障蔓延,向操作员报告并提供故障信息。这样做虽然不能排除故障,但有利于恢复正常和继续运行。例如,当主存的奇偶校验装置发现主存读写错误时,操作系统首先停止该进程运行,产生硬件故障中断事件,中断处理程序将访问该单元的进程的状态改为"等待干预",然后向操作员报告出错单元的地址和错误性质(处理器访问主存错还是通道访问主存错)。当操作员排除故障后重新启动进程,将该进程的"等待干预"状态改为"就绪"状态。

2. 程序性中断事件的处理

处理程序性中断事件大体有两种方法:一是对于那些纯属程序错误而又难以克服的事件,例如地址越界、在目态下执行了管态指令、企图写入半固定存储器或禁写区等,操作系统只能将出错程序的名字、出错地址和错误性质报告给操作员,请求干预。二是对于其他的程序性中断事件,例如溢出、跟踪等,不同的用户往往有不同的处理要求,所以,中断处理程序可以将这些程序性中断事件交给用户自行处理。如果用户对发生的事件没有提出处理办法,那么操作系统就把发生事件的进程名、程序断点、事件性质报告给操作员。

3. 外部中断事件的处理

外部中断有时钟中断、操作员在控制台上按中断按钮而产生的中断等,可对不同的外部中断事件分别进行处理。

(1)时钟中断事件的处理。时钟是操作系统进行调度工作的重要工具。时钟可分为绝对时钟和间隔时钟两种。在这两种情况下都需要有一个时钟寄存器。若用做绝对时钟,时钟中断处理程序的主要功能是:当一个时钟脉冲到来时,将时钟寄存器的内容加 1 ,然后进行时、分、秒时间的调整。若用做间隔时钟,它就起到一个闹钟的作用,可以作为按时间片调整的时间间隔,也可以让一个进程延时(或睡眠)一段时间。在这种应用中,应首先设置时钟寄存器的初值(所需延迟或时间间隔的时钟脉冲数),而相应的时钟中断处理程序的功能是:当一个时钟脉冲到来时,将时钟寄存器的内容减 1,判断相减结果是否为零,若为零则激活进程调度程序或唤醒睡眠进程。

(2)控制台中断事件的处理。用户可以用控制板上的中断键请求调用操作系统的某个特定功能。所以,当按下一个中断键产生一个外部中断事件时,系统就如同接受一条操作指令一样,处理该事件的程序根据中断键的编号把处理转交给一个特定的例行程序。

4. 外部设备中断事件的处理

外部设备中断一般可分为传输结束中断、传输错误中断和设备故障中断。对它们分别进行如下处理。

(1)传输结束中断。其工作主要包括:决定整个传输是否结束,即决定是否启动下一次传输。若整个传输结束,则设置相应的控制器为空闲状态。然后,判定是否有等待传输者。若有,则组织等待者的传输工作。

(2)传输错误中断的处理应包括:置设备和相应控制器为闲状态;报告传输错误;若设备允许重复执行,则重新组织传输,否则为下一个等待者组织传输工作。

(3)故障中断处理的主要工作是将设备状态置为闲,并通过控制台报告故障设备。

5. 访管中断事件的处理

这类中断事件表示正在运行的进程要调用操作系统的功能,中断处理程序可设置一张"系统调用程序入口表",中断处理程序按系统调用类型号查这张入口表,找到相应的系统调用程序的入口地址,并将处理转交给实现调用功能的程序执行。

整个中断处理的功能是由硬件和软件配合完成的。硬件负责中断进入过程,即发现和响应中断请求,把中断的原因和断点记下来供软件处理时查阅,同时引出中断处理程序。而中断的分析处理和处理后的恢复执行等工作则由软件来完成。

中断是实现操作系统的最基础的硬件支持功能,是实现多道程序运行环境的根本措施。如请求使用外设的访管中断的出现,将导致 I/O 管理程序的工作申请或释放主存而发出的访管中断,将引起存储器管理程序的相应管理功能的执行。正是因为有了中断,处理机调度程序才能实现在不同进程间的切换……因此,中断不仅是进程得以运行的直接或间接的"向导",而且也是进程被激活的驱动源,所以中断是实现操作系统功能的基础。只有了解中断的作用才能深刻体会操作系统的内在结构。

2.5 向量中断

当中断发生时,由中断源引起 CPU 进入中断服务程序的中断过程称为向量中断。这一中断过程是自动处理的。为了提高中断的处理速度,在向量中断中,对每一个中断类型都设置一个中断向量。中断向量包括该类中断的中断服务例程的入口地址和处理器状态字(PSW)。系统中所有不同类型中断的中断向量集中存放在一起,形成中断向量表。在中断向量表中,存放每一个中断向量的地址称为中断向量地址。当发生某一中断事件时,根据中断类型号找到在中断向量表中存储的中断服务例程的入口地址和处理器状态字,CPU 即可进入处理该事件的中断处理程序。

微型机一般采用这种机制。操作系统在计算机主存低地址区开辟一组存储单元作为中断向量表,微型计算机有统一的总线(地址总线、数据总线、控制总线),当一个中断(例如,一个设备完成 I/O 操作)发生时,该中断信号把一个中断请求放到总线上,其处理过程如下:

(1)当设备的优先级大于 CPU 当前的优先级时,处理机让出总线控制权。

(2)该设备作为主设备取得总线控制权后,即向处理机发出中断命令和设备的中断向量地址。

(3)当前处理器状态字(PSW)和指令计数器(PC)的内容自动进入系统堆栈。

(4)从中断向量地址中得到新的 PC,PSW 内容(称为中断向量)分别送到 PC 和 PSW 寄存器中。由于 PC 寄存器的内容是中断服务例程的入口地址,从而使控制权转移到中断服务程序。

(5)执行中断服务程序。

(6)完成中断处理,通过 RFI(Return From Interrupt)指令返回到被中断的程序。

在这些步骤中,(1)~(4)步是中断响应过程。在向量中断中,由于每一个中断都有自己的中断处理程序和中断向量,所以当发生某一中断事件时,可直接进入处理该事件的中断处理程序。中断处理操作如图 2-3 所示。

中断机制有两种不同的类型:向量中断和探询中断。探询中断机制是将系统中的所有中断类型分为几大类,每一大类中都包含若干个中断类型。当产生一个中断信号时,在探询中断机制下,由中断响应转入的是某一大类中断的处理入口。例如,转入到 I/O 中断处理程序的入口。对各种不同外设发来的中断都会转到这一中断处理程序来。在这一中断处理程序中有一个中断分析例程以判断应转入哪个具体的

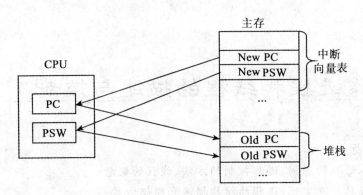

图 2-3 中断处理

设备中断例程。所以,向量中断和探询中断相比,不再需要有一个中断状态寄存器,也不要求有一个中断分析例程,在处理中断时间上可以大大缩短。

小　　结

　　中断处理是操作系统内核最基本的功能,它是整个操作系统赖以活动的基础,即操作系统的重要活动最终都依赖于中断。

　　多道程序按一定的"时间片"交替地占用 CPU,当一个正在 CPU 上运行的程序的"时间片"到期后,便要把 CPU 让给另一程序运行。时间片是由时钟计时的,报告"时间片"到期的时钟中断可驱使 CPU 调度进程实现 CPU 的切换。为了保证主机与外设实现并发、自动协调、有条不紊地工作,系统也必须具备处理中断的能力。

　　中断分别有硬件故障中断、程序性中断、外部中断、输入/输出设备中断、访管中断等五类。中断由软件(中断处理程序)、硬件协同完成,硬件机构称中断装置。软硬件部分合称为中断系统。当有多个中断同时发生时,中断系统将响应优先级较高的那个。优先级高的中断可以中断优先级较低的中断服务。

　　中断处理过程主要有发现中断源、确定中断服务程序入口、保护断点与现场、中断服务、恢复现场与断点等步骤。

习　题　二

2.1　为什么说操作系统是由中断驱动的?
2.2　试述中断响应的过程。
2.3　什么是系统调用?系统调用与一般用户程序有什么区别?
2.4　什么是中断向量?在进行中断处理时,它有什么作用?

第三章 进程和线程的描述与控制

【学习目标】
了解引入进程的原因、进程控制的方法、线程的概念；
熟悉进程状态及变迁、进程的结构描述和组织方式；
掌握进程定义和特征。

【学习重点、难点】
进程的定义和特征，进程状态与变迁，进程控制块及其组织；
前趋图问题。

3.1 进程的引入

进程是现代操作系统理论研究和实际应用中最重要的概念之一，为了更透彻地理解它的实质，先从以下几个方面阐述进程的来龙去脉。

3.1.1 程序的顺序执行

顺序处理对我们来说是熟悉的。大家习惯使用的程序设计方法就是传统的顺序程序设计法，程序中的语句按其内部的逻辑结构顺序地被执行。单 CPU 计算机的工作方式也是顺序处理的：处理机逐条地一次只执行一条指令，主存储器一次只能访问一个字或一个字节。我们把一个具有独立功能的程序独占处理机运行，直至得到最终结果的过程称为程序的顺序执行。

例如，用户要求计算机完成一道程序的运行时，通常先输入用户的程序和数据，然后运行程序进行计算，最后将结果打印出来。我们用圆节点表示各程序段的操作，其中 I 表示输入，C 表示计算，P 表示打印，用箭头指明操作间的先后次序。计算机处理完一道程序后再处理下一道程序。图 3-1 描述了两道程序在单 CPU 系统中执行的顺序。

由图 3-1 程序的执行情况可以看出，一切按顺序执行的程序都具有下列特性：

1. 顺序性

程序在处理机上执行时，其操作只能严格地按照程序结构规定的顺序执行（可能有分支或循环），即后继操作只有在前一操作执行完毕之后才能进行，否则就会出现错误。

图 3-1　程序的执行顺序

2. 封闭性

程序在执行过程中独占系统中的全部资源,计算机的状态完全由该程序的控制逻辑来决定,不受外界环境的影响,其计算的结果与其环境以外的事情无关。

3. 可再现性

只要程序执行时的环境和初始条件相同,程序执行的结果与其执行速度无关,即与时间无关,程序重复执行时都能获得相同的结果。

3.1.2　程序的并发执行及特点

为了提高计算机的利用率、处理速度和系统的处理能力,并行处理技术和并发程序设计技巧在计算机中已得到广泛应用,成为现代操作系统的基本特征之一。在计算机系统中,可并发的操作有:

(1) 同时执行若干用户的不同程序。
(2) 输入/输出操作与用户程序的执行同时进行。
(3) 多种输入/输出操作之间同时进行。
(4) CPU 的各个操作之间可同时进行。
(5) CPU 与输入/输出之间同时进行。

图 3-2 描述了系统中三个程序并发执行的情况,对于每个程序而言,其输入、计算和输出这三个操作必须顺序执行,因为这三个处理步骤在逻辑上必须严格按顺序执行,三个程序并发执行的先后次序是:I_1 先于 C_1 和 I_2;C_1 先于 P_1 和 C_2;P_1 先于 P_2 和 P_3……部分有序使某些操作的并发执行成为可能,如 I_2 和 C_1;I_3,C_2 和 P_1 等操作的执行可以在时间上互相重叠。

所谓程序的并发执行是指,若干个程序段同时在系统中运行,这些程序段的执行在时间上是重叠的,一个程序段的执行尚未结束,另一个程序段的执行已经开始,即使这种重叠是很小的一部分。

考虑下面 4 个程序段（每个程序段由一条语句组成）：

S1: a = x + y
S2: b = z + 1
S3: c = a − b
S4: d = c + 1

在 a 和 b 没有计算出之前,不可能执行 c = a − b,类似地,在没有计算出 c 的值之前,也不能执行 d = c + 1,但是 a 和 b 的计算可以并发地执行,因为它们彼此互不

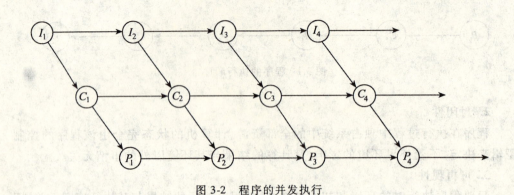

图 3-2 程序的并发执行

依赖。对这个例子,我们可以用前驱关系加以描述,如图 3-3 所示。

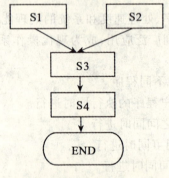

图 3-3 前驱图

所谓前驱图,是一个有向无循环图,其节点可以是一个语句,也可以是一个程序段,有向边表示语句或程序段执行的次序。1966 年 Bernstein 提出了程序(语句)之间可以并发执行的条件,但没有考虑执行速度的影响。

将程序中任一语句 S_i 划分成为两个度量的集合 $R(S_i)$ 和 $W(S_i)$。其中

$$R(S_i) = \{a_1, a_2, \cdots, a_m\}$$

是语句 S_i 在执行期间其值可以被引用的所有变量组成的集合,称为"读集合";

$$W(S_i) = \{b_1, b_2, \cdots, b_n\}$$

是语句 S_i 在执行期间其值可以被修改的所有变量组成的集合,称为"写集合"。

例如上述程序段:

$R(S_i) = \{x, y\}$

$W(S_i) = \{a\}$

要使两个相继的语句 S_i 和 S_j 可以并发地执行并产生相同结果,必须同时满足以下三个条件:

① $R(S_i) \cap W(S_j) = \{\}$
② $W(S_i) \cap R(S_j) = \{\}$
③ $W(S_i) \cap W(S_j) = \{\}$

其中,前两个条件保证一个程序在两次读操作之间存储器中的数据不会发生变化,最后一个条件保证程序写操作的结果不会丢失。只要同时满足这三个条件,并发执行的程序就可保持封闭性和可再现性。但这并没有解决所有的问题,因为在实际的程序执行过程中很难对这三个条件进行检查,只有通过操作系统的有效管理才能保证并发程序的封闭性和可再现性。描述并发性可以用语句

cobegin

$S_1;S_2;\cdots;S_n;$

coend

来表示语句 $S_1,S_2,\cdots,S_n$ 可以并发执行。因此,与该语句对应的前驱图如图3-4所示。其中语句 S_0 和 S_{n+1} 分别是 cobegin 和 coend 语句前后的两个语句,先执行 S_0,再并发执行 $S_1,S_2,\cdots,S_n$。当 $S_1,S_2,\cdots,S_n$ 全部执行完毕之后,再执行语句 S_{n+1}。

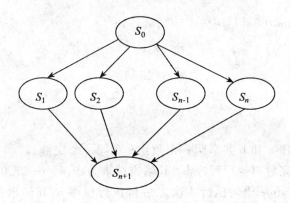

图 3-4　并发语句的执行次序

程序的并发执行虽然提高了系统的吞吐量,但由于系统中的资源是有限的,多道程序的并发执行必然导致资源共享和竞争资源,从而改变了程序的执行环境和速度,这就产生了与单道程序的顺序执行有所不同的新特点。

(1) 程序执行的间断(异步)性。

在多道程序系统中,多个程序共享同一个 CPU,处理机交替执行多个程序,一道程序运行一段时间之后便让给另一道程序运行,因此,每道程序都是走走停停。例如,在并发环境中有如下一段程序:

```
main()
{
int i,s[10];
```

```
i = 0;
cobegin
    void a()
    {
        s[i] = 0;
        while (i < 9)
        {
            i++;
            s[i] = i;
        }
    }
    void b()
    {
        while (i >= 0)
        {
            printf("s[i] is %d \n", s[i]);
            i--;
        }
    }
coend;
}
```

这两个并发程序 a 和 b 共享同一个数组 s 和同一个变量 i。

①程序 a 执行完后再执行程序 b,其输出结果为:9,8,…,1,0。

②程序 a 中的 while 语句执行 4 次之后再执行程序 b,其输出结果为:4,3,2,1,0。

③在程序 a 中的 while 语句执行第 5 次时,当执行语句 i++ 结束并转到执行程序 b,则执行 printf 语句时会输出错误的结果,因为 s[5]中未赋值。

④若先执行程序 b,再执行程序 a,则 printf 语句输出错误结果,因为 s[0]中未赋值。

我们还可以列出多种情况加以说明。由于程序 a 和程序 b 的执行都各自以独立的速度向前推进,于是执行的结果与它们之间的相对速度有关。由此可见,并发程序共享了某个或某些公用变量之后,计算结果与并发程序的执行速度有关,即失去了顺序程序的封闭性;同时结果也是不可再现的,即使初始输入条件相同,也可能产生不同的结果。这种现象也说明程序的并发执行会产生与时间有关的错误。

(2) 资源分配的动态性。

多道程序在运行过程中可根据需要随时提出分配资源的请求。由于资源的共享特性,所以资源的状态不再取决于一道程序,而是由并发程序的活动共同决定的。因此,操作系统应根据当前资源的使用情况决定分配与否。

(3) 程序并发执行的相互制约性。

以图 3-2 为例来说明程序并发执行时的相互制约性。并发执行的程序,由竞争获得资源的程序可以投入运行,而得不到资源的程序就只能暂时等待。例如,I_1 完成后可执行 C_1,I_2;当 C_1 还在执行时,若 I_2 完成了并要求执行 C_2 时,由于 CPU 为 C_1 所使用,C_2 只能暂停下来,它受到了 C_1 的制约。这种制约是间接的,因为 C_1 和 C_2 之间没有逻辑上的关系。另外,当并发执行的程序之间需要协同完成一个共同的任务时,它们之间就会产生直接制约的关系,这种制约一般发生在有逻辑关系的并发程序之间。例如,I_1、C_1 和 P_1 之间有一定的逻辑关系,它们必须顺序地执行。所有这些只能是由操作系统协调并发程序的执行。

(4) 相互通信的可能性。

如果多个程序之间有一种合作关系,共同完成一项任务,例如合作解同一个题目,则它们在运行过程中可能需要相互通信,例如,一个程序等待另一个程序发送中间结果,这就导致了相互通信的可能性。

(5) 同步与互斥的必要性。

有合作关系的诸程序不仅需要相互通信,而且还要随时调整它们之间的相对速度,这就是同步的必要性。另外,系统中的许多资源必须是互斥使用的,否则会引起并发系统中所特有的不确定性错误,这些就是互斥的必要性。

上述多道程序在并发系统中执行时的动态特性,仅由程序本身是无法描述的。为此,当一个程序在并发系统中执行时,需要引进一个新的数据结构来记录和描述这些特性。这样,新引进的数据结构与它所描述的程序一起形成了一个不可分割的有机体。

3.2 进程的概念

在多道程序系统和分时系统中,系统内部存在着多个并发执行的程序。在单处理机系统中,每个时刻实际上只有一个程序可真正在处理机上执行,而其他程序则处于暂停状态,一旦时机成熟就会有程序立即投入运行。操作系统的主要工作,就在于为多个并发执行的程序合理地分配内存储器、外部设备、处理机时间等资源,充分发挥这些资源的作用,并协调并发程序的正常工作,最大限度地提高系统效率,在连续运行过程中完成相应的任务。为了控制和协调各并发程序执行过程中软硬件资源的共享和竞争,描述和实现系统中各种活动的独立性、并发性、动态性、相互制约性以及"执行—暂停—执行"的活动规律,揭示操作系统的动态实质,必须引进一个描述和控制并发程序的执行过程和共享资源的基本单位,这个基本单位被称为进程。

3.2.1 进程的定义和特点

进程的概念是 20 世纪 60 年代初首先由麻省理工学院的 MULTICS 系统和 IBM 公司的 CTSS/360 系统引入的。一般来说,进程是程序在一定的时间和空间范围内的一次活动。在操作系统的发展过程中,人们从不同的角度给"进程"下过许多各式各样的定义。其主要的定义有:

(1) 进程是可以并行执行的计算部分。

(2) 进程(有时称为任务)是一个程序与其数据一道通过处理机的执行所发生的活动。

(3) 进程是一个数据结构及在其上进行加工处理的过程。

(4) 进程是一个可以高度独立的活动。

(5) 进程是一个具有一定独立功能的程序在一个数据集合上运行的过程,它是系统进行资源分配和调度的一个独立单位。

这些定义都从不同的侧面描述了进程的特征,都有一定的道理,但我们认为(5)的定义更全面和更准确。

由上面的定义可以看出,进程有如下五个特征:

(1) 动态性。进程是程序在并发系统内的一次执行,发一个进程有其生命周期,即从产生到消亡。

(2) 并发性。引入进程就是为了描述程序在并发系统内执行的动态特性,没有并发性就没有进程。

(3) 独立性。每个进程的程序都是相对独立的顺序程序,可以按照自己的逻辑方向和速度独立地向前推进。同时进程也是系统中独立获得资源和独立调度的基本单位。

(4) 制约性,也称异步性。进程之间的相互制约,主要表现在互斥地使用资源和相关进程之间必要的同步和通信。

(5) 结构性。进程由程序、数据集合和描述其运行过程的数据结构(即进程控制块 PCB)组成。

没有程序就没有进程,没有进程也就不能描述程序并发执行的过程,所以进程与程序既有联系又有区别:

(1) 进程是一个动态概念,而程序是一个静态概念。程序是指令的有序集合,其本身没有任何运行的含义。而进程是程序在处理机上的一次执行过程,具有生命期,它动态地被创建,并被调度执行,执行完成后消亡。进程通常不能在计算机之间迁移,而程序通常对应文件,可以复制。

(2) 进程具有并发性而程序没有。在不考虑资源共享的情况下,各进程的执行是独立的,执行速度是异步的。由于程序不反映执行过程,所以不具有并发性。

(3) 进程是竞争计算机系统资源的基本单位,也是处理机调度的基本单位。

(4) 若干不同的进程可以包含同一个程序,只要该程序所对应的数据集不同即可。也就是说,用同一个程序对不同的数据进行处理,就对应了若干进程。例如,在一个多道系统中,有三个用户用 C 语言编制的源程序同时在内存,它们都要求进行编译,而共享一个 C 语言的编译程序。此编译程序是可重入的,即它在执行过程中,不改变自身的代码,通常它仅由指令和常数组成。可以把这三个 C 语言源程序看做是 C 语言编译程序加工的对象,即三个不同的数据集合。因此,C 语言编译程序分别与这三个不同的数据集合构成了三个不同的进程,也就是这三个进程包含了同一个 C 语言编译程序。

(5) 进程可以创建其他进程,而程序并不能形成新的程序。

3.2.2 进程的基本状态

引入进程概念之后,可以用变化的观点动态地研究进程的活动规律。由于进程与并发执行中的其他进程的执行是相互制约的,所以同一个进程在不同的时刻所处的环境是不一样的,也就可能处于不同的状态,有时正在运行,有时又由于某种原因暂停运行而处于等待状态。当其等待的原因被解除之后,它又具备了获得运行的机会。从进程管理的角度出发,将进程划分成三种基本的状态:运行状态、就绪状态和等待状态(又称阻塞状态)。

(1) 运行状态(running):进程正在处理机上运行的状态,该进程已经获得运行所需要的资源,它的程序正在处理机上运行。处于此状态的进程数目小于等于处理机的个数。在没有其他进程可以执行时(如所有进程都处在等待状态),通常会自动执行系统的空闲进程。

(2) 等待状态(wait):进程等待某种事件完成(例如,等待输入/输出操作的完成)而暂时不能运行的状态。处于该状态的进程不能参加竞争处理机,此时,即使将处理机分配给它也不能运行。等待状态又称阻塞状态(block)。

(3) 就绪状态(ready):该进程运行所需的一切条件都得到了满足,但因处理机资源个数少于就绪进程个数,所以该进程不能运行,而必须等待分配处理机资源。一旦获得了处理机即可投入运行。

在许多系统中,又增加了两种基本状态:

(1) 新建状态(new):这是一个进程刚刚被创建,操作系统还没有将它加入到就绪队列时的状态。

(2) 终止状态(terminate):当一个进程已经正常结束或异常结束时,操作系统将释放它所占用的资源,但尚未将它撤销时的状态,又称退出状态(exit)。

图 3-5 给出了具有五种基本状态的进程状态图。

进程在运行过程中,不仅随着自身的推进而推进,而且还随外界环境的变化而变化,因此,上述基本状态会依一定条件而相互转化。

(1) 新建→就绪状态。当就绪队列允许接纳新的进程时,操作系统把一个处于

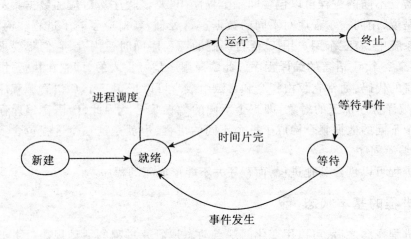

图 3-5　进程的五种基本状态模型

新建状态的进程转换成就绪状态。大多数操作系统在考虑这种状态转换时,常常会基于现有的进程数或分配给现有进程的虚存空间设置一些限制条件,以确保不会因为活跃进程的数量过多而导致系统性能的下降。

（2）就绪→运行状态。处于就绪状态的进程已具备了运行的条件,当进程调度程序根据某种调度算法（如优先数或时间片轮转）,把处理机分配给某个就绪进程时,建立该进程的运行标志,把它由就绪状态转换成运行状态。

（3）运行→就绪状态。在分时操作系统中,正在运行的进程,由于规定的时间片用完而向系统发出超时中断请求被暂停运行,则该进程由运行状态转换成就绪状态。在抢占式调度算法中,一个优先级高的进程正在运行,当它运行期间,一个更高优先级的进程由等待状态变成就绪状态之后,这个优先级更高的进程就会抢占正在运行进程的处理机,该低优先级进程便由运行状态转换成就绪状态。有时正在运行的进程,由于某种原因自愿释放处理机,由运行状态变成就绪状态。

（4）运行→等待状态。正在运行的进程因等待某事件的发生而无法运行,便由运行状态转变成等待状态。例如,进程可能请求操作系统的一个服务,但操作系统又无法立即满足其需要;进程也可能请求一个无法立即得到的资源,如文件或内存空间。当进程相互通信时,一个进程等待另一个进程提供的数据时,或等待来自另一进程的信息时,便会由运行状态变成等待状态。

（5）等待→就绪状态。处于等待状态的进程,当所等待的事件发生时,便由等待状态转换成就绪状态。

（6）运行→终止状态。当一个进程完成其工作或发生某种事件,例如,程序中发生地址越界、非法指令、零作除数等错误而异常结束时,进程便由运行状态变成终止状态。

有三点需要特别说明：

其一，进程之间的状态转换在大多数情况下是不可逆的。例如，进程既不能从等待状态转换成运行状态，也不能从就绪状态转换成等待状态。

其二，进程之间的状态转换在大多数情况下是被动的，只有运行到等待的转换是进程的主动行为，其他都是被动行为。例如，从运行到就绪，通常是时钟中断引起的，从等待到就绪是一个进程唤醒了另一个等待资源的进程。

其三，一个进程在一指定时刻只能处于上述状态中的某一种状态。

3.2.3　进程控制块

在操作系统中，描述一个进程除了程序和数据之外，最重要的是需要一个与动态过程相联系的数据结构，即进程的外部特性（名字、状态等），以及与其他进程的联系（通信关系）。因此，系统要为每个进程设置一种数据结构——进程控制块（PCB）来描述进程。操作系统能"感知"进程存在的惟一标志就是进程控制块，它和进程是一一对应的，是操作系统中最重要的数据结构之一，操作系统正是通过对 PCB 的操作来管理进程的。

在实际系统中，PCB 是记录型数据结构，它包含了操作系统所需要的关于进程的全部信息，为了描述进程在并发系统执行时的动态特性，它通常包含如下主要内容：

1. 进程的标识信息

（1）进程名，通常是可执行文件名，由创建进程者提供，由字母、数字组成，往往是在其他进程访问该进程时使用。

（2）进程标识符（process PID）。在所有的操作系统中，都为每个进程赋予了一个惟一的整数作为内部标识符，这是为了便于系统使用而设置的。

（3）用户标识符（user ID），用于指示进程所属的用户。

（4）父进程标识符和子进程标识符，这是为描述进程的家族关系而设置的。

2. 处理机状态信息

处理机状态信息主要用于保护现场和恢复现场。

（1）通用寄存器，又称用户可见寄存器，是处理机执行时机器语言可以访问的寄存器。通常由 8~32 个寄存器组成，而在一些 RISC 实现中有 100 个以上的寄存器。

（2）指令计数器，存放将要访问的下一条指令的地址。

（3）程序状态字（PSW），由一个或一组寄存器组成，其状态信息有：条件码（最近的算术或逻辑运算的结果）、执行方式、中断屏蔽标志、奇偶校验标志等。

（4）核指针。每个进程有一个或多个与之相关联的系统栈，用于保存过程和系统调用的参数及调用的地址，栈指针指向栈顶。

3. 进程调度和状态信息

这是操作系统执行进程调度和对换所需的信息。典型的信息包括：

(1)进程状态,指明进程的当前状态(例如运行、就绪、等待),作为调度和对换进程的依据。

(2)进程优先级,用于描述进程使用处理机的优先级别,通常优先级是一个整数。但在某些系统中允许有多个优先级,如默认的优先级、当前的优先级和允许的最高优先级。

(3)进程调度的其他信息。这取决于进程调度所采用的算法。例如,进程等待处理机时间总和,进程已运行的时间总和等。

(4)事件,进程处于等待状态的原因。

4. 进程的控制信息

(1)程序和数据的地址,指出该进程的程序和数据存放在内存或外存的地址,以便进程运行时能从中找到相应的程序和数据。在虚拟存储系统中还包括指向分配给该进程的虚存空间的段和页的指针。

(2)进程同步和通信机制。这是操作系统控制和协调各种活动进程所需要的额外信息,用于实现进程同步和通信,如同步互斥信号量(信号灯)、消息队列指针等。这些信息中的某些或全部存放在 PCB 中。

(3)资源清单,登记进程所需的全部资源和已经分配到的资源。它还可能包含该进程已使用过处理机或其他资源的情况,因为处理机调度程序可能会需要这些信息。

(4)链接指针。系统将处于同一状态的所有进程用链表链接起来,链接指针指向该进程所在队列中的下一个进程的 PCB 的首地址。

(5)进程特权。根据进程可以访问的内存空间和可以执行的指令类型,赋予该进程相应的特权,这种特权可作为使用系统实用程序和服务的依据。

在一个实际的操作系统中,PCB 的大小和系统中可容纳 PCB 的总个数都是一定的。所有的 PCB 构成一个结构数组,存放在操作系统区的空间内,每当创建一个新进程时,便向操作系统申请一个 PCB 结构;每当撤销一个进程时,便释放一个 PCB 结构。

3.3 进程控制

进程控制的职能是对系统中的全部进程实行有效的管理。所谓进程控制,就是系统使用一些具有特定功能的程序段来创建进程、撤销进程或完成进程各种状态间的转换,从而达到多进程并发执行时实现资源共享和协调并发进程间的关系。

3.3.1 进程控制的有关概念

1. 处理机的执行状态

所谓处理机的执行状态是指处理机执行程序时所处的状态。因为处理机有时可能执行系统程序,有时又执行用户程序,为了保证操作系统中的关键表格不被用户程序所破坏,因而引进了用户态和核心态两种状态(详见 1.3.2 节)。

2. 操作系统的内核

表 3-1 给出了操作系统内核的主要功能。

表 3-1　　　　　　　　　　操作系统内核的主要功能

项目	功能
进程管理	(1) 进程创建和终止 (2) 进程调度和分派 (3) 进程转换 (4) 进程同步和进程间的通信 (5) 进程控制块的管理
存储器管理	(1) 为进程分配存储空间和回收存储空间 (2) 交换(对换) (3) 分页和分段管理 (4) 内存保护
设备管理	(1) 缓冲区管理 (2) 设备驱动程序 (3) 为进程分配 I/O 通道和设备 (4) 设备独立性
支撑功能	(1) 中断处理(如各种类型的系统调用、键盘命令的输入、进程调度、设备驱动、文件操作等) (2) 时钟管理(如时间片轮转、实时系统中的截止时间控制、批处理系统中的最长运行时间的控制等)

处理机如何知道它所处的状态,以及如何改变其状态呢?通常,在 PSW 中用某一位表示处理机的状态。这一位会因某些事件的要求而改变。例如,当用户调用一个操作系统服务时,只需通过执行一条改变状态的指令即可实现。

3. 原语

原语是由若干条指令组成的具有特定功能的一段程序。其特点是执行时不可中断,它是不可再分的原子操作。原语是操作系统核心的一个组成部分,一般为外层软件所调用。

引进原语的主要目的是为了实现进程的控制和通信。用于进程控制的原语有：创建原语、撤销原语、阻塞原语和唤醒原语等。

3.3.2 进程创建

1. 进程创建的原因

因为程序是一个静态概念，所以，为了使程序能够运行就必须为它创建进程。导致进程创建的原因如下：

（1）交互式登录。在分时系统中，用户在终端上键入登录命令后，若是合法用户，系统便为该用户建立一个进程。

（2）新的批处理作业。在批处理系统中，当操作系统准备好接纳磁带或磁盘上的批处理作业到内存时，为它们分配必要的资源并创建进程。

（3）操作系统提供服务。当运行中的用户程序向操作系统提出某种服务请求后，系统为用户程序创建一个服务进程。例如，用户程序请求进行文件打印，操作系统将为它创建一个打印进程，打印进程和用户进程可并发执行。

（4）应用需要。前三种情况都是由系统内核来创建一个新进程的，应用需要则是由应用进程为自己创建一个新进程，便于使新进程以并发运行方式完成特定任务。例如，一个应用进程需要从磁盘上读入数据，将读入的数据组织起来存入一个表格中，然后又将表格在屏幕上显示，为了加速任务的完成，应用进程可以分别建立输入进程和表格输出进程。

2. 进程创建的方法

进程控制的基本功能之一是创建新的进程，进程创建有以下几种方法：

（1）由操作系统中的引导程序以特殊方式创建系统的资源分配和管理的系统进程。例如，在 UNIX 系统中，0# 进程是在系统引导时被创建的。

（2）由操作系统的作业调度进程统一创建。每当调度用户作业进入系统时，便由作业调度进程为用户作业创建相应的进程。以这种方式创建的进程之间一般不存在资源继承关系，它们是平等的。

（3）由父进程创建子进程。在层次结构系统中，允许一个进程创建若干个子进程，以便完成一些可以并行的工作。这种创建方式就会构成一个进程家族的树形结构，属于某个家族的一个进程可以继承其父进程所拥有的资源。这种创建进程的方法对构造应用程序是非常有用的。例如，一个应用进程可以创建一个进程来接收应用进程生成的数据，并将那些数据组织起来存入一个表中，以便今后分析使用。注意：任何一个进程只有一个父进程，但可能有多个子进程。

3. 进程创建的过程

无论用何种方法创建进程，都必须调用进程创建原语来实现。创建原语的主要功能是创建一个指定标识符的进程。主要任务就是建立该进程的 PCB，将调用者提供的有关信息填入该 PCB 的相应栏目中，把新的 PCB 插入到就绪队列或就绪挂起队列中。这些信息是：进程的名字、进程标识符、进程优先级和本进程的开始地址等。其他信息可从父进程那里继承。

进程创建算法思想：

（1）在 PCB 总链表中查找有无同名的进程，如果有同名进程则出错，返回。
（2）向系统的 PCB 区申请一个空的 PCB 结构，如果没有则出错，返回。
（3）初始化新进程的 PCB：
①在新进程的 PCB 中填入进程的名字；
②将系统分配的标识符或父进程的标识符填入 PCB 中；
③置处理机控制信息（置就绪或就绪挂起态、优先级）；
④在新进程的 PCB 中填入程序的内存地址、资源清单。
（4）将进程加入相应队列，如果内存不足，则将新进程的 PCB 加入就绪挂起队列；否则加入就绪队列。
（5）将新进程的 PCB 加入总链表或家族中。
（6）返回。

3.3.3 进程终止

当一个进程完成其任务就应该终止（或称撤销），并及时释放它所占用的资源。在任何计算机系统中，都为进程的终止提供了相应的方法。例如，在批处理系统中有"Halt"指令（该指令会产生一个中断告诉操作系统进程已完成），或执行操作系统提供的终止调用；在分时系统中当用户退出登录或关闭终端时，操作系统响应服务请求，该用户进程就会被终止。

1. 进程终止的原因

（1）正常终止。进程已完成所要求的功能而正常终止，进程执行操作系统服务调用实现其终止。
（2）运行超时。进程运行超过了规定的最长时间。
（3）内存不足。系统无法满足进程所需的存储空间。
（4）地址越界。进程试图访问不允许访问的存储空间。
（5）保护错误。进程试图使用不允许使用的资源或文件，或者使用方式不对。例如，试图对一个只读文件进行写操作。
（6）算术错误。进程试图去执行被禁止的运算。例如，零作除数，或存储一个比硬件所能容纳的最大数还要大的数等。
（7）等待超时。进程等待某一事件发生的时间超过了规定的最大值。
（8）I/O 故障。在输入/输出过程中发生了错误，如找不到文件，在规定的最大启动设备次数之内仍不能启动设备，无效操作（如对行式打印进行读操作）等。
（9）非法指令。进程试图执行一个不存在的指令，其原因可能是程序错误地转移到了数据区，误把数据当指令。

(10) 特权指令。在用户态下执行了仅供系统态执行的指令。

(11) 数据误用。数据类型出错或数据未被初始化。

(12) 操作员或系统干预。由于某些原因，需要操作员或操作系统终止进程，例如发生了死锁。

(13) 父进程终止。当一个进程终止后，操作系统便会终止该进程的所有子进程。

(14) 父进程请求。父进程具有终止其所有子进程的权力。

2. 进程终止过程

当系统发生了进程终止的原因之后，这时应调用进程终止原语。其功能是：将当前运行进程所占用的资源归还给父进程，从 PCB 总链中将其删除，将 PCB 结构归还给系统，然后转进程调度程序。

进程终止算法思想：

(1) 在 PCB 总链表或进程家族树中查被终止进程的 PCB，如果没有此 PCB，则出错处理，返回；

(2) 取该进程的 PCB 首地址；

(3) 将该进程从 PCB 总链表、现行队列中删除；

(4) 释放该进程所占用的资源给其父进程或交还给系统；

(5) 释放该进程的 PCB 结构；

(6) 该进程有子进程吗？有则转（1）；

(7) 如果被终止进程的状态是运行态，则转进程调度程序；

(8) 返回。

3.3.4 进程等待

1. 进程等待的原因

一个正在运行的进程，可能会因如下原因而进入等待状态：

(1) 请求系统服务。正在运行的进程请求操作系统提供服务时，由于某种原因，操作系统又不能满足其要求时，该进程便进入等待状态。例如，运行的进程请求分配存储空间或使用打印机等，但系统一时还难以满足其需要，该进程便进入等待状态。

(2) 需要新的加工对象。两个进程合作完成某项工作时，运行进程需要另一进程处理的中间结果而不能满足。

(3) 无新的工作。在进程的同步或通信中，一个进程已完成了给定的任务，而新的任务又未到来。

2. 进程等待过程

进程等待的事件未发生时，它可以调用等待原语将自己置于等待状态，这是一种主动行为。其功能是：停止运行的进程，将 CPU 现场保留到该进程的 PCB 中的现场保护区，将运行状态改为等待状态，并将该进程加入到相应事件的等待队列中，然后转进程调度程序,防止处理机出现空转而浪费时间。

进程等待算法思想:

(1) 取执行进程的标识符 PID;
(2) 根据 PID 找该进程的 PCB;
(3) 停止该进程执行,将运行状态改为等待状态;
(4) 保存当前进程的 CPU 现场到 PCB 结构中;
(5) 将 PCB 插入到等待事件的队列中;
(6) 转进程调度程序。

3.3.5 进程唤醒

当处于等待队列中的进程所等待的事件发生时,则由"发现者"进程调用唤醒原语,将等待该事件的进程唤醒。唤醒一个进程有两种方法:一种是由系统进程唤醒,系统进程统一控制事件的发生,并将"事件发生"这一消息告知等待进程;另一种是由事件发生进程唤醒,这种情况通常是事件发生进程和被唤醒进程之间是合作并发进程。因此,唤醒原语既可以由系统进程调用,也可以由事件发生进程调用。这里要特别强调的是:处于等待状态的进程只能由其他进程来唤醒,绝对不可以自己唤醒自己。这是因为该进程不可能知道它所申请的资源被哪些进程所占有、何时释放,这只有释放资源的进程或系统进程才知道。

唤醒原语的主要功能是:将被唤醒的进程移出相应的等待队列,置该进程为就绪状态,然后加入到相应的就绪队列中。

进程唤醒算法思想:

(1) 由释放资源的进程得到等待的原因;
(2) 根据等待原因找到相应的等待队列;
(3) 从等待队列取下被唤醒的进程;
(4) 将被唤醒的进程置为就绪状态;
(5) 将被唤醒的进程加入就绪队列;
(6) 转进程调度程序或返回原调用程序。

3.3.6 进程挂起

在 3.2.2 节中讨论了进程的三种基本状态,在许多实际操作系统中都是按照这三种状态进行设计的。但如果系统中没有虚拟存储器,则每个要运行的进程必须全部驻留在内存中。随着计算机应用领域的拓展,进程所占存储空间也随之增大,当存储空间一定时,能容纳进程的个数随之减少。虽然内存中有多个进程,当一个进程等待时,处理机可以转去执行另一个 I/O 进程,但处理机的速度比 I/O 的速度快得多,这就有可能会导致系统中的所有进程都去等待 I/O 操作,处理机大多数时间仍处于空闲状态,大大地降低了系统的效率。解决这个问题有两种方法:

第一种方法:扩充主存,使主存的容量增加,容纳更多的进程。这种方法是不可取的,其一是扩充主存会导致机器成本增加;其二是程序对存储空间的需求增长速度比存储器价格下降的速度快。因此,更大的存储器只会导致更大的进程而不是更多的进程。

第二种方法:采用交换(swapping)技术。这种方法是将主存中的某些进程的一部分或全部转移到磁盘中,以腾出足够的内存空间,把已具备运行条件的进程换入主存,或接纳一个新创建的进程到就绪队列。由于磁盘的输入/输出速度较其他外部设备(如磁带、打印机等)快得多,所以交换能提高系统的性能。

1. 进程挂起的原因

(1)内存不足。操作系统需要释放足够的内存空间调入就绪进程运行。

(2)交互用户要求。用户可能为了调试程序需要资源而要求挂起进程。

(3)进程的特性。一个进程可能是周期性地执行的,那么它在等待下一次执行时可能会被挂起。

(4)父进程请求。父进程有时希望挂起某个子进程以检查或修正挂起进程,或协调多个子进程的运行。

(5)操作系统的要求。操作系统可能会挂起一个后台进程或怀疑引起问题的进程。

基于以上原因,就必须为进程增加一个新的状态,即挂起状态(suspend state)。进程的挂起状态与其他状态的关系如图 3-6 所示。

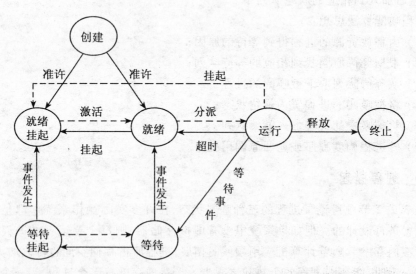

图 3-6 具有挂起状态的进程状态转换模型

2. 进程挂起算法思想

(1) 取被挂进程的标识符；
(2) 取该进程的 PCB 的状态；
(3) 若为运行状态,则该进程停止运行,改为就绪挂起,转进程调度程序；
(4) 若为就绪状态,则改为就绪挂起；
(5) 若为等待状态,则改为等待挂起。

3. 具有挂起状态的进程之间的转换

下面对图 3-6 的某些状态和状态之间的转换加以说明。

(1) 就绪挂起:进程在外存中,但只要被调入内存就可运行。

(2) 等待挂起:进程在外存中并且等待某事件的发生。

(3) 等待→等待挂起:如果没有就绪进程,那么至少应有一个等待进程被交换到外存,为非等待进程留出空间。只要操作系统确定正在运行或就绪进程需要更多内存,这种转换即使在有就绪进程时也可以发生。

(4) 等待挂起→就绪挂起:当一个处于等待挂起状态的进程所等待的事件发生后,它就进入就绪挂起状态。

(5) 就绪挂起→就绪:当内存中没有就绪进程时,操作系统将调入一个就绪挂起的进程继续执行;处于就绪挂起状态进程的优先级比所有处于就绪状态进程的优先级高。

(6) 就绪→就绪挂起:通常,操作系统更愿意挂起等待进程而不是就绪进程。然而,如果挂起就绪进程是惟一有效留出内存空间的方法,也只好如此。另外,如果操作系统确定高优先级的等待进程即将进入就绪队列,则系统可能会选择挂起低优先级的就绪进程,以便高优先级的等待进程进入就绪队列。

(7) 创建→就绪和就绪挂起:当创建一个进程后,它既可以加入就绪队列,也可以加入就绪挂起队列。不管是进入哪种状态,操作系统都必须建立一些表格来管理该进程并分配地址空间。在这一阶段,如果内存没有足够的空间,就必须进行创建到就绪挂起的进程转换。

(8) 等待挂起→等待:这种转换看起来没有什么作用,将一个未就绪进程交换进内存有什么意义呢? 一种可能的情况是:一个进程终止了,空出一些内存空间,等待挂起队列中有一个进程的优先级比所有就绪挂起队列中进程的优先级高,而操作系统认为所引起的等待事件会很快发生。在这种情况下,操作系统会将该等待进程调入内存。

(9) 运行→就绪挂起:通常,进程在运行时间到了之后会加入就绪队列。然而,如果在等待挂起队列中某进程拥有较高优先级,且等待事件发生而被操作系统优先选择,则操作系统会直接将运行进程加入到就绪挂起队列以腾出空间。

表 3-2 列出了具有挂起状态的进程状态之间的转换。

表 3-2　　　　　　　具有挂起状态的进程状态之间的转换

原状态	转换后状态						
	创建	运行	就绪	等待	就绪挂起	等待挂起	终止
	OS根据作业控制请求、分时系统用户登录、进程产生子进程而创建进程	×	×	×	×	×	×
创建	×	×	OS准备运行新进程	×	OS准备运行新进程	×	×
运行	×	×	超时、OS服务请求、OS优先响应具有更高优先级的进程、进程释放控制	OS服务请求、资源、请求事件请求	用户请求进程挂起、OS请求进程挂起	×	进程完成、进程夭折
就绪	×	×	分派程序选择作为下一个即将运行的进程	×	×	OS将进程交换出内存留出空间	×	进程被父进程终止
等待	×	×	×	事件发生	×	OS将进程交换出内存以留出空间、OS或其他进程要求进程挂起	进程被父进程终止
就绪挂起	×	×	OS将进程交换进内存	×	×	×	进程被父进程终止
等待挂起	×	×	×	OS将进程交换进内存	事件发生	×	进程被父进程终止

3.4 线 程

3.4.1 线程的引入

在操作系统中引入进程的目的,是为了使多个程序并发执行,提高计算机系统资源的利用率,提高系统的吞吐量。从前面几节的讨论可以看出,进程具有以下两个显著特点:

(1) 资源、分配的实体。一个进程包括一个保存进程映像的虚拟空间,对资源实施控制或拥有资源,如主存、I/O 通道、I/O 设备和文件。操作系统执行保护功能,以防止进程间不必要的对资源的影响。

(2) 调度分派的实体。进程的执行沿着一个或多个程序间的执行路径(轨迹),其执行过程可能与其他进程的执行过程交替。因此,一个具有执行状态(运行、就绪等)和调度优先级的进程是一个被操作系统调度并分派的实体。

在大多数操作系统中,这两个特点的确是进程的本质所在。但这两个特点是彼此独立的,因此,在操作系统的设计中可以将它们分别进行处理,以此减少程序并发执行时所付出的时空开销,使操作系统具有更好的并发性。

通常,当一个进程内有多个线程时,线程的程序是其所属进程程序的一部分,表示进程中的一个控制点,执行一系列的指令。线程共享同一地址空间,通常是更小的运行单位,而且,线程基本上不拥有系统资源,只需要很少在运行时必不可少的硬件,如程序计数器、若干 CPU 寄存器和少量的栈空间等。因此,它在创建(不必分配系统资源)、撤销(不必收回系统资源)、切换(不必保存和恢复如进程那么多的"现场"信息,如地址映射寄存器的软拷贝等)等环节所需的时空开销都比进程要少得多。此外,由于同一进程中的多个线程具有相同的地址空间,故它们之间的同步与通信的实现,也变得比较容易。

线程的引入可进一步提高系统的并发性。例如一个建筑工程(看做一个"进程")有许多包工队(每个包工队看做一个"线程"),当整个工程作为一个"进程"运行时,只要有一种资源(例如水泥)得不到满足,整个工程就得停下来(这是"进程"的管理原则)。但是,没有水泥只应影响到泥工队的工作,而不应影响到只需要木材的木工队的工作,因此,当每一个包工队都当做一个可独立运行的"线程"时,当泥工队不能工作时,还可调度木工队或其他的包工队工作。这就提高了系统的并发性。

在一个未引入线程的单 CPU 操作系统中,若只设置一个文件读写服务进程,当它因为某种原因(例如所读文件所在磁道部分损坏)而被阻塞时,便没有其他的文件读写服务进程来提供服务。引入了多个线程(它们可以对应相同的文件服务程序)以后,当一个线程被阻塞时,可以调用第二个、第三个线程提供服务,这显著地提高了系统的并发度和吞吐量。

使用线程的一个应用程序例子是文件服务器,当每个新文件请求到达时,则为文件管理程序产生一个新线程。由于服务器将会处理很多请求,因此将会在短期内创建和销毁许多线程。如果服务器运行在多处理器机器上,那么在同一个进程中的多个线程可以同时在不同的处理器上执行。此外,由于文件服务程序中的进程或线程必须共享文件数据,因而需要协调它们的活动,此时使用线程和共享存储空间比使用进程和信息传递要快。

在单用户系统中使用线程的例子:

(1) 前台和后台操作。例如,在电子表格程序中,一个线程可以显示菜单并读取用户输入,而另一个线程执行用户命令并更新电子表格。这种方案允许程序在前一条命令完成前提示输入下一条命令,常常会使用户感觉到应用程序的速度有所提高。

(2) 异步处理。程序中的异步成分可以用线程实现。例如,为了避免掉电带来的损失,可以把文字处理器设计成每隔一分钟从随机存储器中往磁盘中写一次。可以创建一个线程,其任务是周期性地进行备份,并在操作系统中调度它自己,在主程序中并不需要特别的代码来提供时间检查或者协调输入和输出。

(3) 加速执行。一个多线程进程在从设备中读取下一批数据时可以计算上一批数据。在多处理器系统中,同一个进程中的多个线程可以同时执行。

(4) 模块化程序结构。涉及各种活动、各种资源和输入/输出目标的程序更易于用线程设计和实现。

3.4.2 线程的控制

近年来,线程概念已得到广泛应用,不仅在新推出的操作系统中大多都已引入了线程,而且在新推出的数据库管理系统、高级程序设计语言和其他应用软件中,也都纷纷引入了线程。与进程一样,线程的主要状态有运行、就绪和阻塞。

(1) 创建。当创建一个新进程时,同时也为该进程创建了一个线程。随后,进程中的线程可以在同一个进程中创建另一个线程,并为新线程提供指令指针和参数,同时还提供新线程自己的寄存器上下文和栈空间,新线程被放置在就绪队列中。

创建线程是通过调用线程库中的实用程序完成的。通过过程调用,将控制传递给那个实用程序,线程库为新线程创建一个数据结构(TCB 线程控制块),然后使用某种调度算法,把控制传递给该进程中处于就绪状态的一个线程。当控制被传递给库时,需要保存当前线程的上下文,并且当控制从库中传递回一个线程时,恢复该线程的上下文环境。上下文环境实际上包括用户寄存器的内容、程序计数器和栈指针。

(2) 就绪。线程已获得除处理机外的所需资源,正等待调度执行。

(3) 运行。线程进入运行状态后便会一直运行下去,直到被抢占、时间片用完、线程终止或进入阻塞状态。

（4）阻塞。当线程需要等待一个事件时，它将阻塞（保存用户寄存器、程序计数器和栈指针），此时处理器转而执行另一个就绪线程。当阻塞一个线程的事件发生时，阻塞的条件被解除，该线程移到就绪队列中。

（5）终止。当一个线程完成时，其寄存器上下文和栈都被释放。

一般来说，挂起状态对线程没有什么意义，这是由于此种状态是一个进程级的概念。特别地，如果一个进程被换出，由于它的所有线程都共享该进程的地址空间，因此它们必须都被换出。

线程同步带来的问题和使用的技术通常与进程同步相同。例如，临界资源的使用问题。

调度和分派可以在线程基础上进行，因此大多数与执行相关的信息可以保存在线程级的数据结构中。但是，有许多活动影响着进程中的所有线程，操作系统必须在进程级对它们进行管理。挂起涉及把地址空间换出主存，因为进程中的所有线程共享同一个地址空间，所有线程必须同时进入挂起状态。类似地，进程的终止会导致进程中所有线程的终止。

在多线程环境中，进程被定义成资源分配的实体（unit）和保护的实体，与进程相关联的有：

（1）保存进程映像的虚地址空间。

（2）受访问保护的处理器、其他进程（用于进程间通信）、文件和 I/O 资源（设备和通道）。

在一个进程中，可能有一个或多个线程，每个线程有：

（1）线程执行状态（运行、就绪等）。

（2）在未运行时保存的线程上下文。观察线程的一种方法是在进程中使用独立的程序计数器。

（3）一个执行栈。

（4）每个线程静态存储局部变量。

（5）寄存器和对其进程资源的访问，并与该进程中的其他线程共享这些资源。

3.4.3 线程与进程的比较

在单线程进程模型中，进程的表示包括它的进程控制块和用户地址空间，以及在进程执行中管理调用/返回行为的用户栈和系统栈。当进程正在运行时，该进程控制处理器的寄存器，并且当进程不运行时保存这些寄存器的内容。在多线程环境中，仍然有一个与进程相关联的进程控制块和用户地址空间，但是每个线程都有一个独立的栈和独立的控制块，包含寄存器值、优先级和其他与线程相关的状态信息。

因此，一个进程中的所有线程共享该进程的状态和资源，它们驻留在同一地址空间，并且可以访问到相同的数据。当一个线程改变了存储器中的一个数据项时，在其他线程访问该项时它们能够看到变化后的结果。如果一个线程为读操作打开一个文件,同一个进程中的其他线程也能够读这个文件。

线程和进程有以下区别:

(1)调度分派。线程是可调度分派的工作单元。它包括处理器上下文环境(包含程序计数器和栈指针)和栈中自己的数据区域(为允许子程序分支)。线程顺序执行,并且是可中断的,这样处理器可以转到另一个线程。在有线程的系统中,进程不再是可调度分派的工作单元。

(2)资源拥有。进程是一个或多个线程和相关系统资源(如包含数据和代码的存储器空间、打开的文件和设备)的集合。这紧密对应于一个正在执行的程序的概念。通过把一个应用程序分解成多个线程,程序员可以在很大的程度上控制应用程序的模块和应用程序相关事件的时间安排。线程基本上不拥有资源,它的运行资源取自于其所属进程。

(3)地址空间。不同进程的地址空间是相互独立的,而同一进程的各线程共享同一地址空间。

(4)一个进程可包含一个或多个线程,反过来则不然。一个进程中的线程在另一个进程中是不可见的。

(5)通信关系。进程间通信必须使用操作系统提供的进程间通信机制,而同一进程中的各线程间可以通过直接读写数据段(如全局变量)来进行通信。当然同一个进程中各线程间的通信也需要同步和互斥手段的辅助,以确保数据的一致性。

从以下性能比较可以看出线程的优点:

(1)创建时间。在一个已有的进程中创建一个新线程比创建一个全新进程所需的时间少。Mach 开发者的研究表明,与没有使用线程的 UNIX 实现相比,线程创建的速度提高了 10 倍。

(2)终止时间。终止一个线程比终止一个进程花费的时间少。

(3)切换时间。同一进程中线程间的切换比进程间的切换花费的时间少。

(4)通信效率。线程提高了不同的执行程序间通信的效率。在大多数操作系统中,独立进程间的通信需要内核的支持,以提供保护和通信所需要的机制。但是,由于在同一个进程中的线程共享存储空间和文件,它们无需调用内核就可以互相通信。

3.4.4 用户级线程和内核级线程

线程已在许多系统中实现,但实现的方式并不完全相同。在有的系统中,如数据库管理系统 Informix,图形处理软件 Aldus Page Maker,实现的是用户级线程(User-Level Threads),这种线程不依赖于内核;而另一些系统,如 Windows NT 和 Windows 2000/XP,实现的是内核级线程(Kernel-Level Threads),这种线程依赖于内核。还有一些系统如 Solaris 操作系统,则同时实现了这两种类型的线程。

1. 线程的类型

对于通常的进程,不论是系统进程还是用户进程,在进行切换时都要依赖于内核中的进程调度。因此,不论什么进程都是与内核有关的,而且是在内核支持下进行切换的。根据线程的控制方式不同,可将线程分为内核级线程和用户级线程。

(1) 内核级线程。这类线程是依赖于内核的,又称做内核支持的线程或轻便进程。无论是在用户进程中的线程还是系统进程中的线程,它们的创建、撤销和切换都由内核实现,用来执行一个指定的函数线程。为此,需要在内核中建立一个线程控制块,内核根据该控制块而感知该线程的存在并对线程进行控制。

在内核级线程的操作系统中,任何应用程序都可以设计成多线程程序,所有线程都在一个进程里。内核维护进程和线程的上下文环境信息,负责完成线程切换。一个内核线程由于 I/O 操作而阻塞,内核可以调度同一个进程中的另一线程,因此,不会影响其他线程运行。处理机时间片分配的对象是线程,所以多线程的进程获得了更多处理机时间。除此之外,内核例程本身也可以使用多线程。

其主要缺点是:当同一个进程把控制从一个线程传送到另一个线程时,会引起内核的模式切换。

(2) 用户级线程。它仅存在于用户级中,这种线程是不依赖于操作系统核心的,应用程序从一个线程开始,并在该线程中开始运行。该应用程序和它的线程被分配给一个由内核管理的进程,在应用程序正在运行(进程处于运行状态)的任何时刻,应用程序都可以产生一个在相同进程中运行的新线程。其方法是由应用进程利用线程库来完成其创建、撤销、同步、调度和管理,用户线程间的切换也不需要内核特权,因而这种线程与内核无关。由于用户线程的维护是由应用进程完成的,不需要操作系统内核了解用户线程的存在,因此可用于不支持内核线程的多进程操作系统,甚至是单用户操作系统。

2. 线程的调度与切换速度

内核支持线程的调度和切换,这与进程的调度和切换十分相似。线程的调度方式有抢占方式和非抢占方式两种。其调度算法也同样可采用时间片轮转法、优先权算法等。当由线程调度选中一个线程后,再将处理机分配给它。当然,线程在调度和切换上所花费的时空开销要比进程小得多。对于用户级线程的切换,由于所有线程管理的数据结构都在一个进程的用户地址空间中,线程切换不需要内核模式特权,因此,进程不需要为了线程管理而切换到内核模式,这节省了在两种模式间进行切换(从用户模式到内核模式,从内核模式返回到用户模式)的开销,因此速度特别快。另外,切换的规则也远比进程调度和切换的规则来得简单,通常采用非抢占式或更简单的规则。例如,当一个线程阻塞后会自动地切换到下一个具有相同功能的线程,因此,用户级线程的切换速度特别快。

3. 系统调用

当传统的用户进程调用一个系统调用时,要由用户态转入核心态,用户进程将被阻塞。当内核完成系统调用而返回时,才将该进程唤醒,继续执行。当用户级线程调用一个系统调用时,由于操作系统内核并不知道有该用户级线程的存在,因而把系统调用看做是整个进程的行为。所以,当一个线程在进入系统调用后被阻塞时,整个进程都必须等待。当调度另一个进程执行时,同样也是在内核完成系统调用返回时,进程才能继续执行。如果系统中设置的是内核支持线程,则调度以线程为单位。当一个线程调用一个系统调用时,内核把系统调用只看做是该线程的行为,因而阻塞该线程,于是可以再调度该进程中的其他线程执行。

4. 线程执行时间

对于只设置了用户级线程的系统,调度是以进程为单位进行的。在采用轮转调度算法时,处理机时间片是分配给进程的,各个进程轮流执行一个时间片,这对诸进程而言,似是公平的。但假如在进程 A 中包含了 1 个用户级线程,而在另一个进程 B 中含有 10 个用户级线程,那么,进程 A 中线程的运行时间,将是进程 B 中各线程运行时间的 10 倍,相应地,速度就快 10 倍。假如系统中设置的是内核支持线程,其调度是以线程为单位进行的,这样,进程 B 可以获得的 CPU 时间是进程 A 的 10 倍。

5. 适应性

用户级线程可以在任何操作系统中运行,不需要对底层内核进行修改以支持内核级线程。线程库是一组供所有应用程序共享的应用级实用程序。

小　　结

操作系统曾被描述为管理资源的一组程序的集合,实际上这是一种静态的观点,为了认识操作系统动态活动的本质,从而引出了新的概念——进程。本章主要讲述程序并发执行及特点、进程的定义、进程的状态及演变方式、进程控制块及作用、线程的定义、状态及演变方式等。

习　题　三

3.1　什么是进程?进程与程序的主要区别是什么?
3.2　说明进程的结构、特征和基本状态,以及进程状态之间转换的原因。
3.3　举例说明一个程序有可能属于多个进程。
3.4　为什么一个进程不能包含多个程序?
3.5　为什么多道系统的程序要以进程的形式参与系统的并发执行?
3.6　什么是进程控制块?它有什么作用?
3.7　说明当进程运行状态改变时,操作系统进行进程切换的步骤。
3.8　为什么要将处理机的状态划分为核心态和用户态?
3.9　处理机的状态与进程的状态有何区别?
3.10　说明操作系统创建一个新进程的原因和需要执行的步骤。
3.11　设在单处理机系统中有 $n(n>2)$ 个进程,问:

（1）是否总有进程在运行？为什么？
（2）是否会出现等待队列为空的情况？为什么？
（3）是否会出现等待队列为空且无进程运行的情况？为什么？
（4）是否会出现就绪队列为空的情况？为什么？
（5）是否会出现就绪队列为空且无进程运行的情况？为什么？

3.12 试述引进线程的原因。

3.13 试从调度性、并发性、拥有资源和系统开销等方面，对进程和线程进行比较。

第四章 进程的同步与通信

【学习目标】

了解各种调度算法；

熟悉临界资源、信号量及 PV 操作的定义与物理意义、进程通信的类型及方法；

掌握进程互斥与进程同步的关系及区别，用信号量机制解决各种互斥同步问题的方法。

【学习重点、难点】

临界资源、进程互斥与同步的概念，记录型信号量机制；用信号量机制解决进程互斥、同步、前趋图问题，用信号量机制解决经典进程同步问题，判断对临界区操作算法的正确性。

4.1 互斥与同步的基本概念

所谓互斥（mutual exclusion），指的是多个进程之间由于竞争临界资源（Critical Resources, CR）而相互制约。什么是临界资源？就是指一次仅允许一个进程使用的资源，即不能同时被共享的资源。也就是说，如果某进程已开始使用这个资源且尚未使用完毕，则其他的进程不能使用；若另一进程也要使用，则必须等待，直至前者使用完毕并释放之后，后者才能使用。在计算机系统内有很多必须互斥使用的资源。例如，输入机、打印机、磁带机等，都属"硬"临界资源，这些资源必须互斥使用。系统内许多由多个进程共享的变量、数据、表格、队列等则是"软"临界资源的例子。那么，这些软临界资源为什么也要作为临界资源处理而互斥使用呢？下面通过一个例子说明其道理。见图 4-1。

设有 P1，P2 两个进程共享一个变量 count，当两进程互斥地使用这个变量时，按如下顺序操作：

P1: R1 = count;
    R1 = R1 + 2;
    count = R1;
P2: R2 = count;
    R2 = R2 + 2;
    count = R2;

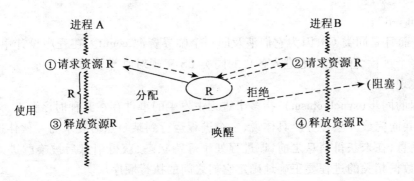

图 4-1　资源互斥使用示例

两个进程都通过中间变量对 count 做了加 2 操作，count 的值增 4，这是正确的。其中，R1 和 R2 是处理机的两个通用寄存器，它们可以按各自独立的速度前进，所以运行的顺序也可能是：

P1：R1 = count；
P2：R2 = count；
P1：R1 = R1 + 2；　　count = R1；
P2：R2 = R2 + 2；　　count = R2；

虽然两个进程也各自对 count 作了加 2 操作，但最后的结果却是 count 的值只增加了 2，这是一个我们所不希望的错误结果。

这是并发系统的不确定性在一定条件下产生的一种错误。针对这个例子来说，导致错误的原因有：一是共享了变量，二是"同时"使用了这个变量。所谓"同时"，是说在一进程开始使用且尚未结束使用期间，另一进程也开始使用。这种错误通常也叫做"与时间有关性错误"。

为了避免上述错误，理论上有两种解决办法：一是取消变量、表格等的共享，二是允许共享，但要互斥使用。前者当前还不可行，而后者则是一个较好的解决办法。在程序设计中，如何实现互斥地使用临界资源特别是软临界资源呢？这就引出临界区（Critical Section, CS）的概念。所谓临界区是指每个进程中访问临界资源的那段程序。在每个进程中，凡涉及访问临界资源的程序段我们都把它从概念上分离出来，而且，把所有与同一个 CR 相联系的 CS 称之为同类临界区。请注意，CS 是一个程序段。就上面的例子而言，程序段

R1 = count；
R1 = R1 + 2；
count = R1；

和程序段

R2 = count；

R2 = R2 + 2;

count = R2;

都是 CS,而且是同类 CS,因为它们涉及同一个临界资源 count。在程序设计中,可以通过在多个进程之间互斥地进入各自的同类 CS 实现对临界资源的访问。下一节将讨论其实现方法。

进程的同步(synchronism),指多个进程中发生的事件存在某种时序关系,需要相互合作,共同完成一项任务。具体说,一个进程运行到某一点时要求另一伙伴进程为它提供消息,在未获得消息之前,该进程处于等待状态,获得消息后被唤醒进入就绪态,即有数据相关的进程要正确地确定它们之间的执行顺序。

例:

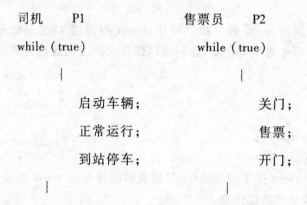

例如,设有两个合作进程共同使用一个单缓冲区。计算进程(computing)对数据进行计算,并把结果送入单缓冲区,然后,打印进程(printing)把单缓冲区的数据打印输出,如图 4-2 所示。

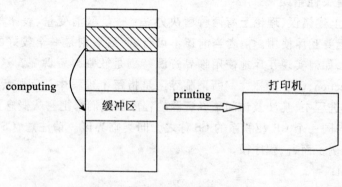

图 4-2 同步示例

显然,当结果尚未计算出来,缓冲区为空时,printing 进程必须等待;反之,当上一次的计算结果还在缓冲区中尚未打印时,computing 进程不能往其中送新的结果,它必须等待。这就要调整它们之间的相对速度,就是同步。

虽然互斥与同步在概念上有差别,解决问题的方法也不相同,但从某种意义上讲,互斥也是一种同步,因为它也是进程之间如何使用临界资源的一种协调。

4.2 解互斥问题的算法

虽然现在已经很少再用软件方法来解决进程互斥问题,但研究表明,这种方法能使读者了解到,在早期解决进程互斥的问题,并不是一件很简单的事。互斥问题的软件解法就是让多个进程互斥地进入各自的同类临界区。为简单起见,在下面的讨论中,我们把上面的意思简称为临界区互斥。互斥问题的解,就是临界区互斥问题的解。解临界区互斥问题,应遵循下述五条准则(约束条件):

(1) 空闲让进。当没有进程处于临界区时,可允许一个请求进入临界区的进程立即进入自己的临界区,以便有效地利用临界资源。

(2) 忙则等待。当已有进程进入自己的临界区时,意味着相应的临界资源正被访问,因而所有试图进入其同类临界区的进程必须等待,以确保诸进程互斥地访问临界资源。

(3) 有限等待。对要求访问临界资源的进程,应保证该进程能在有限时间内进入自己的临界区,以免陷入"死锁"或"饿死"状态。

(4) 让权等待。当进程不能进入自己的临界区时,应立即释放处理机,以免进程陷入"死等"。

(5) 驻留有限。一个进程驻留在它的临界区中的时间必须是有限的。

上述准则,事实上是任何一个实际系统都必须遵守的,它是解临界区问题的基础。为了突出我们所关心的问题(但不失一般性),假设互斥仅在两个进程之间进行,并用如下形式表示两进程的并发执行:

```
void main( )
{
    common variable declarations
    cobegin
        P0( );
        P1( );
    coend
}
```

每个访问临界资源的进程的循环结构如下:

```
void P( int i)
{   while( true)
    {
```

```
    entry code;              /*试图进入临界区*/
    critical section;        /*临界区*/
    exit code;               /*退出临界区*/
    non-critical section;    /*非临界区*/
  }
}
```

在上述约定下,来讨论解临界区问题的各种算法。

算法 1　　令进程共享一个公共的整型变量 turn,初值为 0 或 1。如果 turn = i,则进程 Pi 被允许进入它的临界区。

```
void P(int i)
  { while(true)
    {
       while (turn != i)   {什么也不做;}
       critical section ;
       turn = i;
       non-critical section;
    }
}
```

该算法可以保证在一段时间内仅一个进程进入它的临界区。然而,它不满足约束条件(1),即"空闲让进"的原则,因为它严格要求两个进程交替地进入临界区,很容易造成资源利用不充分。例如,如果 turn = 0 且 P1 想进入它的临界区,则不能实现,虽然此时 P0 并未进入它的临界区。更严重的问题是,如果一个进程失败了,另一个将被永久阻塞,不论进程是在临界区内还是在临界区外失败,都是如此。

算法 2　　算法 1 的问题在于:它采取了强制的方法让 P0 和 P1 轮流访问临界资源,完全不考虑它们的实际需要。算法 2 的思想是:在每个进程访问临界资源之前,先检查临界资源是否正被访问(即检查另一个进程的 flag,但不能修改)。若正被访问,则该进程等待,直到这个 flag 的值为 false;否则立即把自己的 flag 置为 true,进入自己的临界区。当临界区内的进程离开时,把自己的 flag 置为 false。

boolean flag [2];

数组中的每一个元素都置初值为 false。如果 flag[i] = true,则 Pi 正在它的临界区内执行。

进程 Pi 的一般结构是:

```
void P(int i)
  {
     while (true)
```

```
        while (flag[j])     {什么也不做;}
            flag[i] = true;
```
critical section;
```
        flag[i] = false;
```
non-critical section;
}
}

此算法虽然解决了空闲让进的问题,但又出现了有可能两个进程先后进入临界区的问题。例如,考虑下面的执行序列:

T0:P0 执行 while 语句,并发现 flag[1] = false;
T1:P1 执行 while 语句,并发现 flag[0] = false;
T2:P1 置 flag[1] = true,并进入临界区;
T3:P0 置 flag[0] = true,并进入临界区。

于是,P0 和 P1 两者都进入了它们的临界区,从而违反了忙则等待的准则。

算法 3　　算法 2 的问题在于进程 Pi 是先执行"while (flag[j])",后执行"flag[i] = true",其间有一极短的时间间隔,下面要设法解决这个问题:

```
void P(int i)
{
    while (true)
    {
            flag[i] = true;
            while (flag[j])     {什么也不做;}
        critical section;
            flag[i] = false;
        non-critical section;
    }
}
```

下面分析是否可以满足算法 3 互斥进入的要求。当 P0 把 flag[0] 置为 true 时,P1 不能进入自己的临界区,直到 P0 进入并离开它的临界区。有可能当 P0 置其 flag 时,P1 已经在临界区了,在这种情况下,P0 将被 while 语句阻塞,直到 P1 离开临界区。类似地,也可以同样进行分析。

该算法保证了进程互斥进入临界区的要求,但它有可能造成谁都不能进入的局面,从而违反了"空闲让进"和"有限等待"的准则。例如:当 P0,P1 几乎同时都因要

进入临界区,而分别执行:

  T0:P0 置 flag[0] = true;

  T1:P1 置 flag[1] = true;

于是 P0 和 P1 继续执行时,它们将在各自的 while 语句中无限地循环,都不能进入临界区,最终导致死锁。

  算法 4 上述三个算法,往往顾此失彼,而不能满足同步机制应遵循的准则。下面介绍一个正确的互斥算法,它是算法 1 和算法 3 的结合。下面的程序段是对进程 Pi 的描述:

```
void P(int i)
{
    while(true)
    {
        flag[i] = true;   turn = j;
        while (flag[j] && turn = j) { 什么也不做; }
        critical section;
        flag[i] = false;
        non-critical section;
    }
}
```

  对该算法正确性的分析如下:假如进程 Pi 和 Pj 几乎同时要求进入临界区,它们分别将标志 flag[i]和 flag[j]置为 true。随后,若 Pi 先将 turn 置为 j,当它执行 while 语句时,flag[j]&&turn = j 条件成立,故 Pi 在 while 语句上等待,不能进入自己的临界区;换 Pj 运行,Pj 立即又将 turn 置成 i,当它去执行 while 语句时,同样会因为 flag[i]&&turn = i 为真,而在 while 语句上等待,也不能进入自己的临界区;再次换 Pi 运行,此时,便会因 turn = j 的条件为假(此时 turn = i)而使 Pi 进入临界区;当 Pi 退出临界区时,将 flag[i]置为 false,于是在 while 语句上等待的 Pj 便会因条件为假而进入临界区。这样就既保证了"忙则等待",又实现了"空闲让进",是一个正确的算法。

  算法 4 称为 Peterson 算法,它是解决两个进程间互斥问题的一种简单有效的算法,该算法很容易推广到 n 个进程的情况。

4.3 同步与互斥的基本工具——信号量和 P,V 操作

  信号量 S,有时也叫"信号灯"(semaphore),是交通管理中的一种常用设备。交通管理人员利用信号灯的颜色(红、绿)实现交通管理。1965 年,荷兰的著名计算机科学家 Dijkstra 把互斥的关键含义抽象成信号量(semaphore)概念,并引入在信号量

第四章 进程的同步与通信

上的 P,V 操作作为同步原语(P 和 V 分别是荷兰文的"等待"和"发信号"两词的首字母)。

信号量是一个记录型数据结构,它有两个数据项:

value　　　　/* 信号量的值,整数 */
pointer　　　/* 在此信号量上等待的进程队列的队首指针 */

在信号量 S 上,可建立起如下 P,V 操作:

```
void P(S)
{
  lock interrupts;
  S. value - - ;
  if( S. value < 0 )
    {
      status( q ) = block;
      insert( S. pointer, q );
      unlock interrupts;
      scheduler;
    }
  else unlock interrupts;
}

void V(S)
{
  lock interrupts;
  S. value ++ ;
  if( S. value <= 0 )
    {
      remove( S. pointer, q );
      status( q ) = readya;
      insert( RL, q );
      length( RL ) = length( RL ) + 1;
    }
  unlock interrupts;
}
```

一个进程 q 在给定信号量 S 上的 P 操作,顺序执行下述两个动作:

(1) 将该信号量的值减 1,即 S. value = S. value − 1。

(2) 如果 S. value ≥ 0,则该进程继续执行。

如果 S.value<0,则将调用 P 操作的进程 q 阻塞起来,将其 PCB 插入该信号量的等待队列的末尾并转低级调度;否则,操作结束。

一个进程 q 在给定信号量 S 上的 V 操作,顺序执行下述两个动作:

(1)将该信号量的值加 1 ,即 S.value = S.value + 1。

(2)如果 S.value>0,则该进程继续运行。

如果 S.value≤0,则将该信号量等待队列中的第一个进程 q 移出,进程 q 的状态变为就绪,然后插入就绪队列;否则,操作结束。

这里有两点值得注意:一是执行 P(S)操作出现进程阻塞时,被阻塞的进程应是调用 P(S)的进程;而执行 V(S)操作有进程被唤醒时,被唤醒的进程不是调用 V(S)的进程,而是在 S 上阻塞的一个进程。二是 P,V 操作是在封中断的情况下执行的,就是说,当一个进程正在修改某信号量时,不会有别的进程"同时"修改该信号量。如果两个进程试图同时执行 P,V 操作,则这些操作将以某种不确定的次序顺序执行。像 P,V 这样在执行上不可中断的操作叫"原语操作"或简称"原语"(primitive)。

有了信号量和 P,V 操作,我们就可以方便地解互斥、同步问题。为了使多个进程互斥地进入各自的同类临界区,可以设置一个互斥信号量,例如 mutex,置初值为 1,并在每一个临界区的前后插入在此信号量上的 P,V 操作,使每个进程有如下结构:

```
void P(int i)
{ while (true)
  {
      P(mutex);
      critical section;
      V(mutex);
      non-critical section;
  }
}
```

下面举例说明如何用 P,V 操作解前面提到的"正确地确定进程之间的执行顺序"的同步问题。例如,考虑两个进程 P1,P2,P1 有程序 S1,P2 有程序 S2。要求设计一个同步方案,使得 S1 在 S2 完成以后才执行。为此,设置一个信号量 synch,初值为 0,并使 P1,P2 取如下形式:

```
void P1()
{ …
  P(synch);
  S1;
  …
```

```
    }
void P2()
    {
      …
      S2;
      V(synch);
      …
    }
```

可以看出,由于 synch 的初值为 0,且 P1 必须先执行 P(synch)操作后才能执行 S1,故 S1 只能在执行了 S2 和 V(synch)之后才能执行,这样便满足了上述同步要求。

4.4 经典的互斥、同步问题

在多道程序环境下,进程同步问题不仅十分重要,也是相当有趣的,因而吸引了许多学者对它进行研究,由此而产生了一系列经典的进程同步问题。本节要给出三个较有代表性的经典互斥、同步问题。这三个问题都是系统中实际的互斥、同步问题的抽象模型。深入地分析和透彻地理解这些问题的解法,可以帮助我们更好地理解进程同步概念及实现方法。

4.4.1 生产者-消费者问题

生产者-消费者问题是并发处理中最常见的一类同步问题的抽象描述。通常可描述为:有一群生产者进程 P1,P2,…,Pn 以及一群消费者进程 C1,C2,…,Cm,它们通过共享一个有界缓冲池(即由 k 个缓冲区组成)联系起来,如图 4-3 所示。假定每个缓冲区存放一个"产品",生产者进程不断地生产产品并把它们放入缓冲池内。消费者进程不断地从缓冲池内取出产品消费它。

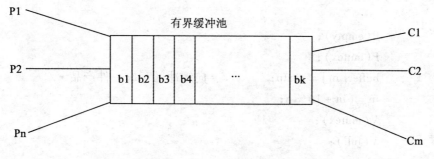

图 4-3 生产者-消费者问题

这里既存在同步问题,也存在互斥问题。同步存在于 P,C 两类进程之间;当缓冲池已放满了产品时（供过于求），禁止生产者进程向缓冲区输送产品；当缓冲池已空时（供不应求），也禁止消费者进程从缓冲区中提取物品。互斥存在于所有进程之间，所有进程应互斥使用缓冲池这一临界资源。

为了解生产者-消费者问题，需设置两个同步信号量，一个说明空缓冲单元的数目，用 empty 表示，另一个说明满缓冲单元的数目，用 full 表示。本例中的 n 个生产者和 m 消费者，它们在执行生产活动中要对有界缓冲区进行操作。由于有界缓冲区是一个临界资源，必须互斥使用，所以，另外还需设置一个互斥信号量 mutex。

具体解生产者-消费者问题的方案如下：

```
void main()
{
    int full = 0;              /*满缓冲区的数目*/
    int empty = n;             /*空缓冲区的数目*/
    int mutex = 1;             /*对有界满缓冲区进行操作的互斥信号量*/
    int in = out = 0;
    buffer[n];
    cobegin
    producer();
      consumer();
      coend
}
void producer()
{
    while (true)               /*生产未完成*/
    { …
      produce an item in nextp;    /*生产一件产品*/
      …
      P(empty);
      P(mutex);
      buffer[in] = nextp;          /*向缓冲区存放一件产品*/
      in = (in + 1) % n;
      V(mutex);
      V(full);
    }
}
void consumer()
{
```

```
        while (true)           /*还需继续消费*/
        {
            P(full);
            P(mutex);
            nextc = buffer[out];      /*从缓冲区中取一件产品*/
            out = (out + 1) % n;
            V(mutex);
            V(empty);
            consume the item in nextc;    /*消费一件产品*/
        }
```

在生产者-消费者问题中应注意:

(1)在每个程序中用于实现互斥的 P,V 操作必须成对出现。

(2)对资源信号量的操作,同样需要成对地出现,但它们可以处于不同的程序中。

(3)在每个程序中的多个 P 操作顺序不能颠倒。例如,若将生产者进程中的 P(empty)与 P(mutex)的次序交换,变成 P(mutex)在前,P(empty)在后,则在一定条件下就会出现死锁现象。

4.4.2 读者-写者问题

一个数据对象(例如一个文件或记录),可以被多个并发进程共享。这些进程中的某些进程,可能只想读共享对象的内容,而其余进程可能想对共享对象进行写或修改。我们把那些只想读的进程称之为"读者",而把其余的进程叫做"写者"。显然,两个"读者"同时读一个共享对象是没有问题的。然而,如果一个"写者"和另一个进程同时存取共享对象,则有可能产生混乱。现在举例说明这一点,令共享对象是一个银行记录 B,它的当前值为 $600。假设两个写进程(P1 和 P2)分别想加入 $200 和 $300 到此记录中,则正确的结算结果应当是 $1 100。现在考虑下面的执行序列:

T0:P1 读 B 的当前值到 X1:X1 = 600
T1:P2 读 B 的当前值到 X2:X2 = 600
T2:P2 作 X2 = X2 + 300 = 900
T3:P2 把 X2 的值复制到 B:B = 900
T4:P1 作 X1 = X1 + 200 = 800
T5:P1 把 X1 的值复制到 B:B = 800

新的结算结果是 $800 而不是 $1 100,这显然是错误的。

为了确保不发生此类事件,只要求写者必须互斥地存取共享对象,但多个读者可同时读取共享对象。这类同步问题叫做"读者-写者问题"。读者-写者问题有两种类型:一类是读者优先的读者-写者问题,一类是写者优先的读者-写者问题。它们之间的区别在于:当写者提出了存取共享对象的要求之后,是否允许新的读者继续进入,若允许,就是读者优先,若不允许,就是写者优先。

上述两类读者-写者问题都有可能导致"饥饿"现象。在第一种情况下,写者可能挨饿,如果后续读者源源不断地进入。在第二种情况下,读者可能挨饿,如果有新的写者不断地提出要求。本节给出一个第一类(读者优先)读者-写者问题的解。

第一类读者-写者问题的解法如下。

Reader 进程共享下面的数据结构:

  Semaphore mutex,wrt;

  int readcount;

信号量 mutex 和 wrt 目的初值为 1,而 readcount 的初值为 0;信号量 wrt 是 Reader 和 Writer 共用的互斥信号量;信号量 mutex 被用来互斥修改 readcount,readcount 记录着当前正在读此对象的读者进程的个数。

读者进程的一般结构如下:

```
void main()
{
    Semaphore mutex = 1;   /* 用于互斥修改读者进程的个数 */
    Semaphore wrt = 1;     /* 读者和写者共用的互斥信号量 */
    int readcount = 0;     /* 记录当前正在读此对象的读者进程的个数 */
    cobegin
      reader();
      writer();
    coend
}

void reader()
{
    /* 有读者要求进行读 */
    while(true)
    {
        P(mutex);   /* 实现对读者进程计数的互斥操作 */
        readcount ++;
        if(readcount = 1)
          P(wrt); /* 有写者阻塞读者,无写者读者可进入 */
        V(mutex);
        …
        reading is performed;
        …
```

```
      P(mutex);            /*读者退出*/
      readcount--;
      if(readcount=0)
       V(wrt);              /*无读者,唤醒写者*/
       V(mutex);
      }
    }
```

写者进程的一般结构是:
```
void writer()
  {
    while(true)            /*有写者要求进行写*/
      {
        ...
        P(wrt);            /*允许一个写者进入,阻塞其他写者进入*/
        writing is performed;
        ...
        V(wrt);
      }
  }
```

注意,如果一个写者已进入临界区且有 n 个读者正在等待,则只有一个读者在 V 上排队,而其余 $n-1$ 个都在 mutex 上排队;另外,当一个写者执行 V(wrt) 时,既可以允许一个正在等待的写者执行,也可以允许若干个正在等待的读者执行。采取何种策略由进程调度算法决定。

4.4.3 哲学家进餐问题

哲学家进餐问题也是一个经典的同步问题,它是由 Dijkstra(1965 年)提出并解决的。

哲学家进餐问题描述如下:有 5 个哲学家以思考、吃饭交替进行的方式生活,他们共用周围有 5 把椅子的圆桌,每人一把椅子,在桌子上摆有 5 个饭碗和 5 枝筷子,如图 4-4 所示。

当一个哲学家思考时,他不与邻座的同事发生联系。当一个哲学家饿了,他就试图拿起他左右两边的筷子吃饭。显然,他不能拿起已抓在他的邻座手中的筷子,于是,他可能只拿到一枝筷子甚至一枝筷子也拿不到。当一个饥饿的哲学家得到了两枝筷子,他就可以吃饭。当他用饭已毕,他就放下筷子并再次开始思考。

对上述问题的一个简单解法是,为每枝筷子设置一个信号量,一个哲学家通过在相应信号量上执行 P 操作抓起一枝筷子,通过执行 V 操作放下一枝筷子。这 5 个

图 4-4 哲学家进餐问题图示

信号量构成如下的一个数组：
　　Semaphore chopstick[5];
每个信号量都置初值为1。于是,哲学家 i 的活动可描述如下:
　　void main()
　　　{ static int chopstick[5] = (1,1,1,1,1);
　　　cobegin
　　　　philosopher(0);
　　　　philosopher(1);
　　　　philosopher(2);
　　　　philosopher(3);
　　　　philosopher(4);
　　　coend;
　　　}
　　void philosopher(int i)
　　{ while(true)　　　　　/*有哲学家想用餐*/
　　　　{
　　　　P(chopstick[i]);　　　　/*试图拿右边的筷子*/
　　　　P(chopstick[(i+1)%5]);　　/*试图拿左边的筷子*/
　　　　…
　　　　eating;
　　　　…
　　　　V(chopstick[i]);　　　　/*放下右手的筷子*/
　　　　V(chopstick[(i+1)%5]);　　/*放下左手的筷子*/
　　　　…

thinking ;
　　…
　　}
}

此解虽然可以保证互斥使用筷子,但有可能产生死锁。假设 5 个哲学家同时抓起各自左边的筷子,于是 5 个信号量的值都为 0,当每一个哲学家企图拿起他右边的筷子时,便出现了循环等待的局面——死锁。为了防止死锁的产生,可以有以下一些解决办法:

(1)至多只允许有 4 位哲学家同时去拿左边的筷子,最终能保证至少有一位哲学家能够进餐,并在用毕时能释放出他用过的两枝筷子,从而使更多的哲学家能够进餐。

(2)仅当哲学家的左、右两枝筷子均可用时,才允许他拿起筷子进餐。

(3)规定奇数号哲学家先拿他左边的筷子,然后再去拿右边的筷子;而偶数号哲学家则相反。按此规定,将是 1、2 号哲学家竞争 1 号筷子;3、4 号哲学家竞争 3 号筷子。即 5 位哲学家都先竞争奇数号筷子,获得后,再去竞争偶数号筷子,最后总会有一位哲学家能获得两枝筷子而进餐。

4.5 管程机制

4.5.1 管程的引入

虽然信号量及其 P,V 操作是一种既方便又有效的进程同步工具,但要使用该工具解具体的同步互斥问题,必须要由程序员设计算法,并正确地将 P,V 操作插入程序的适当位置。这样,由于人为的因素,难免会产生各种错误。例如,下面就是两种较典型的错误。

错误 1　在利用互斥信号量 mutex 实现进程互斥时,如果将 P(S)与 V(S)颠倒,即

　　V(mutex);
　　　critical section;
　　P(mutex);

则可能会有几个进程同时进入临界区,因而同时去访问临界资源。对于这样的错误仅在几个进程同时活跃在临界区时,才可能发生,而这种情况又并非总是可再现的。

错误 2　在实现进程互斥时,如果程序中的 V(mutex)被误写为 P(mutex),即

　　P(mutex);

critical section;
P(mutex);

则 mutex 将被出错的进程连续两次执行 P 操作,因而变成 -1,这样将会使任何其他进程都不能进入临界区,从而也不会再有进程通过执行 V(mutex) 操作,去唤醒出错的进程。在这种情况下,将发生死锁。

基于上述情况,也为了将程序员从其错误中解脱出来,Dijkstra 于 1971 年提出,把所有进程对某一种临界资源的同步操作都集中起来,构成一个所谓的"秘书"进程。凡要访问该临界区的进程,都需先报告"秘书",由"秘书"来实现诸进程对同一临界资源的互斥使用。1973 年,Haman 和 Hoare 又把"秘书"进程思想发展为管程概念,把并发进程间的同步操作,分别集中于相应的管程中。

4.5.2 管程概念

1. 管程的定义

Hasen 为管程所下的定义是:一个管程定义了一个数据结构和在该数据结构上能为并发进程所执行的一组操作,这组操作能同步于进程和改变管程中的数据。由定义可知,管程在结构上由三部分组成:

(1) 管程所管理的共享数据结构(变量)。这些数据结构是对相应临界资源的抽象。

(2) 建立在该数据结构上的一组操作(函数)。

(3) 对上述数据结构置初值的语句。

此外,还需赋予管程一个名字。

图 4-5 是一个管程的示意图。

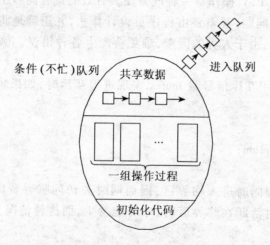

图 4-5 管程的示意图

管程的语法为:

```
            Monitor monitor-name;              /*管程名字*/
            variable declarations;             /*共享变量说明*/
            void Entry P1( … )                 /*对数据结构进行操作的函数*/
                  { … }
            void Entry P2( … )
                  { … }
                     …
            void Entry Pn( … ):
                  { … }
      }
            initialization code;               /*设置初始值的语句*/
      }
```

在上述定义中,管程管理的数据结构仅能由管程内定义的函数所访问,而不能由管程外的函数访问。管程中定义的函数又分两种类型:一是外部函数(带有标识符 Entry),二是内部函数(未带标识符 Entry),外部函数是进程可以从外部调用的函数,而内部函数是只能由管程内的函数调用的函数。整个管程的功能相当于一道"围墙",它把共享变量所代表的资源和对它进行操作的若干函数围了起来,所有进程要访问临界资源,都必须经过管程这道"门"才能进入,而管程每次只准许一个进程进入,即便它们调用的是管程中不同的函数,以此自动地实现临界资源在不同进程间的互斥使用。在上述管程结构的示意图中,在"进入队列"上排队的就是那些要求进入管程但因互斥原因而暂时不能进入的进程。

2. 条件变量

当一进程通过调用管程中的外部函数进入管程之后,若其所需要的某个条件不能满足,则应在相应的条件变量上等待,为此,除了在管程定义中要给出一种新的变量类型——条件变量外,还要定义两个同步操作原语 wait 和 signal。管程中对每个条件变量都需予以说明。其形式为:condition x,y,在使用时,该变量应置于 wait 和 signal 之前,即形如 x.wait 和 x.signal。例如,由于共享数据被占用而使调用进程等待,该条件变量的形式为 condition nonbusy。此时,wait 原语应改为 non-busy.wait。相应地,signal 应改为 nonbusy-signal。

应当指出,wait 和 signal 操作虽然与 P,V 操作有点类似,但它们还是有明显区别的:一是它们的使用形式不同(如图4-6所示);二是 x.signal 操作的作用不同,是重新启动一个被阻塞的进程,但如果没有进程被阻塞,则 x.signal 操作不产生任何后果,这就与信号量的 V 操作不同。因为,后者总是要执行 S.value++ 操作,因而总会改变信号量的值。

如果有进程 Q 处于阻塞状态,当进程 P 执行了 x.signal 操作后,怎样决定由哪个进程执行,哪个进程等待呢?可采用下述两种方式处理:

(1) P等待,直至Q离开管程,或等待另一个条件。
(2) Q等待,直至P离开管程,或等待另一个条件。
采用哪种处理方式,当然是各有其道理,但是Hoare采用了第一种处理方式。

4.5.3 利用管程解生产者-消费者问题

利用管程解生产者-消费者问题,首先是要为它们建立一个管程,不妨命名为Producer-Consumer(简称为PC管程)。其中包含两个外部函数:

(1) put(item)函数。

生产者进程利用该函数,将自己生产的"产品"放入缓冲池中的某一个缓冲区内,并用变量count计数在缓冲池中已有的"产品"数量。当count >= n时,表示缓冲池已满,生产者需等待。

(2) get(item)函数。

消费者进程利用该过程从缓冲池中的某个缓冲区取得一个"产品"。当count≤0时,表示缓冲池已空,无"产品"可供消费,消费者应等待。

PC管程定义如下:

```
Monitor Producer-Consumer;
    int int,out,count;
    item buffer[n];
    condition notfull,notempty;
    void Entry put(item)
      {
        if count >= n notfull.wait;
        buffer[in] = item;
        in = (in + 1)% n;
        count++;
        if notempty.queue notempty.signal;
      }
    void Entry get(item)
      {
        if count <=0 notempty.wait;
        item = buffer[out];
        out = (out + 1)% n;
        count--;
        if notfull.queue notfull.signal;
      }
    {in = out = count = 0;}              /*初始化*/
```

有了管程 PC 的定义之后,生产者-消费者问题的解可描述如下：
cobegin
 void producer(int i)
  {
   while(true)
    {
     producer an item in nextp;
     PC. put(nextp);
    }
  }
 void consumer(int i)
  {
   while(true)
    {
     PC. get(nextc);
     consume the item in nextc;
    }
  }
coend

4.5.4　利用管程解哲学家进餐问题

上一节给出了使用管程解生产者-消费者问题的解,现在再来讨论用管程解哲学家进餐问题的解。

首先,哲学家在不同的时刻可以处在以下三种不同的状态:进餐、饥饿和思考。为此,引入以下数组表示哲学家的状态：

(thinking, hungry, eating) state[5];

另外,还要为每一位哲学家设置一个条件变量 self(i),每当哲学家饥饿,而又不能获得进餐所需的筷子时,可以通过执行 self(i). wait 操作,来推迟自己的进餐。条件变量可描述为：

condition self[5];

在上述两个数组的基础上,管程中共设置了三个函数:

(1) Entry pickup[i] 函数(外部函数)。哲学家可利用该过程进餐。如某哲学家是处于饥饿状态,且他的左、右两位哲学家都未进餐时,便允许这位哲学家进餐,因为他此时可以拿到左、右两枝筷子;但只要其左、右两位哲学家中有一位正在进餐,便不允许该哲学家进餐,此时将执行 self[i]. wait 操作来推迟自己的进餐。

(2) Entry putdown[i] 函数(外部函数)。当哲学家进餐完毕,通过执行该函数放下其手中的筷子,以便其左、右两边的哲学家可以竞争使用筷子进餐。

(3) test[i](内部函数)。该函数为测试函数,用它去测试哲学家是否已具备用餐条件,即 state[(k-4)%5]!= eating && state[k] = hungry && state[(k+1)%5]!= eating 条件为真。若为真,允许该哲学家进餐,否则,该哲学家等待。该函数只能被本管程内的两个外部函数 pickup 和 putdown 调用,不能由进程直接调用。

用于解决哲学家进餐问题的管程定义如下:

```
Monitor Dining-Philosophers();
condition state[5];
condition self[5];
 void Entry pickup(int i)
    {
            state[i] = hungry;
            test(i);
            if state[i]!= eating self[i].wait;


    }
    void Entry putdown(int i)
    {
            state[i] = thinking;
            test((i+4)%5);
            test((i+1)%5);
    }
    void test(int k)
    {
        if(state[(k+1)%5]!= eating) && (state[k] = hungry) && (state[(k+4)% mod 5]!= eating)
            {
                state[k] = eating;
                self[k].signal;
            }
    }
    for(i=0;4;i++)
      state[i] = thinking;
```

有了管程 Dining-Philosophers 以后,哲学家"进程"可描述如下:
cobegin

```
void philosopher( int i)
    { while( true)
    {
        Thinking;
        Pickup(i);
        Eating;
        Putdown(i);
    }
    }
coend
```

4.6 进程通信

进程通信(communication),指的是并发进程之间相互交换信息。这种信息交换的量可大可小。操作系统提供了多种进程间的通信机制,可分别适用于不同的场合。从某种意义上说,上节所讨论的进程之间的互斥与同步就是一种通信,只不过交换的信息量很小。但本节所讨论的通信,强调的是进程之间有较大信息量的交换,例如一进程向另一进程传送其获得的计算结果。

解决进程之间的通信问题总体上有三种方案:共享存储器区、消息系统(message system)和利用共享文件通信。

共享存储器区方案要求通信进程之间共享某些变量,并通过这些变量交换信息。但这些共享变量一定要在多个进程之间互斥使用,否则就会导致不确定性错误,如上节所讨论的那样。在共享存储器区方案中,无论是设置共享变量,还是谨慎地处理进程间的互斥关系,都是程序员的责任。操作系统除了提供共享存储空间外,不需要提供其他支持。

消息系统则不同,它的实现需要操作系统提供多方面的支持。所谓消息系统就是使用消息缓冲区进行通信及作为它的改进和完善的"信箱通信"。下面首先较详细地讨论这个方案。

4.6.1 消息缓冲通信

为了实现消息缓冲通信,首先需要构造如图 4-6 所示的数据结构。

如图 4-6 所示,为了实现消息缓冲通信,在发送进程(例如进程 A)的工作区间要开辟一个发送区,有三个数据项:接收进程标识号(id)、消息大小(size)和消息正文(text)。在接收进程(例如进程 B)的工作区要开辟一个接收区,也有三个数据项:发送进程标识号(id)、消息大小(size)和消息正文(text)。

为了支持这种通信,系统应提供若干消息缓冲区,用以存放消息。每当一进程向另一进程发送消息时，便向系统申请一个消息缓冲区，并把已制备好的消息从发送区复制到该缓冲区，然后把它插入接收进程的消息链中。所有发给同一进程的消息缓冲区构成该进程的消息链，该进程 PCB 中的指针 Hptr 指向其消息链的链头。PCB 中的 Emutes 是互斥使用其消息链的信号量，这种互斥关系存在于多个发送者进程和一个接收者进程之间，Sm 的值指出该进程的消息链当前还有几个消息。

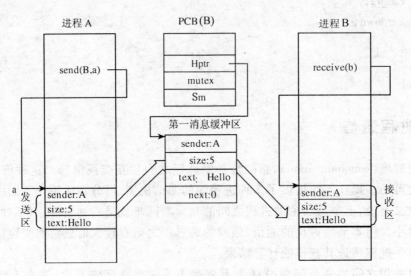

图 4-6 消息缓冲通信

除了提供上述数据结构外，操作系统还要提供两个主要的程序模块才能实现这种通信：一个是 send(…)，一个是 receive(…)。下面只给出 send(…) 函数的类 C 语言描述：

```
void send(ptr)
{
    get a buffer;

    copy the message to the buffer;
    P(mutex);
    insert the buffer into Hptr(Pi);
    V(mutex);
    V(Sm)
}
```

send(ptr) 函数中的参数 ptr 指向其消息发送区的首地址。每当发送一个消息给一个进程后，便通过相应的 V(Sm) 操作把接收进程的消息数加 1。

receive(ptr)是类似的,请读者自己写出其描述程序。

需要注意的是,消息通信是一种单向通信:一个进程只能从自己的消息链上接收消息而不能向此链发送消息,其他进程只能向某进程的消息链发消息,而不能从此链接收消息。

以上所说的是消息缓冲通信的一般原理,要将其付诸实施,还有一些具体问题需要解决,这些问题是:

(1)消息链何时和如何建立?
(2)一个链可以与两个以上的进程相连吗?
(3)每对通信之间可以有几个消息链?
(4)链的长度有限制吗?
(5)消息的大小及存放消息缓冲区的大小如何确定?其大小是固定的还是可变的?

4.6.2 信箱通信

信箱通信是消息缓冲通信的改进。信箱是用以存放信件的,而信件是一个进程发给另一进程的一组消息。

实际中的信箱是一种数据结构,逻辑上可分成两部分,即信箱头和由若干格子组成的箱体。信箱头包含箱体的结构信息。例如,所有的格子是构成结构数组还是构成链,以多进程共享箱体时的同步、互斥信息。由多个格子组成的箱体实际上就是一个有界缓冲,其互斥、同步的方式与生产者-消费者中的方式是类似的。

信箱通信一般是两个进程之间的双向通信,如图4-7所示。为了支持信箱通信,系统应提供存放信件的存储空间,操作系统应提供发送(send(…))、接收(receive(…))等程序模块,以便为信箱通信服务。

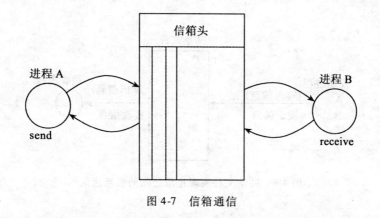

图 4-7 信箱通信

信箱通信在实践中也存在一些问题:

(1)信件的格式如何?

(2) 信件的大小(因而格子的大小)如何确定？是可变的还是固定的？
(3) 箱体的大小,即格子的个数如何确定？
(4) 如何保证两个进程既能向信箱发信,又能从信箱收信,却不发生混乱？
(5) 多个进程可共享一个信箱吗？
以上问题都要由系统设计人员研究决定。

4.6.3 共享文件通信

上两节所述的消息缓冲通信和信箱通信有三个问题：一是占用了宝贵的内存空间；二是通信信息在停电或关机后便会丢失(由内存物理特性决定)；三是发送和接收必须以整个消息或信件为单位,不能存取其中的一部分,使用起来多有不便。为解决上述问题,提出了使用共享文件进行通信的方式。

使用共享文件实现进程之间的相互通信,基本上可以使用文件系统的原有机制实现,包括文件的创建、打开、关闭、读写等。但是,发送、接收进程之间的相互协调却不是单靠文件系统的机制所能解决的。相互协调在这里有三个方面的意思：一是进程对通信机构的使用应该是互斥的,即一个进程正在使用某个信道进行读或写操作时,其他进程就不能使用它；二是发送者和接收者双方都能以一定方式了解到对方是否存在,即若一个发送进程了解到其信息的接收进程并不存在,那就不必发送其信息；三是发送和接收信息之间要有一定的同步关系。

使用共享文件实现进程间相互通信的优点是解决了上面所说的三个问题(如图4-8 所示),使得信息交换量可以很大,发送和接收更加灵活,信息保存期也较长。这种通信方法的缺点是信息的交换涉及 I/O 操作,同步和控制机构也较为复杂。为了正确和有效地使用共享文件进行通信,必须提供相应的机制以实现这些相互协调的要求。

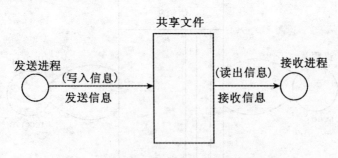

图 4-8 共享文件实现进程之间的相互通信

从原理上说,一个共享文件可供多个进程相互通信,因为文件系统允许多个进程以相同或不同的操作打开同一个文件。但在实际系统里,为了便于管理,避免混乱,一个通信文件最好由两个进程专用：发送进程以写的方式将其打开,以写文件操作实现信息的发送；接收进程以读的方式将其打开,以读文件操作从其中接收信息。

4.7　Windows 2000 进程互斥与同步

　　Windows 2000 提供了互斥对象、信号量对象和事件对象三种同步对象,以及相应的系统调用,用于进程和线程的同步。这些同步对象都有一个用户指定的对象名称,不同进程中用同样的对象名称来创建或打开对象,从而获得该对象在本进程的句柄。从本质上讲,这组同步对象的功能是相同的,它们的区别在于使用场合和效率会有所不同。

1. 互斥对象

　　用于多个线程对单个资源的互斥访问控制,在一个时刻只能被一个线程使用,并且线程对资源的访问有超时等待控制。其相关的 API 包括：

　　（1）CreateMutex：创建一个互斥对象,互斥对象包括一个 ID 和一个计数器。ID 是当前拥有互斥对象的线程,递归计数器用于指示拥有互斥对象的次数。互斥对象的操作规则是：

　　如果 ID＝0,计数器＝0,互斥对象不被任何线程所拥有,发出互斥通知；如果 ID≠0,计数器＞0,ID 号线程拥有互斥对象,不发出互斥通知。

　　（2）OpenMutex：打开并返回一个已存在的互斥对象句柄,用于后续访问。

　　（3）ReleaseMutex：线程操作完互斥资源后,必须调用该函数来释放对互斥对象的占用,使之成为可用。该函数将互斥对象的计数器减 1。

2. 信号量对象

　　信号量对象也就是资源信号量,它是在可用资源数量有限的情况下,用来控制资源的分配和调度,以满足多用户使用的一种技术。初始化的取值在 0 到指定最大值之间,用于限制并发访问的线程数。其相关的 API 包括：

　　（1）CreateSemaphore：创建一个信号量对象,在输入参数中指定最大值和初值,返回对象句柄。

　　（2）OpenSemaphore：返回一个已存在的信号量对象句柄,用于后续访问。

　　（3）ReleaseSemaphore：释放对信号量对象的占用,使可用资源数增加一个数量。

3. 事件对象

　　它的作用相当于"触发器",可用于通知一个或多个线程事件的出现。其相关的 API 包括：

　　（1）CreateEvent：创建一个事件对象,返回对象句柄。

　　（2）OpenEvent：返回一个已存在的事件对象句柄,用于后续访问。

　　（3）SetEvent：一旦主线程把任务准备好,就调用该函数向事件对象发出通知,设置指定事件对象为可用状态。

　　（4）ResetEvent：设置指定事件对象为不可用状态,然后便进入等待状态。

对于以上三种同步对象,Windows 2000 提供两个统一的等待函数 WaitForSingleObjects 和 WaitForMultipleObjects。前者是在指定的时间内等待指定对象为可用,其返回值有:等待的对象变为可用状态、等待的对象超时和对函数的调用有错;后者是在指定的时间内等待多个对象为可用,其返回值有:所有等待的对象变为可用状态、某个等待的对象变为可用状态、所有等待的对象超时和对函数的调用有错。

除此之外,系统还提供了一些与进程同步相关的机制,如临界区对象和互锁变量访问 API 等。临界区对象只能用于在进程内使用的临界区,同一进程内各线程对它的访问是互斥进行的。互锁变量访问 API 相当于硬件指令,用于对整型变量的操作,可避免线程间切换对操作连续性的影响。

4.8　Windows 2000 进程间通信

进程间通信(Inter Process Communication,IPC)要解决的问题是进程间的信息交流。这种信息交流的量可大可小。Windows 2000 提供了多种进程间通信机制,分别适用于不同的场合。按通信量的大小,可把进程间通信分为低级通信和高级通信。在低级通信中,进程间只能传递状态和整数值(控制信息),包括进程互斥和同步所采用的信号量机制。在高级通信中,进程间可传送任意数量的数据,包括共享存储区、管道和消息等机制。

1. 信号机制

信号是一种不带任何数据信息的事件,它是进程与外界的一种低级通信方式。信号通信机制是围绕信号的产生、传递和处理而构成的,相当于进程的"软件"中断。进程可发送信号,每个进程都有指定的信号处理例程。信号通信是单向的和异步的。在 Windows 2000 中有两组与信号相关的系统调用,分别处理不同的信号。

(1) SetConsoleCtrlHandle 和 GenerateConsoleCtrlEvent。前者可定义或取消本进程的信号处理例程列表中的用户定义例程,后者可发送信号到与本进程共享同一控制台的控制台进程组。

(2) signal 和 raise。前者用于设置中断信号处理例程,后者用于发送信号。

2. 基于文件映射的共享存储区

共享存储区可用于进程间的大数据量通信。进行通信的各进程可以任意读写共享存储区,也可在共享存储区上使用任意数据结构。在使用共享存储区时,需要进程互斥和同步机制的辅助来确保数据的一致性。Windows 2000 采用文件映射(file mapping)机制来实现共享存储区,用户进程可以将整个文件映射为进程虚拟地址空间的一部分进行访问。下面的系统调用与共享存储区的使用相关。

(1) CreateFileMapping:为指定文件创建一个文件映射对象,返回对象指针;

(2) OpenFileMapping:打开一个命名的文件映射对象,返回对象指针;

(3) MapViewOfFile:把文件映射到本进程的地址空间,返回映射地址空间的首地址；

(4) FlushViewOfFile：可把映射地址空间的内容写到物理文件中；

(5) UnmapViewOfFile：解除文件与本进程地址空间之间的映射关系；

(6) CloseHandle：关闭文件映射对象，当完成文件到进程地址空间的映射后，就可利用首地址进行读写。

在信号量等机制的作用下，通过一个进程向共享存储区写入数据，而另一个进程从共享存储区读出数据，这样就实现了两个进程间大数据量的交流。

3. 管道

管道(pipe)本质上是一个多进程的共享文件，在进程间以字节流方式进行通信。它是利用操作系统核心缓冲区(通常几十 KB)来实现的一种单向通信。在管道的一端将信息不断地写入，而在管道的另一端，则将信息不断地读出，常用于命令行所指定的输入输出重定向和管道命令。在使用管道前要建立相应的管道，然后才可使用。

在 Windows 2000 中提供了无名管道和命名管道两种管道机制。无名管道类似于 UNIX 系统的管道，但提供的安全机制比 UNIX 管道完善。利用 CreatePipe 可创建无名管道，并得到 ReadFile 和 WriteFile 两个读写句柄，利用它们可进行无名管道的读写。

Windows 2000 的命名管道是服务器进程与一个客户进程间的一条通信通道，可实现不同机器上的进程通信。它采用客户/服务器模式连接本机或网络中的两个进程。在建立命名管道时，存在一定的限制，即服务器方只能在本机上创建命名管道，命名方式只能是"\\.\pipe\PipeName"的形式，不能在其他机器上创建管道；但客户方(连接到一个命名管道实例的一方)可以连接到其他机器上的命名管道，命名方式可为"\\serverName\pipe\PipeName"形式。服务器进程为每个管道实例建立单独的线程或进程。与命名管道相关的主要系统调用有：

(1) CreateNamePipe：在服务器端创建并返回一个命名管道句柄；

(2) ConnectNamePipe：在服务器端等待客户进程的请求；

(3) CallNamePipe：从管道客户进程建立与服务器的管道连接；

(4) ReadFile 和 WriteFile：用于阻塞方式下的命名管道的读写；

(5) ReadFileEx 和 WriteFileEx：用于非阻塞方式下命名管道的读写。

4. 邮件槽

Windows 2000 提供的邮件槽(mailslot)是一种不定长、不可靠的单向消息通信机制。消息发送不需要接收方准备好，随时可发送。邮件槽也采用客户/服务器模式，只能从客户发往服务器进程。服务器进程负责创建邮件槽，它可从邮件槽中读消息；而客户进程可利用邮件槽的名字向它发送消息。在建立邮件槽时，也存在一定的限制，即服务器进程(接收方)只能在本机建立邮件槽，命名方式只能是"\\.\mailslot\[path]name"但客户进程(发送方)可打开其他机器上的邮件槽，命名方式可为"\\range\mailslot\[path]name"，这里 range 可以是本机、其他机器的名字或域名。与邮件槽有关的系统调用：

（1）CreateMailslot：服务器方创建邮件槽，返回句柄；

（2）GetMailslotInfo：服务器查询邮件槽的信息，如消息长度、消息数目和读操作等待时限等；

（3）SetMailslotInfo：服务器设置读操作等待时限；

（4）ReadFile：服务器读邮件槽；

（5）CreateFile：客户方打开邮件槽；

（6）WriteFile：客户方发送消息。

5. 套接字

套接字（socket）是一种网络通信机制，它通过网络在不同计算机上的进程间进行双向通信。套接字所采用的数据格式可以是可靠的字节流或不可靠的报文，通信模式可为客户/服务器模式或对等模式。为了实现不同操作系统上的进程通信，需要约定网络通信时不同层次的通信过程和信息格式，TCP/IP 协议就是广泛使用的网络通信协议。

UNIX 系统中使用的 BSD 套接字主要是基于 TCP/IP 协议的，操作系统中有一组标准的系统调用完成通信连接的维护和数据收发。

Windows 2000 中的套接字规范称为"Winsock"，它除了支持标准的 BSD 套接字以外，还实现了一个真正与协议独立的应用程序编程接口，可支持多种网络通信协议。在 Winsock2.2 中，分别把 send、sento、recv 和 recvfrom 扩展成 WSASend、WSASendto、WSARecv 和 WSARecvfrom。

小　　结

进程在活动中会彼此发生作用，主要的是同步与互斥的关系。进程间的这种必须互相合作的协同工作关系，称为进程同步。两个并行的进程 A，B，如果当 A 进行某个操作时，B 不能做这一操作，进程间的这种限制条件称为进程互斥，这是引起资源不可共享的原因。

临界资源（critical resource）：一次仅允许一个进程访问的资源。临界区是对某一临界资源而言的，对不同临界资源的临界区，它们之间不存在互斥。

1965 年，由荷兰学者 Dijkstra 提出信号量概念，并引入在信号量上的 P，V 操作（所以 P，V 分别是荷兰语的 test（proberen）和 increment（verhogen）），它是一种卓有成效的进程同步机制，最初提出的是二元信号量（互斥），后推广到一般信号量（多值）（同步）。

三个经典的同步问题都可以用信号量和 P，V 操作解决，但应注意，在对该问题的描述中，两个 P 操作的次序不能颠倒，否则会产生死锁。当需要交换大量数据时，P，V 操作就不能满足进程通信的要求了，利用消息缓冲方式和信箱通信方式可实现发送进程和接收进程之间大量消息的传送。

习 题 四

4.1 什么是临界资源和同类临界资源?

4.2 什么是临界区和同类临界区?

4.3 导致"与时间有关的错误"的原因是什么?

4.4 试说明进程互斥、同步和通信三者之间的关系。

4.5 在程序设计中如何实现互斥地使用软临界资源?

4.6 设有三个进程 P,Q,R。其中 P,Q 构成一对生产者-消费者,共享一个由 n 个缓冲区构成的缓冲池;Q,R 也是一对生产者-消费者,共享一个由 m 个缓冲区构成的缓冲池。用 P,V 操作描述它们之间的相互制约关系。如图 4-9 所示。

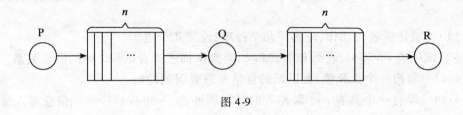

图 4-9

4.7 试说明在使用 P,V 操作实现进程互斥的情况下,若 P,V 操作是可中断的会有什么问题?

4.8 考虑一个理发店,只有一位理发师,但有 n 把可供顾客等待理发的椅子。如果没有顾客,则理发师睡觉;如果一顾客进入理发店发现理发师在睡觉,则把他叫醒。用类 PASCAL 和 P,V 操作写一程序协调理发师和顾客之间的关系。

4.9 一个二元信号量是一个其值只能取 0,1 的信号量。给出一个用二元信号量实现一般信号量 P,V 操作的程序。

4.10 在一个系统中,若进程之间除了信号量之外不能共享任何变量,进程之间能互相通信吗?

4.11 下面是一个对临界区问题的解,请验证其正确性。如果它是不正确的,请说明理由。两个进程 P0,P1 共享下面的变量:

Boolean nag［2］(初值为假) turn:0…1;

下面的程序是对于队的(i＝0 或 1),其中的 Pj(j＝1 或 0) 为另一个进程。

｛

flag［i］＝true；

　while turn ！＝i

　　｛

```
        while flag[j]
            turn: = i
    }
        …
    critical section;
        …
    flag[i]: = false;
        …
    remainder section;
        …
}
```

4.12 有一阅览室,共有 100 个座位,读者进入时必须先在一张登记表上登记,该表为每一座位列一表目,包括座号和读者姓名等,读者离开时要消掉登记的信息,试问:

(1)为描述读者的动作,应编写几个程序,设置几个进程?

(2)试用类 PASCAL 或类 C 语言和 P,V 操作描述读者进程之间的同步关系。

4.13 写出一个无死锁、无饥饿的哲学家进餐问题的解。

4.14 设有一个具有 n 个缓冲区的环形缓冲池,A 进程顺序地把信息写入缓冲池,B 进程依次从缓冲池读出信息。

(1)说明 A,B 进程之间的相互制约关系;

(2)试用类 PASCAL 或类 C 语言写出 A,B 进程之间的同步算法。

4.15 如果把上述环形缓冲池改为无界缓冲池,A,B 之间的同步算法应作何修改?

4.16 试说明在使用 P,V 操作实现进程同步互斥的情况下,若 P,V 操作是可中断的会有什么问题。

4.17 进程之间有哪些基本的通信方式?

4.18 在消息缓冲通信中,用类 C 语言写出接收一个消息的程序 receive(…)。

第五章 处理机调度

【学习目标】

了解作业状态及其变迁、调度的概念和分类、选择调度算法应考虑的因素；

熟悉各级调度的含义及功能，评价调度算法的标准；

掌握各种调度算法的思想及其使用方法。

【学习重点、难点】

各级调度的功能；

作业平均周转时间 T 和平均带权周转时间 W 的计算公式；

先来先服务、短作业优先、响应比高者优先、优先级高者优先、时间片轮转和多级反馈对列调度算法。

处理机是计算机系统中十分重要的单一资源，处理机调度是多道程序系统的基础，其实质是资源、分配。操作系统通过在各进程间进行处理机调度，使计算机资源得到有效利用。

处理机调度需要解决如下问题：

(1) 多任务以何种方式共享处理机。由于处理机是单入口资源，任何时刻只能有一个任务得到处理机，只有一个程序在其上运行，即多任务只能以互斥方式共享处理机。

(2) 各任务处理机时间的分配和使用处理机时间长短的确定。为适应不同需要和满足不同系统的特点，需要在多个进程之间合理地分配处理机时间。

(3) 处理机的分配策略。当就绪队列中有多个进程时，应将处理机分配给哪个进程？分配策略不同将直接影响到系统的效率。

(4) 交换控制权的频繁程度和开销之间必须权衡。为了实现对处理机时间的合理分配，系统必须花费额外的时间开销实现控制权的交换。如果控制权的交换过于频繁，其额外的时间开销就增加；反之，就会降低系统的并发性。

5.1 处理机调度类型

虽然处理机调度的主要目的都是为了分配处理机，但在不同的 OS 中采用的调度方式不是完全相同的。可以从不同的角度对处理机调度进行分类：一种是常用的分类方法，即按调度的层次分类，把调度分为作业（高级、长程、宏观）、中级（中程、对换）和进程三种调度；另一种是较常用的分类方法，即按OS的类型分类，把调度分为批处理调度、分时调度、实时调度和多处理机调度。这里将按第一种分类法阐述。

5.1.1 作业调度

1. 作业的状态

从用户工作流程的角度，一次作业提交涉及若干个流程，每个程序按照流程调度执行。一个作业从提交进入系统到运行结束，即作业的生存期，一般要经历提交、后备、执行和完成等4种状态。其状态变迁如图5-1所示。

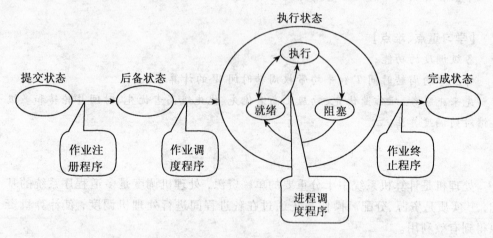

图5-1 批处理作业状态及其状态变迁

（1）提交状态。用户准备将程序和数据提交给系统，等待输入，因其信息未能全部进入系统，所以不能参与调度。

（2）后备状态。系统响应用户要求，将作业输入到磁盘上，系统为进入后备状态的作业建立作业控制块JCB（Job Control Block），便按照既定的原则将它加入到后备队列中的适当位置，随时等待作业调度程序调度它们进入内存。

（3）执行状态。从作业进入内存开始执行到作业完成为止称为该作业处于执行状态。该状态包括进程的三种基本状态——运行、就绪和等待。要注意的是，处于该状态的作业不一定获得了处理机。

（4）完成状态。当作业正常运行结束或因发生错误而终止，但作业占有的资源还未被系统全部回收，该作业处于完成状态。此时，由系统的"终止作业"程序将该作业（如JCB）从现行队列中删除，并回收其占有的资源。

2. 作业调度及其功能

作业调度是按照某种调度算法从后备作业队列中选择作业装入内存运行。为此,作业调度程序为选中的作业分配资源,做好作业运行前的准备。完成作业调度功能的程序称为作业调度程序。作业调度程序通常要完成如下工作:

(1) 记录已进入系统的各作业的情况。作业调度程序为了挑选一个作业投入运行,并且在运行中对它实施管理,它必须掌握该作业进入系统时的有关情况,并随时记录该作业在各运行阶段的变化情况。为此,系统为每一个已进入系统的作业分配一个作业控制块 JCB。每个作业的 JCB 在该作业进入后备状态时由系统建立,在该作业退出系统时由系统撤销,每个作业在各阶段的情况(包括分配的资源和状态等)都记录在它的 JCB 中,作业调度程序就是凭借各个作业的 JCB 提供的信息对作业进行调度和管理的。

(2) 按一定的调度算法从后备作业中挑选出一个或几个作业投入运行,即让这些作业由后备状态转变为运行状态。一般说来,系统中处于后备状态的作业较多,比如几十个甚至几百个。后备作业个数的多少取决于存放后备作业的输入井空间的大小。但是,处于运行状态的作业一般只是有限的几个,如最多不超过 4 个或 8 个。因此,作业调度程序的一个重要职能就是在适当的时候按一定的调度原则从后备作业中挑选出若干个作业投入运行。作业调度程序的调度原则和调度时机通常与系统的设计目标有关,并由许多因素决定。为此,在设计作业调度程序时,必须综合平衡各种因素,确定出合理的调度算法。

(3) 为被选中的作业分配运行时所需要的系统资源,如内存和外部设备等。作业调度程序在让一个作业从后备状态进入运行状态之前,必须为该作业建立相应的进程,并且为这些进程提供所需的资源。至于 CPU 这一资源,作业调度程序只保证被选中的作业获得使用处理机的资格,而对处理机的分配工作则由进程调度程序来完成。

(4) 作业结束后做善后处理工作。在一个作业运行结束时,作业调度程序要输出相应的一些必要信息(例如运行时间、作业执行情况等),然后收回该作业所占用的全部资源,撤销与该作业有关的全部进程和该作业的作业控制块。

必须指出,内存和外部设备的分配和释放工作实际上是由存储管理、外设管理程序完成的,作业调度程序只起到控制的作用,即把一个作业的内存、外设要求转给相应的管理程序,由它们完成分配和回收工作。

5.1.2 中级调度

1. 中级调度及其功能

所谓中级调度,就是将内存中暂时不运行的进程、不能运行的进程的一部分或全部从内存移到外存去等待,以便空出必要的内存空间供已在内存中的进程使用,或把指定的进程从外存读到相应的内存中。引入中级调度的主要目的是为了提高内存的利用率和系统吞吐量。为此,应使那些暂时不具备执行条件的进程不再占用宝贵的内存空间,将它们挂起调至外存上等待,称此时的进程状态为挂起状态。当这些进程重新又具备执行条件,且内存已空闲时,由中级调度决定,将外存上那些又具备执行条件的进程解除挂起后重新调入内存,排在就绪进程队列上,等待进程调度。由此可见,中级调度实质上是决定允许哪些进程有资格参与竞争处理机资源。实施的方法是"挂起"和"解除挂起"一些进程,将进程的程序和数据在内存与外存间进行对换,以达到短期调整系统负荷的作用。中级调度实际上是存储器管理中的对换功能。中级调度通常配置于具有挂起功能的操作系统中。

2. 引起中级调度的原因

引起中级调度有如下几种原因:

(1)进程要求增加存储空间,而分配请求受到阻塞。由于不能充分保证进程运行所需的存储空间,便会产生频繁的缺页(段)中断,采用减少内存中进程数的方法来增加进程的页面数。

(2)就绪队列中的进程太多,影响调度性能。在一般情况下,运行进程用完了时间片之后应进入就绪队列,但由于就绪队列中有较多进程,每个进程获得运行的几率较小,影响系统的吞吐量,因此,可将某些运行一段时间的进程从内存中的就绪队列中移到外存的交换区中。

(3)进程等待某个 I/O 事件发生。等待 I/O 的进程可能在一段较长的时间内难以得到运行的机会,将这类进程换出到交换区可以获得一定的存储空间供其他进程使用。

(4)紧缩存储空间的需要。由于内存中零散的存储空间不便于分配或不能满足进程的需要,此时应将那些零散的空闲区紧缩在一起构造一个较大的空闲空间。为了便于紧缩,在紧缩过程中需将某些进程换到外存的交换区。

(5)内存中有足够的空间供进程使用,此时可将外存中的一个或多个进程调入内存。

(6)当前在外存中的进程的优先级高于内存中进程的优先级。

5.1.3 进程调度

1. 进程调度及其功能

进程调度是按照某种调度算法从就绪状态的进程中选择一个进程到处理机上运行。负责进程调度功能的内核程序称为进程调度程序。它与作业调度的区别在于,进程调度才是真正让某个就绪状态的进程到处理机上运行;而作业调度选择的是后备状态的作业装入内存运行,是个宏观的概念,使作业只是具有了竞争处理机的机会,将来真正在处理机上运行的是该作业的相应进程。

进程调度具有如下功能:

(1)记录和保持系统中所有进程的有关情况和状态特征。记录和保持系统中所有进程的有关情况和状态特征是通过对进程控制块 PCB 的内容作相应的登记、修改以及将 PCB 在不同的队列中转接而实现的,并由进程管理模块(如进程创建、进程撤销、进程通信等功能模块)来实施。进程在活动期间,其状态是可以改变的,如由运行→阻塞,由阻塞→就绪,由就绪→运行。相应地,该进程 PCB 就在运行指针、各种等待队列和就绪队列之间转换。而进程进入就绪队列的排序原则体现了调度思想。

(2)决定分配策略。在处理机空闲时,根据一定的原则选择一个进程去运行,同时确定获得处理机的时间。分配策略实际上是队列排序原则体现的。若按优先调度原则,则进程就绪队列按优先级高低排序;若按先来先服务原则,则按进程来到的先后次序排序。当处理机空闲时,只要选择队首元素就一定满足确定的调度原则。

(3)实施处理机的分配和回收。当正在运行的进程由于某种原因由运行转为等待或就绪状态时,这就要求将该进程插入到相应的等待或就绪队列中,并保留该进程的 CPU 现场信息。系统选择一个处于就绪状态的进程,并将它的有关 CPU 现场信息送入相应的寄存器中,使之运行。

2. 引起进程调度的原因

引起进程调度的原因有如下几种:
(1)正在运行的进程运行结束。
(2)运行中的进程自己调用阻塞原语将自己阻塞起来并进入睡眠状态。
(3)运行中的进程调用了 P 原语操作,但又因资源不足而被阻塞。
(4)调用了 V 原语操作激活了等待资源的进程队列。出现这种情况的原因一是就绪队列为空,被激活的进程进入就绪队列后便可投入运行;二是被激活进程的优先级高于运行进程的优先级,且系统采用可剥夺式调度算法。
(5)运行中的进程提出 I/O 请求后被阻塞。
(6)在执行完系统调用等系统程序后返回用户进程时,这可看做系统进程执行完毕,从而调度选择一新的用户进程运行。
(7)在分时系统中,分配给运行进程的时间已经用完。
(8)在采用可剥夺式优先调度策略中,就绪队列中的某个进程的优先级(如采用动态优先级)高于当前运行进程的优先级,因而也将引起进程调度。
(9)运行进程在完成中断和陷入处理后返回用户态时,该进程的优先级低于就绪队列中进程的优先级,或调度标志被置位。

3. 进程调度的方式

进程调度的方式在不同类型的 OS 中有所不同,主要采用两种不同的调度方式,即非抢占方式和抢占方式。

(1)非抢占方式。

这种调度方式是,一旦把处理机分配给某进程后,就让该进程一直执行下去,直至该进程完成或由于等待某事件发生而被阻塞时,OS 才收回处理机,并把处理机再分配给其他进程,OS 不强行收回正在执行的进程所占用的处理机。这种调度方式的优点是实现简单、系统开销小,适用于大多数的批处理系统环境。缺点是它难以满足紧迫任务立即执行的要求,因而可能造成难以预料的后果。显然,在实时要求比较严格的实时系统中不宜采用这种调度方式。

(2) 抢占方式。

这种调度方式,允许进程调度程序根据某种原则,去停止某个正在执行的进程,将已分配给当前正在执行的进程的处理机收回,重新分配给另一个进程。抢占的原则有下面3点:

①时间片原则。各进程按系统分配给的一个时间片运行,当该时间片用完后,就停止该进程的执行而重新进行调度。这种原则适用于分时系统和大多数实时信息处理系统。

②优先级原则。每个进程均赋予一个调度优先级,通常一些重要或紧急的进程赋予较高的优先级。当紧迫进程到达时,或一个优先级高的进程从阻塞态变成就绪态的时候,如果其优先级比正在执行进程的优先级高,就停止正在执行的进程,将处理机分配给该优先级高的进程,使之执行。

③短进程优先原则。当新到达的作业对应的进程比正在执行的作业对应进程的运行时间明显短时,剥夺长进程的执行,将处理机分配给短进程,使之优先执行。

抢占调度方式适用于分时系统和大多数实时系统。

5.2 调度算法性能的衡量

作业调度算法规定了从已接纳的后备作业中选择作业运行的原则。在小系统中,作业调度程序只是简单地按操作员安排的作业顺序选取作业运行。但在大型系统中,所有已交付给系统的作业,总是预先进入到磁盘输入井中,然后由调度程序审查这些作业并选出合格的作业来,把系统的资源交给它,让它投入运行。下面先来讨论设计作业调度算法时应该考虑的一些因素。

5.2.1 确定调度算法应考虑的因素

要想设计出一个理想的作业调度算法是一件十分困难的事情,因为影响设计调度算法的因素是很多的,而且这些因素之间常常是相互矛盾的。所以,实际采用的调度策略必须经过全面的综合考虑,或是采用某种折中的办法,或者侧重某一方面的因素并兼顾其他方面。下面列举一些在设计作业调度算法时应考虑的主要因素。

1. 应与系统的整体设计目标一致

批处理系统的设计目标与分时系统或实时系统的设计目标是很不一样的。批处理系统注意系统效率的发挥,其调度策略应尽量增加系统的平均吞吐量。分时系统的调度策略是提供好的响应时间,及时响应用户的要求,有利于交互作用。实时系统对响应时间的要求比分时系统更高一些(例如,各种武器控制系统要求的响应时间一般很短），系统必须能及时处理大量的数据，而且，处理和分析的速度必须比这些数据进入的速度还要快。实时系统必须保证安全、可靠，而系统效率则放在第二位。另外，一个计算中心使用的系统与一个企业单位使用的系统在设计目标上也是不一样，前者希望每天处理更多的作业，而后者追求的是系统的适应性（使用方便，得心应手）。

2. 均衡地处理系统和用户的要求

一般来说，用户本能地希望尽快获得执行结果，但系统有时却不能立刻满足用户的要求。例如，个别用户可能要求使用系统中的全部外部设备，却只要求很少的内存。若系统满足这类用户的要求，势必影响内存利用率，从而降低系统效率，所以系统一般不得不推迟这种作业的运行时间，等到有要求内存大而外设少的作业与之搭配一起装入内存运行。但为了缓和用户和系统要求间的矛盾，选择算法时不应使一个作业被无限制地推迟，这是用户无法忍受的。解决的办法之一是作业的优先级是动态的，能随等待时间的增加而提高，作业调度采用优先级高者优先调度算法。

3. 考虑系统中各种资源的负载均衡

数值计算问题往往要求较多的 CPU 时间，而输入输出量较少；数据处理问题则相反，要求比较少的 CPU 时间，而要求大量的输入、输出。所以，如果系统做到了把这两类问题恰当搭配，就可使系统各部分资源较好地发挥作用。反之，则会使一部分系统资源负担过重，而另一部分系统资源却浪费着。在最严重的时候，会导致系统效率的急剧下降。

4. 考虑紧急作业的及时处理

在批处理系统、分时系统和实时系统中，都可引入优先级机制，以便让某些紧急的作业得到及时处理。调度算法应保证高优先级的作业先运行。若在优先级比较严格的场合，特别是在实时控制系统中，往往还需选择抢占调度方式，才能保证最紧迫的作业得到最及时的处理。

应该指出，大多数操作系统的调度算法都比较简单，因为考虑因素太多，算法太复杂，反而会增加系统的开销，使系统性能下降。

5.2.2 调度算法响应性能的衡量

一个调度算法好不好，通常采用平均周转时间和平均带权周转时间及响应时间来衡量。

1. 平均周转时间和平均带权周转时间

在批处理系统、分时系统以及单用户多任务系统中，总是力求缩短用户作业的周转时间。对于一个作业，从用户提交作业的全部实体信息进入输入井时刻开始，到作业完成时刻这段时间间隔，称作业周转时间。它包括：作业在外存后备队列中等待作业调度的时间（对交互型作业而言，作业直接进入内存，无此等待时间），该作业进程在就绪队列中等待获取处理机的时间，该作业进程在处理机上执行的时间，该作业进程等待 I/O 操作完成时间,其他等待时间。对于一个进程,它的周转时间是从它第 1 次进入就绪队列开始,到进程运行完毕所经历的时间。当一个作业转换成一个进程时,该进程的周转时间就是该作业周转时间中的后三部分时间之和。

作业的平均周转时间 T 为:

$$T = \frac{1}{n}\sum_{i=1}^{n} t_i, \qquad t_i = t_{ci} - t_{si}$$

其中:n 为进入系统的作业个数,t_i 为作业 i 的周转时间,t_{ci} 为作业 i 的完成时间,t_{si} 为作业之进入时间。

平均带权周转时间 W 为:

$$W = \frac{1}{n}\sum_{i=1}^{n} w_i, \qquad w_i = \frac{t_i}{t_{ri}}$$

其中:t_{ri} 为作业 i 的实际运行时间。

每个用户总是希望在提交作业后能立即投入运行并一直运行到完成。这样,他的作业周转时间最短。但从系统角度来说,不可能满足每个用户的这种要求。一般说来,系统应该选择使作业的平均周转时间(或平均带权周转时间)短的某种算法。因为,作业的平均周转时间越短,意味着这些作业在系统内的停留时间越短,因而系统资源的利用率也就越高。另外,也能使大多数用户感到比较满意,因而总的来说也是比较合理的。

2. 响应时间

响应时间是分时系统和实时系统中衡量调度性能的一个重要指标。响应时间是用户从提交一个请求开始直到在屏幕上显示出结果为止的一段时间间隔。它包括:把请求信号从键盘传输到计算机的时间,计算机对请求进行处理的时间,再将所形成的响应信息回送到终端显示的时间。

分时系统和实时信息系统类似,响应时间都以人所能接受的等待时间来确定,通常是 3~5 秒钟,否则分时系统的用户就没有独占计算机的感觉,实时信息系统的终端用户就没有及时处理的感觉。而对实时控制系统而言,响应时间要求有很大的差别,它是以控制对象所要求的开始或完成截止时间来确定的,一般为秒级、毫秒级,甚至有的要低于 100 微秒。系统所选择的调度算法一定要确保合理的响应时间。

5.3 调度算法

在 OS 中调度的实质是一种资源分配,因此调度算法是根据系统的资源分配策略所规定的资源分配算法。对于不同的系统和系统设计目标,通常采用不同的调度算法。目前已有很多种处理机调度算法,有些算法适用于作业调度,有些算法适用于进程调度,而有些算法既可用于作业调度,也可用于进程调度。为了减少篇幅,本节将作业和进程常用的调度算法归并在一起讲述,作业和进程这两个术语在下面的讨论中不加区分。

5.3.1 先来先服务调度算法

1. 调度算法

先来先服务(FCFS)调度算法是一种最简单的调度算法。

在作业调度中,采用 FCFS 算法时,作业调度程序从后备作业队列中,选择一个或多个最先进入该队列并当时系统能满足其资源要求的作业,将它们装入内存,为它们分配资源,创建相应进程,然后放入就绪进程队列中。

在进程调度中,采用 FCFS 算法时,进程调度程序从就绪进程队列中选择一个最先进入队列的进程,把处理机分配给它,让它进入执行态。该进程一直执行,直到进程完成或因等待某事件发生而阻塞时,才放弃处理机。

为了实现 FCFS 调度算法,系统只要有按 FIFO 规则建立的后备作业队列或就绪进程队列即可,就是作业控制块或进程控制块入队时加在队列末尾,调度出队时从队列首开始顺序扫描,将相关的 JCB 或 PCB 调度移出相应队列。

2. 调度实例

【例 5-1】 假定有 4 个作业,它们提交、运行、完成的情况如表 5-1 所示。按先来先服务的调度算法进行调度,算出的平均周转时间和平均带权周转时间也在表中给出。从表 5-1 中可以看出,这种算法对短作业不利,因为短作业运行时间很短,若它等待较长时间,则带权周转时间会很长。

表 5-1　　　　　　　　先来先服务调度算法　　　　　　(单位:小时,并以十进制计)

作业	进入输入井时间	运行时间	开始时间	完成时间	周转时间	带权周转时间
1	8.00	2.00	8.00	10.00	2.00	1
2	8.50	0.50	10.00	10.50	2.00	4
3	9.00	0.10	10.50	10.60	1.60	16
4	9.50	0.20	10.60	10.80	1.30	6.5
平均周转时间		$T = 1.725$				
平均带权周转时间		$W = 6.875$				

3. 优缺点

FCFS 调度算法具有一定的公平性,并且实现也比较容易,这是它的优点。但是,它的缺点是实际上不公平,它比较有利于长作业(长进程),而不利于短作业(短进程)。因为当计算时间很长的作业先进入"输入井"被选中装入内存运行时,就可能使那些计算时间短的后进入"输入井"的作业等待很长时间,这不仅使这些短作业用户不满意,而且使计算时间短的作业周转时间变长,从而使作业的平均周转时间也变长,降低了系统的吞吐能力。

5.3.2 最短作业(短进程)优先调度算法

1. 调度算法

短作业优先调度算法 SJF,是指对执行时间短的作业优先调度的算法。SJF 可以照顾到实际上在所有作业中占很大比例的短作业,使它们能比长作业优先执行。该调度算法是从后备作业队列中选择一个或若干个估计运行时间最短且当时系统能满足它们资源要求的作业,将它们装入内存运行。

短进程优先调度算法 SPF,是指对执行时间短的进程优先调度的算法。SPF 是从就绪队列中选出一个估计运行时间最短的进程,将处理机分配给它,使它立即执行并一直执行到完成,或因等待事件发生而阻塞放弃处理机时,再重新调度。

2. 调度实例

【例 5-2】 如果对例 5-1 的作业采用短作业优先调度算法来进行调度,则算出的周转时间和带权周转时间如表 5-2 所示。

表 5-2　　　　　　　　短作业优先调度算法　　　　（单位:小时,并以十进制计）

作业	进入输入井时间	运行时间	开始时间	完成时间	周转时间	带权周转时间
1	8.00	2.00	8.00	10.00	2.00	1
2	8.50	0.50	10.30	10.80	2.30	4.6
3	9.00	0.10	10.00	10.10	1.10	11
4	9.50	0.20	10.10	10.30	0.80	4
平均周转时间	$T=1.55$					
平均带权周转时间	$W=5.15$					

3. 优缺点

采用 SJF 和 SPF 算法,不论是平均周转时间还是平均带权周转时间均比 FCFS 调度算法有改善。SJF、SPF 调度算法也存在着一些缺点:

(1) 对长作业不利。

该算法对长作业非常不利,因为它们的周转时间往往比较长,更严重的是存在着不确定延迟现象。例如,有一个运行时间为 1 小时的作业先进入系统的后备作业队列,其后有一批 10 个运行时间略小于半小时的作业进入,按 SJF 调度算法,该作业不能先调度,必须在后备作业队列中等待约 5 个小时。问题还在于,可能眼看快调度到它时,又有一批运行时间略小于半小时的作业进入,它又得在后备作业队列上等待数小时,它何时能真正调度到,在该系统中是不可预知的,因为涉及其后是否还有运行时间小于 1 小时的作业进入,进入多少,这些都是随机的。由此可见,该作业在后备作业队列中等待的时间是不确定的。即使该长作业被调度装入了内存,其相应进程在进程调度时采用 SPF 算法也较难调度到。显然,长作业用户对 SJF 和 SPF 调度算法不会满意。

(2) 紧迫作业、进程不能及时处理。

该算法完全未考虑作业(进程)的紧迫程度,调度程序仅按照作业(进程)运行时间从短到长按部就班地进行调度,因而不能保证紧迫性的作业(进程)得到及时处理。

(3) 执行时间可能有虚假。

由于作业(进程)的长短只是根据用户所估计的执行时间而定,所以有的用户为了先得到调度而有意缩短其作业(进程)的估计执行时间,致使该算法不一定能真正做到短作业(短进程)优先调度。

5.3.3 最高响应比优先算法

1. 调度算法

先来先服务算法与短作业优先算法都是比较片面的调度算法。先来先服务算法只是考虑作业的等候时间而忽视了作业的执行时间;而短作业优先算法则恰好与之相反,它只考虑了用户估计的作业执行时间而忽视了作业的等待时间。最高响应比优先算法是介于这两种算法之间的一种折中的算法,它既照顾了短作业,又不使长作业的等待时间过长。把作业的响应时间与计算时间的比值称为响应比,即:

$$响应比 = \frac{响应时间}{计算时间}$$

其中,响应时间为作业进入系统后的等待时间加上估计的计算时间。因此,响应比可写为:

$$响应比 = 1 + \frac{作业等待时间}{计算时间}$$

所谓最高响应比优先算法(HRN),就是每调度一个作业投入运行时,计算后备作业表中每个作业的响应比,然后挑选响应比最高者投入运行。由上式可见,计算时间短的作业容易得到较高的响应比,因此本算法是优待了短作业。但是,如果一个长作业在系统中等待的时间足够长久,其响应时间将随着等待时间的增加而提高,它总有可能成为响应比最高者而获得运行的机会,而不至于无限制地等待下去。

2. 调度实例

【例 5-3】 表 5-3 说明了采用最高响应比优先调度算法时上述作业组合的运行情况。

表 5-3　　　　　　最高响应比优先调度算法　　　　　(单位:小时,并以十进制计)

作业	进入输入井时间	运行时间	开始时间	完成时间	周转时间	带权周转时间
1	8.00	2.00	8.00	10.00	2.00	1
2	8.50	0.50	10.10	10.60	2.10	4.2

续表

作业	进入输入井时间	运行时间	开始时间	完成时间	周转时间	带权周转时间
3	9.00	0.10	10.00	10.10	1.10	11
4	9.50	0.20	10.60	10.80	1.30	6.5

平均周转时间　　　　$T = 1.625$
平均带权周转时间　　$W = 5.675$

采用该算法时,这4个作业的执行次序为:作业1,作业3,作业2,作业4。之所以会是这样的次序,是因为该算法在一个作业运行完成时计算剩下的所有作业的响应比,然后选响应比高者去运行。例如,当作业1结束时,作业2、作业3和作业4的响应比计算如下:

$$r_{P_2} = 1 + \frac{作业等待时间}{计算时间} = 1 + \frac{10.00 - 8.50}{0.50} = 1 + 3$$

$$r_{P_3} = 1 + \frac{作业等待时间}{计算时间} = 1 + \frac{10.00 - 9.00}{0.10} = 1 + 10$$

$$r_{P_4} = 1 + \frac{作业等待时间}{计算时间} = 1 + \frac{10.00 - 9.5}{0.20} = 1 + 2.5$$

从计算结果可看出,作业3的响应比最高,所以让作业3先运行。当作业3运行结束及以后选中的作业运行结束时,都用上述方法计算出当时各作业的响应比,然后选出响应比高的去运行。

3. 优缺点

由上面的公式和示例可以看出:

(1)如果进程的等待时间相同,要求CPU时间愈短,其优先级愈高,因此该算法有利于短进程。

(2)当要求CPU时间相同时,等待时间长的进程的优先级高,因此该算法有利于先进入就绪队列的进程。

(3)当进程要求CPU的时间较长时,随着它等待时间的增加其优先级也随之增加,也有获得调度运行的机会,不会出现"饥饿"现象。

HRN算法是介于FCFS和SPF之间的一种折中算法。该算法每次调度之前都要计算每个就绪进程的响应比,增加了系统的开销。另外,HRN和SPF一样,需要估算每个进程所需要的CPU服务时间。

5.3.4　优先级调度算法

1. 调度算法

为了考虑紧迫型作业进入系统后能得到优先处理,引入了最高优先级优先调度算法。它常被用于批处理系统中作为作业调度算法,也用于多种操作系统中的进程调度算法,更常用于实时系统中。当该算法用于作业调度时,系统从后备作业队列中选择若干个优先级高并且系统能满足资源要求的作业装入内存运行。当该算法用于进程调度时,将把处理机分配给就绪进程队列中优先级最高的进程。为了加速进程调度,就绪进程队列按优先级从高到低排列,调度时,只要把处理机分配给队首进程即可。

2. 调度算法的两种方式

优先级调度算法细分成两种方式:

(1)非抢占式优先级算法。

在这种调度方式下,系统一旦把处理机分配给就绪队列中优先级最高的进程后,该进程就能一直执行下去,直至完成;或因等待某事件的发生使该进程不得不放弃处理机时,系统才能将处理机分配给另一个优先级高的就绪进程。这种调度算法主要用于一般的批处理系统、分时系统,也常用于某些实时性要求不太高的实时系统中。

(2)抢占式优先级调度算法。

在这种调度方式下,进程调度程序把处理机分配给当时优先级最高的就绪进程,使之执行。一旦出现了另一个优先级更高的就绪进程时,进程调度程序就停止正在执行的进程,将处理机分配给新出现的优先级最高的就绪进程。为了实现这一要求,采用这种调度算法时,每当出现一新的就绪进程就执行进程调度程序,将该进程的优先级 p_i 与正在执行的进程的优先级 p_j 进行比较,若 $p_i \leq p_j$,则原进程继续执行;若 $p_i > p_j$,则立即停止正在执行的进程,进行进程切换,使新最高优先级就绪进程投入运行。因此,抢占方式的优先级调度算法能更好地满足紧迫作业的要求,所以常用于实时要求比较严格的实时系统中,以及对实时性能要求高的分时系统中。

3. 优先级的类型

在采用优先级调度算法的系统中,进程的优先级对进程而言至关重要,因优先级的高低将直接影响到就绪进程被调度执行的次序。进程的优先级可采用静态优先级和动态优先级两种,优先级可由用户自定或由系统确定。

(1)静态优先级。

静态优先级是在创建进程时确定进程的优先级,并且规定它在进程的整个运行期间保持不变。优先级一般用某一范围中的一个整数表示。例如用 0~63 或 0~255 中的某一整数表示,因此有时将优先级称为优先数。在不同的 OS 中,用法有些不同。有些系统用"0"表示优先级最高,数值越大,优先级愈低;有些系统正好相反,优先级的高低正好与整数值的大小相一致,"0"表示优先级最低。

确定优先级的依据通常有如下几方面:

①进程类型。通常系统进程,如接收进程、对换进程、磁盘 I/O 进程的优先级高于一般用户进程的优先级;交互型用户进程的优先级高于批处理作业所对应进程的优先级。

②进程对资源的需求。如进程的估计执行时间及内存需求量少的进程,应赋予较高的优先级,这有利缩小作业的平均周转时间,有利于提高资源的利用效率。

③根据用户的要求。用户可以根据自己作业的紧迫程度来指定一个合适的优先级。当然,指定高的优先级要付的费用多,指定低的优先级将付的费用少。

静态优先级法的优点是简单易行、系统开销小。其缺点是不太灵活,很可能出现低优先级的作业(进程)长期得不到调度而等待的情况。因此,静态优先级法仅适用于实时要求不太高的系统中。

(2)动态优先级。

动态优先级是在创建进程时赋予该进程一个初始优先级后,可以随着进程的执行情况而改变,以便获得更好的调度性能。例如,可以规定在就绪队列中的进程,随其等待时间的延长,其优先级逐渐提高。当所有的进程都具有相同的优先级初值时,则最先进入就绪队列的进程最先获得处理机,即 FCFS 算法。若就绪进程具有不相同的优先级初值,对于优先级低的进程,在等待足够的时间后,其优先级便可能升为最高,从而可得到处理机而执行。例如,若系统规定"0"为最低优先级,有一长作业的优先级初值为"0",每隔 10 分钟其优先级加"1",则当它在队列中等了 10 个小时时,其优先级数便升为 60,可能是当时的最高优先级,从而被调度到投入运行。当采用可抢占式调度方式算法时,若规定正在执行的进程其优先级数以某速率下降,便可防止一个长作业长期占用处理机。

显然,动态优先级的采用,使相应的优先级调度算法比较灵活、科学,可防止有些进程一直得不到调度,也可防止有些进程长期垄断处理机。但是,系统动态地确定进程的优先级需要花费相当多的程序执行时间,因而花费的系统开销比较大。

4. 调度实例

【例 5-4】 假定在一个多道批处理系统中,道数不受限制。当第 1 个作业进入输入井后或内存有一道程序完成后立即进行作业调度。现在有 4 个都是仅作计算而没有请求设备输入输出的作业,它们进入输入井的时间、需要计算的时间及优先级(进程优先级等于作业优先级)如表 5-4 所示。

表 5-4　　作业进入输入井的时间、需要计算的时间及优先级

作业名	进入输入井时间	需要计算时间(分)	优先级(数大级高)
A	8:00	60	1
B	8:30	50	2
C	8:40	30	4
D	8:50	10	3

作业调度和进程调度均采用优先级高者优先调度算法时,计算这批作业的平均

周转时间 T 和平均带权周转时间 W。

根据约定和优先级高者优先调度算法,调度的次序为 A,C,D,B。它们的周转时间和带权周转时间由表 5-5 列出。它们的平均周转时间和平均带权周转时间为:

$T = (60 + 50 + 50 + 120)/4 = 70(分)$, $\quad W = (1 + 5/3 + 5 + 12/5)/4 \approx 2.52$

表 5-5　　　　　　　　　　　优先级调度算法

作业名	进入输入井时间	运行时间(分)	开始时间	结束时间	周转时间(分)	带权周转时间
A	8:00	60	8:00	9:00	60	60/60
C	8:40	30	9:00	9:30	50	50/30
D	8:50	10	9:30	9:40	50	50/10
B	8:30	50	9:40	10:30	120	120/50

5.3.5　时间片轮转调度算法

1. 调度算法

时间片轮转算法(RR)主要用于进程调度。采用此算法的系统,其进程就绪队列往往按进程到达的时间先后排列。进程调度程序总是把处理机分配给队首进程,并规定其执行一段时间,即一个时间片。时间片的大小一般从几毫秒到几百毫秒。当进程执行完该时间片时,由一个计时器发出时钟中断,调度程序便根据此中断信号停止该进程的执行,并将它送入就绪队列末尾,等待下一次调度执行,然后把处理机分配给就绪进程队列中新的队首进程,同时也让它执行一个时间片。这种调度算法可以保证就绪队列中的所有进程,在一给定的时间内,都能获得一个时间片的处理机的执行时间。

2. 时间片大小的选择

时间片的大小对计算机系统的性能影响很大。所以在设计时间片轮转算法时,时间片的选择是大些还是小些,时间片的值是固定还是可变,时间片的值对所有用户都相同还是随不同用户而不同,这些都应考虑。显然,如果时间片过大,大到一个进程足以完成其全部运行工作所需的时间,那么此时的时间片轮转调度算法已退化为 FCFS 算法,因而无法获得令用户满意的响应时间。如果时间片取得太小,那么处理机在进程间的切换工作过于频繁,其处理机调度开销将会变得很大,而处理机实际用于运行用户程序的时间比例将会变小。因此,时间片的大小应选择得适当。选择时间片时通常要考虑以下几个因素:

(1) 系统对响应时间的要求。实践表明:对批处理系统,应使80%左右的进程能在一个时间片内完成;对分时系统,可使用确定时间片 q 的参考公式:

$$q = t/n$$

其中 t 为响应时间上限,n 为系统中最大进程个数。

例如,设 $t=3\text{s},n=30$,则:

$$q=100\text{ms}$$

(2)就绪队列中进程的数目。在分时系统中,就绪队列中的进程数量是随着终端上的用户数而改变的,但系统应保证,当所有用户上机时,仍然应有较快的响应时间。因此,时间片的大小应随上机用户数的增加而成比例减少;反之,时间片应成比例增加。

(3)系统的处理能力。通常人们对计算机的响应时间所能承受的时间是一定的,但计算机的处理能力相差甚远。因此,处理能力强的计算机,在用户数一定的情况下可增加时间片。

RR 调度算法有一个不足之处,即它对偏重 I/O 的进程处理不太公平。通常,一个偏重 I/O 的进程比偏重 CPU 的进程需要较少的 CPU 时间(两次 I/O 操作之间的时间)。如果一个偏重 I/O 的进程使用处理机的时间还未用完给定的时间片 q 时便发生了 I/O 中断,进入了等待状态等待 I/O 操作,当等到 I/O 操作完成之后,它又进入就绪队列,而一个偏重 CPU 的进程执行完给定的时间片 q 之后便进入了就绪队列,这样一来,偏重 CPU 的进程获得的 CPU 时间就会多一些,从而降低了偏重 I/O 进程的执行效率,I/O 设备利用率不高,响应时间变化大。

5.3.6 多级反馈队列调度算法

前面所述的各种调度算法均存在局限性,考虑不太全面。如短作业优先调度算法是在估计作业运行时间基础上进行调度,但在程序开发环境下或其他情况下,往往难以估计作业的运行时间,而且短作业优先调度仅照顾了短作业而忽略了长作业。多级反馈队列调度算法是一种考虑较全面、灵活的调度算法,它不必事先知道各作业所需执行时间,且它还可以满足各种类型进程的需要,因此它是目前公认的较好的一种进程调度算法。图 5-2 描述了多级反馈队列调度算法。在著名的 Windows NT 中,采用了多级反馈队列调度算法。

1. 调度算法

(1)调度算法的考虑因素。

多级反馈队列调度算法是时间片轮转调度算法的发展,不必估计作业运行时间的长短,它基于以下几方面的考虑:

① 为提高系统吞吐量和降低作业平均周转时间而照顾短作业。

② 为得到较好的输入/输出设备的利用效率和对交互用户的及时响应而照顾输入输出型作业。

③ 在作业运行过程中,按作业运行情况能动态地考虑作业的性质是输入/输出型作业还是计算型作业,并且又尽可能地决定作业当时的运行性质是以输入/输出为主,还是以计算为主,然后进行相应的调度。

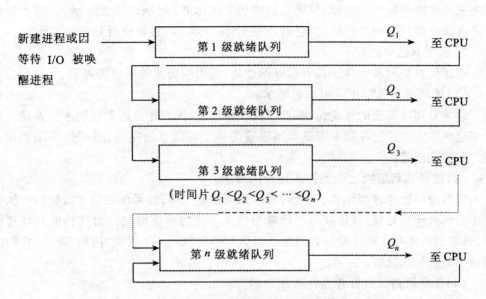

图 5-2 多级反馈队列调度算法

(2) 调度算法的实施过程。

在采用多级反馈队列调度算法的系统中,调度算法的具体实施过程如下:

① 设置多级就绪队列。系统中有多个就绪进程队列,每个就绪队列对应一个调度级别,各级具有不同的优先级。第 1 级队列的优先级最高,第 2 级队列的优先级次之,其余级队列的优先级随级数增大而降低。

② 各级就绪队列具有不同大小的时间片。优先级最高的第 1 级队列中,就绪进程的时间片最小,随着队列的级数增大其进程的优先级降低,但时间片却增大。

③ 一新进程在系统就绪队列中排队的规则。当一个新进程进入内存后,首先被放到第 1 级就绪队列末尾。该队列中的进程按 FCFS 原则分配处理机,并运行相应于该队列的一个时间片。若进程在这个时间片中完成其全部工作,该进程离开就绪队列撤离系统;若进程因等待某事件发生,则放弃处理机,进入相应的等待队列;若进程运行完一个时间片后仍未完成,则该进程被强迫放弃处理机,放入下一级就绪队列的末尾。

④ 按队列优先级从高到低进行进程调度。每次进程调度都是从第 1 级就绪队列开始调度。仅当第 1 级队列空闲时,调度程序才调度第 2 级队列中的进程;仅当第 $1 \sim i-1$ 级队列均空时,才调度第 i 级队列中的进程运行;当前面各级队列均空时,才去调度最后第 n 级队列中的进程。第 n 级队列中的进程采用时间片轮转方法进行调度。

⑤ 一进程进入较高优先级队列时可能要重新调度。如果处理机正在执行的是第 i 级队列中的某进程时,又有新的进程进入第 1 级队列末尾或某一阻塞进程被唤醒重

新进入原先就绪队列末尾时,只要它们的优先级比第 i 级队列的优先级高,则系统抢占正在运行的进程的处理机,把它放回第 i 级队列末尾,重新进行处理机的调度。

2. 调度算法的性能

多级反馈队列调度算法具有较好的性能,能照顾到各种用户的需要。

(1) 能照顾到短型作业用户的要求。

终端型用户提交的作业,大都属于交互型作业,因而作业通常较短小。系统只要能使这些作业的进程在第 1 级队列所规定的一个时间片内完成,就可使终端型作业用户都感到满意。

(2) 能照顾到短批处理型作业用户的要求。

对极短的批处理型作业,开始时像终端型作业一样,如果仅在第 1 级队列中执行一个时间片即可完成,就可获得与终端型作业一样的响应时间。对稍长的批处理作业,通常也只需要在第 2 级队列或第 3 级队列中各执行一个时间片即可完成,它们的周转时间仍然比较短。

(3) 能照顾到长批处理型作业用户的要求。

对长作业,它们对应的进程将依次进入第 1,2,…,直到第 n 级队列中经调度而得到运行,最后在第 n 级队列中按轮转方式被调度运行。因此长作业用户不必担心其作业长期得不到处理,一旦得到运行,它所获得的时间片就比较大。

(4) 能照顾到输入输出型作业用户的要求。

照顾输入输出型作业是调度算法的宗旨,其目的是为了充分利用外部设备,以及对终端交互用户及时予以响应。通常输入输出型进程被唤醒可进入最高优先级队列,从而能很快得到处理机。另外,系统可设定第 1 级队列的时间片大小应大于大多数输入输出型进程产生一个输入输出要求所需的运行时间,这样可避免过多地在进程间切换处理机的操作,以减少系统开销。

(5) 能照顾到计算型作业用户的要求。

计算型作业的进程被调度到执行时,多数能用完分配给它的时间片,而由最高优先级队列逐次进入低一级队列。虽然调度优先级降低了,等待时间也比较长,但它终究会得到较大的时间片来运行,直到进入最低一级队列中被轮转调度执行。

5.3.7 均衡调度算法

按作业本身的特性进行分类,作业调度程序轮流地从这些不同类的作业中挑选作业运行,这是许多系统都采用的算法。这种算法比较好地解决了发挥系统效率和使用户满意这一矛盾。ATLAS 的调度程序就是这样做的。它把出现在输入井上的作业分成 3 个队列:一队是"短"作业,其特点是计算时间小于一定值,且无特殊的外部设备要求;二队是"要用到磁带"的作业,它们要使用一条或几条私用的磁带;三队是"长作业"队列,其突出点是所需的计算时间很长。系统企图从每一类中挑选出一个作业来,将它投入运行,以保持机器中各部件均处于忙碌状态。每个队列中的作业均按次序运行,除非有一个作业被标为高优先数时,才允许把它安插在队列的前头。在其他一些系统中则采用另一种分类方法。如把作业按其输入/输出的繁忙程度分为三类:A 类为输入/输出繁忙的作业,B 类为输入输出与 CPU 均衡的作业,C 类为 CPU 繁忙的作业。系统总是力图保持已运行的作业中的 A 类和 C 类作业的数目相当(B 类作业不限),以使系统资源得到比较均衡的使用。

5.3.8 实时调度算法

由于在实时系统中都存在着若干个实时进程或任务来反映或控制相应的外部事件,具有某种程度的紧迫性,因而对实时系统中的调度提出了某些特殊要求。前面所述的多种调度算法并不能完全满足实时系统中调度的需要,故有必要对实时系统中的调度算法作一些研究。

1. 对实时系统的要求

实时系统通常分为硬实时系统和软实时系统。前者意味着存在必须满足的时间限制,后者意味着偶尔超过时间限制是可以容忍的。在这两种系统中,实时性的获得是将程序分成许多进程,而每个进程的行为都预先可知。这些进程通常生命周期很短,往往在一秒内便运行结束。当检测到一个外部事件时,调度程序按满足它们的最后期限方式来调度这些实时进程,否则可能发生难以预料的后果。为此,对实时系统提出如下要求:

(1) 提供必要的调度信息。

近年来推出的实时调度算法中,有不少算法是根据进程的截止时间进行调度的。因此,实时系统应向调度程序提供有关进程的下述一些重要信息:

①就绪时间,这是该进程变成就绪状态时的起始时间。在要求进程周期性执行的情况下,它就是事先已预知的一串时间序列;而在要求进程非周期性执行的情况下,时间序列也是可预知的。

②开始截止时间和完成截止时间。对于典型的实时应用只需知道进程开始执行的截止时间,或者知道进程完成执行的截止时间。

③处理时间,这是一个进程从开始执行直至完成执行所需的时间。在某些情况下,该时间也是系统提供的。

④资源要求,进程执行时所需的资源清单。

⑤优先级。假如某进程的开始截止时间错过,就会引起系统故障,此时应为该进程赋予"绝对"优先级;如果开始截止时间错过对系统的继续运行无重大影响,则可为该进程赋予"相对"优先级,供调度程序参考。

(2) 调度方式。

在实时控制系统中,广泛采用抢占调度方式,特别是在那些实时要求严格的实时系统中。抢占调度方式的优点是既具有较大的灵活性,又能获得极小的调度延迟,但抢占调度方式增加了系统开销。对于一些小的实时系统,如果能预知进程执行的开始截止时间,则实时进程调度可采用非抢占调度方式,以简化调度程序和减少进程调度时所花费的系统开销。但在设计这种调度方式时,应使所有的实时进程比较小,并在执行完关键性程序和临界区后,能及时地将自己阻塞起来,以便释放处理机,让调度程序去调度开始截止时间即将到达的进程。

(3)具有快速响应外部中断的能力。

每当紧迫的外部事件请求中断时,系统应能及时响应。这不仅要求系统应具有快速硬件中断机构,而且要求中断处理的时间短,进程切换速度快,以及能够管理毫秒级或微秒级的多个定时器等。

2. 实时调度算法

目前大多数的实时控制系统,响应时间通常要求是几百毫秒至几十微秒,前面所介绍的几种调度算法大多不能满足这种要求。下面的几种调度算法可适用于有关的实时系统。

(1)时间片轮转算法。

这是一种常用于分时系统的调度算法,它只能适用于一般实时信息处理系统,而不能用于实时要求严格的实时控制系统中,因为在时间片轮转法的系统中,当一个实时进程到达时,它被挂在就绪进程的轮转队列末尾,等待进程调度程序调度。这种调度算法仅能获得秒级的响应时间。

(2)非抢占的优先级调度算法。

这是一种常用于多道批处理系统的调度算法,也可用于实时要求不太严格的实时控制系统中。当一个优先级高的实时进程到达或被唤醒时,它被安排在就绪队列首,等待当前执行的进程执行完成或因等待某事件发生阻塞时才能被调度执行。这种调度算法只要设计精细,有可能获得数秒至数百毫秒的响应时间。

(3)基于时钟中断抢占的优先级调度算法。

这种调度算法可用于大多数的实时系统中。在该算法中,当其实时进程到达或被唤醒,如果该进程的优先级高于当前进程的优先级,在时钟中断到来时,调度程序就剥夺当前进程的执行,将处理机分配给高优先级的进程。这种调度算法能获得较好的响应效果,可达几十毫秒至几毫秒。

(4)立即抢占的优先级调度算法。

这种调度算法适用于实时要求比较严格的实时控制系统中。此调度算法要求操作系统具有快速响应外部事件中断的能力。一旦出现外部中断,只要当前进程未执行临界区,就能立即剥夺当前进程的执行,把处理机分配给请求中断的紧迫进程。这种调度算法能达到几毫秒至 100 微秒,甚至更低的调度延迟。

5.3.9 几种常见调度算法的比较

表 5-6 从选择函数、响应时间等方面列出了几种常见调度算法的比较,有利于读者全面了解各种调度算法的特性。

表 5-6 几种常见调度算法的特性

调度算法	先来先服务（FCFS）	最短进程优先（SPF）	最高响应比优先（HRN）	时间片轮转（RR）	多级反馈队列（MFQ）
选择函数	$\max(w)$	$\min(s-e)$	$\max[(w+s)/s]$	常数	因队列而异同队列为$\max(w)$
决定模式	非抢占	抢占（到达时）	非抢占	抢占（时间片）	抢占（时间片）
系统吞吐量	不定	高	高	时间片很小，吞吐量可能很低	不定
响应时间	可能很高，特别是进程执行时间变化很大时	对短进程有好的响应时间	有较好的响应时间	对短进程有好的响应时间	不定
额外开销	最小	可能高	可能高	低	可能高
对进程的影响	不利于偏重I/O的进程，对长进程有利	对长进程不利	平衡性好	公平对待	有利于偏重I/O的进程，对长进程不利
饥饿	无	可能	无	无	可能

（1）选择函数决定哪个就绪进程在下一次执行。函数可基于优先权、资源需求和进程的执行特性。涉及进程的执行特性因素有：

① w 为到目前为止进程位于系统的时间，包括等待时间和执行时间。

② e 为到目前为止进程执行的时间。

③ s 为进程所要求的总服务时间，包括 e。

例如，选择函数 $f(w)=w$ 表示采用的是先进先出的策略。

（2）决定模式指出选择函数被执行的确切时间，分为两种情况：

①非抢占式，在这种情况下，只要进程处于运行状态，它就一直执行直至终止、I/O 阻塞或请求其他的操作系统服务。

②抢占式。操作系统中断当前运行的进程，并将当前运行的进程变成就绪状态。抢占式的决定可以在到达一个新进程、将阻塞进程变成就绪状态的中断发生时和时钟中断期间进行。

抢占式策略比非抢占式策略的开销要大，但它给所有进程提供了更好的服务，因为它防止了一个进程独占处理机时间过长。另外，它可以通过有效的现场切换机制（尽量使用硬件）和一个大的主存以容纳更多的程序来降低其开销。

5.4 多处理机调度

由于目前在多处理机系统上运行的操作系统已经广泛采用了线程机制(线程是处理机调度和运行的基本单位),因此,本节仅介绍多处理机上的线程调度,目前基于线程的处理器分派大致有4种调度模式:负载分配调度、专用处理器机分配调度、群调度、调度类和多模式调度器。

5.4.1 负载分配调度

负载分配调度是线程调度中最简单的一种方法。其基本思想是:整个系统维持一个所有处理器共同使用的、全局性的可运行线程队列。每个处理器当它空闲时都可到该线程队列按一定调度算法去挑选运行线程,所以往往又称为自调度方法。

1. 负载分配调度的主要优点

(1)负载均衡。对处理机均衡分配负载,只要就绪队列不为空就不会有处理机空闲。

(2)不需要集中调度程序。一旦有处理机空闲,操作系统就在该处理机上运行调度程序,从线程就绪队列中选择一线程投入运行。

(3)线程就绪队列组织灵活方便。可按单处理机所采用的各种方式组织线程就绪队列实现全局共享。

2. 实现负载分配调度的算法

(1)先来先服务(FCFS)算法。当一个作业进入内存后,该作业的所有线程按FIFO原则存放到共享队列的尾部,当某个处理机空闲时,选择队首线程运行,直至其完成或阻塞。在单处理机环境下这种算法并不是一种好的方法,而在多处理机环境中却是一个比较好的方法。这是因为,线程本身是一个比进程小的独立运行单位,其运行时间很短,而系统中又有多个处理机,因此每个线程的等待时间不会很长。另外,FCFS算法简单且开销小。

(2)最小优先级线程优先算法。使用该算法的全局可运行线程队列按优先级组织。最高优先级给予这样的线程,即该线程来自具有最少的未被调度的线程数的作业,相同优先级的线程则按先进先出原则调度,通常一个被调度线程一直运行到完成或阻塞。

(3)抢占式最小优先级优先算法。此算法类似于上面的算法,只是当有高优先级线程到来或可运行时(等待事件发生)允许抢占低优先级线程的处理器。

3. 负载分配调度的缺点

(1)瓶颈问题。系统中所有的处理器都要访问这个全局的就绪线程队列,而且必须互斥访问。因此当同时有很多处理器要竞争对就绪队列上锁时,这将成为瓶颈。当系统中处理器少时,问题可能不大。当访问此队列的处理器多时,那么如何解决此竞争问题要很好地考虑。

(2) 效率低。处理机之间的信息交换频繁会降低系统效率。当线程因阻塞后而重新进入就绪队列时，一般来说，再次被调度不太可能仍运行在阻塞之前的处理机上。如果每个处理机都配置有局部高速缓存(cache)，线程阻塞时所保存的信息在相应处理机的 cache 中，那么为了保证线程能在新处理机上运行，这就需要将保存在原处理机 cache 中的信息拷贝到新处理机上。除此之外，还有许多工作要做，例如，内存地址空间发生了变化等。

(3) 线程切换频繁。由于同一个应用程序的所有线程不可能同时在处理机上运行，而且这些线程是相互合作共同完成一个任务，当某个线程正在运行而又不能获得所需线程的信息时，便会进入阻塞状态。线程的频繁切换也会导致系统效率降低。

尽管负载分配调度有许多不足之处，但便于实现，所以仍是目前多处理机中使用最多的方法之一。为了克服上述缺点，Mach 操作系统中使用了一种改进的负载分配技术，其思想是：系统为每个处理机设置一个局部的线程就绪队列，同时也设置一个全局共享的线程就绪队列。局部队列中线程的优先级高于全局共享队列中线程的优先级，局部队列中的线程仅在其对应处理机上运行。当发生线程调度时，处理机首先选择其局部队列中的线程运行，仅当局部队列为空时才选择全局队列中的线程运行。

5.4.2　专用处理机分配调度

专用处理机分配调度的思想是：当一个应用程序被调度时，专门为应用程序分配一组处理机，并且每个线程分配一个处理机，这个处理机专门运行该线程，直至应用程序运行结束。

由上述思想可以看出其不足之处：

(1) 浪费处理机。例如，如果一个应用程序的某线程由于等待 I/O 被阻塞，同时又要与另一线程保持同步，则该线程所在的处理机会处于空闲状态。另外，当一个应用程序的每个线程分配到了一台处理机之后，系统中可能仍有若干台剩余的处理机不能满足其他应用程序的需要，也会造成处理机浪费。

(2) 线程切换可能很频繁。当一个应用程序中线程的个数超过了处理机的数量时，只有部分线程能分配到处理机，而其余的线程仍在就绪队列中。当运行中的某个线程需要与就绪队列中的一个线程进行同步操作时，此时运行中的线程就会被阻塞。由此可见，线程愈多，线程切换就愈频繁。

虽然专用处理机有以上不足之处，但在并发程度相当高的处理机环境中仍可采用此种调度方式。例如：

(1) 在高并行的多处理机系统中，有几十个甚至上百个处理机，每个处理机仅占整个系统很少一部分花费，处理机利用率不再是效率的惟一标准。

(2) 在一个程序的整个运行过程中，如果能完全避免线程切换，就大大提高了系统的效率。

5.4.3 群调度

为了能更灵活而有效地调度处理器,在有些多处理器系统中,提供了创建处理器集合的机制,每个集合可不包含或包含多个处理器。每个处理器属于一个单独的处理器集合,但是处理器也可以从一个集合转移到另一个集合。调度器把一个应用的线程集合分配到一个处理器的集合上运行,这可以让用户控制处理器的分配。应用或它的线程被分配到一个处理器集合,这种分配也可以随时间而改变,调度器在其他应用要求分配处理器而没有处理器时,可收回一个或若干个处理器;反之线程在用完处理器可交回内核,或为新线程向内核请求再分给处理器。这使系统对处理器的使用变得十分灵活。例如,可以为一个应用或一组应用分配几个处理器来保证这些应用所需要的资源。极端情况下,应用程序可为它的每一个线程分配一个专门的处理器。这个机制就称为群调度机制。概括地说,群调度是为一个应用的线程集合分配一个处理器集合,这种分配可随时间而改变,以达到灵活而有效地处理器调度。

决定处理器集合分配策略的是用户级服务器程序(以一个特权身份运行的服务器进程),它按一定策略为应用程序的线程集合分配处理器集合。这整个过程由应用程序、服务器和内核三者的交互合作进行,该过程顺序如下:

(1)应用程序请求内核分给一个处理器集合。
(2)应用程序为这个集合向服务器请求处理器。
(3)服务器请求内核为这个集合分配处理器。
(4)服务器告诉应用程序,处理器已经分配。
(5)应用程序请求内核为这个集合分配线程。
(6)应用程序使用处理器,并在它完成时通知服务器。
(7)服务器重新分配处理器。

群调度对应用中的一组线程需要密切协同合作的应用十分有用。这类应用程序创建几个线程,每个线程独立运行一段时间后要求在程序中某一个执行点同步,等待其他线程到达。应用程序在此同步点之后,也许单独运行一些代码后,再创建另一批线程……这一组线程如果不是群调度,则有的线程已到达同步点,可是其他线程甚至尚未运行。如果群调度使每个线程都有一台处理器,那么应用程序的执行将非常快,而且还有以下好处:

(1)调度开销降低,因为在一次中完成多个线程调度。
(2)节省资源分配的时间,例如访问文件时可以节省额外的读写操作中的上锁次数及开锁,减少同步时间,也节省了其他调度方法中可能存在的进程间切换开销。

5.4.4 调度类和多模式调度器

随着实时计算和实时处理越来越重要,许多原本是以分时方式为主的通用系统,转而要求系统扩充功能支持实时进程。于是这种要求系统能支持多种不同类型进程的需求,驱动人们去寻求更好的方案,建立一种体系结构既有足够的通用性,又有强大功能来处理多种不同的调度要求。现在广为使用的基本的抽象概念是调度类,它用来定义该类中的所有进程的调度策略。系统可以提供几个调度类,至少有两个调度类:分时类和实时类。通常分时类是缺省类。系统中的调度器提供了一组和调度类无关的公用例程如实现一些公共服务的上下文切换(现场数据的保存和恢复)、运行队列的管理和抢占,也定义了与类相关的函数,如优先级重新计算等。不同调度类的调度算法也不同,称为多模式调度器。例如实时类使用高的固定优先级,而分时类根据不同事件来动态地改变优先级(原来 UNIX 系统每秒为进程按其对 CPU 的使用时间和等待的历史数据重算优先级,但现在 UNIX 已感到来不及计算了)。

一般来说,进程在创建时指明自己的调度类(或称优先级类)。缺省类是分时类,也可以继承父进程的优先级类,或用原语改变进程的调度类。

5.5 线程调度

线程是进程的重要和关键成分,离开了线程,进程就失去了存在的价值,因此,进程中至少需要有一个运行的线程。Windows 2000 处理机调度的对象是线程,但不是单纯采用某一种调度算法,而是将多种算法结合起来使用,根据实际系统的需要进行有针对性的优化和改进。

5.5.1 线程的状态

Windows 2000 的线程是内核线程,它把线程分成 7 种状态,如图 5-3 所示。它与单挂起进程模型很相似,它们的主要区别在于从就绪状态到运行状态的转换中间多了一个备用状态,以优化线程的抢先特征。

1. 就绪状态(Ready)

线程已获得除处理机外的所需资源,正等待调度执行。

2. 备用状态(Standby)

已选择好线程的处理机,正等待描述表切换,准备进入运行状态。系统中每个处理机上只能有一个处于备用状态的线程。

3. 运行状态(Running)

已完成描述表切换,线程进入运行状态。线程会一直处于运行状态,直到被抢占、时间片用完、进入等待状态或线程终止。

4. 等待状态(Waiting)

线程正等待某对象,当等待事件出现时,等待结束,并根据优先级进入运行、进入转换状态或就绪状态。

5. 转换状态（Transition）

转换状态与就绪状态类似，但线程的内核堆栈位于外存。当线程等待事件出现而它的内核堆栈处于外存时，线程进入转换状态；当线程内核堆栈被调入内存时，线程进入就绪状态。

6. 终止状态（Terminated）

线程执行完就进入终止状态。如执行体有一指向线程对象的指针，可将处于终止状态的线程对象重新初始化，并再次使用。

7. 初始化状态（Initialized）

线程创建过程中的线程状态。

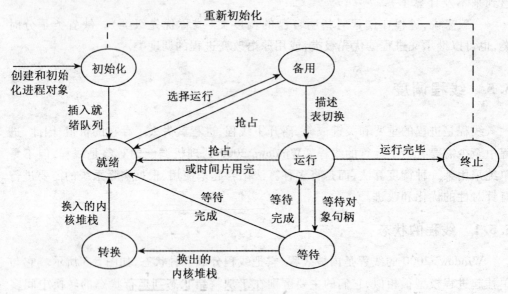

图 5-3 线程状态转换图

5.5.2 线程控制

1. CreateThread

当多个任务需要得到独立和并发执行时，就需要创建新线程。在运行的线程中调用 CreateThread 函数就可以创建一个新线程，其返回值为所创建线程的句柄。系统从进程的地址空间中分配内存供线程的堆栈使用。新线程运行的进程环境与创建的进程环境相同。因此，新线程可以访问进程的所有内核对象、进程的所有内存以及进程中的所有其他线程的堆栈。这样，同一个进程中的所有线程之间的通信是非常容易和高效的。

2. ExitThread

强行终止当前运行的线程,最好不采用该方法。被终止的线程如果是进程中的最后一个活动线程,系统也将终止进程的运行。

3. SuspendThread

挂起指定的线程。线程的可调度状态是由线程内核对象的挂起计数指示的。当挂起计数为 1 时,表明线程暂不处在可调度状态,为 0 时表明线程进入调度状态。

4. ResumeThread

激活指定线程,其对应操作是对指定挂起的线程进行计数。当挂起计数减为 0 时,线程恢复执行。

5.5.3 线程调度的特征

(1) 调度的单位是线程而不是进程,进程仅作为提供资源、对象和线程的运行环境。

(2) 当一个线程状态变成就绪时,它可能立即运行或排到相应优先级队列的尾部。每个优先级的就绪线程排成一个先进先出队列。

(3) 采用严格的抢占式动态优先级调度算法,依据优先级和时间配额进行调度,因此总是运行最高的就绪线程。

(4) 完全的事件驱动机制,在被抢占前没有保证运行时间。

(5) 没有形式的调度循环,如进入就绪事件、时间配额用完事件、优先级改变事件或亲合处理机集合改变事件。

(6) 同一优先级的各线程按时间片轮转算法进行调度。

(7) 在多处理机系统中多个线程并行运行。

5.5.4 线程优先级

在 Windows 2000 内部,线程的优先级从最低 0 到最高 31,被分为 3 个部分:实时线程优先级(16~31)、可变线程优先级(1~15)和系统线程优先级(0)。系统线程优先级仅用于对系统中空闲物理页面进行清零的零页线程。用户可通过 Win32 应用程序编程接口来指定线程的优先级,系统内核也可以控制线程的优先级。线程的优先级是可以动态改变的。例如,通常需要动态地为具有窗口的前台进程和线程赋予比后台的进程和线程更高的优先级。

1. 实时优先级

在应用程序中,需要把线程的优先级提升到实时优先级时,用户必须有升高线程优先级的权限。如果用户进程在实时优先级运行时间过多,它将可能阻塞关键系统功能的执行,阻塞系统线程的运行,但不会阻塞硬件中断处理。在被其他线程抢先时,具有实时优先级线程与具有可变优先级线程的行为是不同的。Windows 2000 并不是通常意义上的实时,因此不提供实时操作系统服务。

2. 中断优先级与线程优先级的关系

如图 5-4 所示，所有线程都运行在中断优先级 0 和 1。用户态线程运行在中断优先级 0，内核态的异步过程调用运行在中断优先级 1，它们会中断线程的运行。只有内核态线程可提升自己的中断优先级。虽然高优先级的实时线程可阻塞重要的系统线程执行，但不管用户态线程的有限级是多少，它都不会阻塞硬件中断。

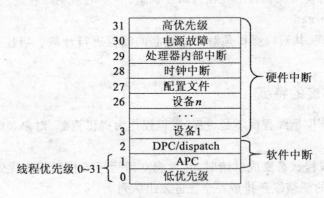

图 5-4 中断优先级与线程优先级的关系

5.5.5 线程时间配额

时间配额是指，一个线程从进入运行状态到系统检查是否有其他优先级相同的线程需要开始运行之间的时间总和。一个线程用完了自己的时间配额时，如果没有其他相同优先级线程，系统将重新给该线程分配一个新的时间配额，并继续运行。时间配额不是一个时间长度值，而是一个称为配额单位(quantum unit)的整数。

1. 时间配额的计算

缺省时，在 Windows 2000 专业版中线程时间配额为 6，而在 Windows 2000 服务器中线程时间配额为 36。Windows 2000 服务器中取较长缺省时间配额的原因是为了保证客户请求所唤醒的服务器有足够的时间在它的时间配额用完前完成客户的请求，并回到等待状态。

每次时钟中断时，时钟中断服务例程从线程的时间配额中减少一个固定值。

2. 时间配额的控制

在系统注册库中的一个注册项对应着时间配额的设置。允许用户指定线程时间配额的相对长度(长或短)和前台进程(指拥有当前窗口的线程所在的进程)的时间配额是否加长。该注册项为 6 位，分成 3 个字段，每个字段占 2 位，如图 5-5 所示。

如果没有剩余的时间配额，系统将触发时间配额用完处理，选择另外一个线程进入运行状态。在专业版中，由于每个时钟中断时减少的时间配额为 3，一个线程的缺省运行时间为 2 个时钟中断间隔。在服务器中,一个线程的缺省运行时间为 12 个时钟中断间隔。

图 5-5 注册项 Win32 Priority Separation 的各部分含义

如果时钟中断出现时系统正处在 DPC/线程调度层次以上(如系统正在执行一个延迟过程调用或一个中断服务例程),当前线程的时间配额仍然要减少,甚至在整个时钟中断间隔期间,当前线程一条指令也没有执行,它的时间配额在时钟中断中也会被减少。

不同硬件平台的时钟中断间隔是不同的,时钟中断的频率是由硬件抽象层确定的,而不是内核确定的。例如,大多数 x86 单处理机系统的时钟中断间隔为 10 毫秒,大多数 x86 多处理机系统的时钟中断间隔为 15 毫秒。

在等待完成时允许减少部分时间配额。当优先级小于 14 的线程执行一个等待函数(如 WaitForSingleObject 或 WaitForMultipleObjects)时,它的时间配额被减少 1 个时间配额单位。当优先级大于等于 14 的线程在执行完等待函数后,它的时间配额被重置。

这种部分减少时间配额的做法,可解决线程在时钟中断触发前进入等待状态所产生的问题。如果不进行这种部分减少时间配额操作,一个线程可能永远不减少它的时间配额。例如,一个线程运行一段时间后进入等待状态,再运行一段时间后又进入等待状态,但在时钟中断出现时它都不是当前线程,则它的时间配额永远也不会因为运行而减少。

(1)时间配额长度字段:1 表示长时间配额,2 表示短时间配额,0 或 3 表示缺省设置(专业版的缺省设置为短时间配额,服务器版的缺省设置为长时间配额)。

(2)前后台变化字段:1 表示改变前台进程时间配额,2 表示前后台进程的时间配额相同,0 或 3 表示缺省设置(专业版的缺省设置为改变前台进程时间配额,服务器版的缺省设置为前后台进程的时间配额相同)。

(3)前台进程时间配额字段:该字段的取值只能是 0,1 或 2(取 3 是非法的,被视为 2)。该字段是一个时间配额表索引,用于设置前后台进程的时间配额,后台进程的时间配额为第一项,前台进程的时间配额依据该字段从时间配额表中得到。该字段的值保存在内核变量中。表 5-7 给出了可能的时间配额设置。

表 5-7　　　　　　　　　　　　　　可能的时间配额设置

	短时间配额			长时间配额		
改变前台进程时间配额	6	12	18	12	24	36
前后台进程的时间配额相同	18	18	18	36	36	36

3. 时间配额的设置

如果当前窗口切换到一个优先级高于空闲优先级类进程中的某线程，Win32 子系统将用注册项的前台进程时间配额字段作为索引，在数组(PspForegroundQuantum)中取值，来设置该进程中所有线程的时间配额。

5.5.6　提高前台线程优先级的问题

假设用户启动了一个运行时间很长的电子表格计算程序，然后切换到一个计算密集型的应用(如一个需要复杂图形显示的游戏)。如果前台的游戏进程提高它的优先级，后台的电子表格将几乎得不到 CPU 时间。若增加游戏进程的时间配额，则不会停止电子表格计算的执行，只是给游戏进程的 CPU 时间多一些。如果用户希望运行一个交互式应用程序时的优先级比其他的优先级高，可利用任务管理器来修改进程的优先级类型为中上或高级，也可利用命令行在启动应用时使用命令"start/abovenormal"或"start/high"来设置进程优先级类型。

5.5.7　调度数据结构

为了进行线程调度，内核维护了一组称为"调度器数据结构"的数据结构。它负责记录各线程的状态，如哪些线程处于等待态，处理机正在执行哪个线程等。其结构如图 5-6 所示。

1. 调度器就绪队列(KiDispatcherReadyListHead)

该队列由一组子队列组成，每个调度优先级有一个子队列，其中包括该优先级的等待调度执行的就绪线程。

2. 就绪位图(KidReadySummary)

为了提高调度速度，系统维护了一个称为就绪位图的 32 位量。就绪位图中的每一位指示一个调度优先级的就绪队列中是否有线程等待运行。B0 与调度优先级 0 相对应，B1 与调度优先级 1 相对应，等等。

3. 空闲位图(KidleSummary)

系统还维护一个称为空闲位图的 32 位量。空闲位图中的每一位指示一个处理机是否处于空闲状态。

4. 调度器自旋锁(KiDispatcherLock)

为了防止调度器代码与线程在访问调度器数据结构时发生冲突，处理机调度仅

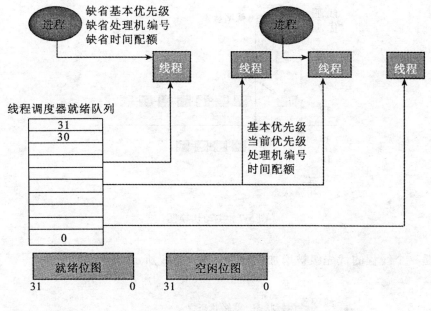

图 5-6　线程调度器结构示意图

出现在 DPC/调度层次。但在多处理机系统中,修改调度器数据结构需要额外的步骤来得到内核调度器自旋锁,以协调各处理机对调度器数据结构的访问。

5.5.8　调度策略

在 Windows 2000 中,严格按照线程的优先级来确定哪一个线程将占用处理机并进入运行状态。当系统选择可调度线程运行时,首先考虑优先级最高的。如果有高优先级的线程是可调度的,系统就不会选择低优先级的线程。另外,系统采用抢占式优先调度策略。在单处理机系统和多处理机系统中的线程调度是不同的。下面介绍单处理机系统中的线程调度。

1. 主动切换

所谓主动切换,就是一个线程可能因进入等待状态而主动放弃使用处理机。等待的对象可能有事件、互斥信号量、资源信号量、I/O 操作、进程、线程、窗口消息等。通常进入等待状态线程的时间配额不会被重置,而是在等待事件出现时,线程的时间配额被减 1,相当于 1/3 个时钟间隔。如果线程的优先级大于等于 14,在等待事件出现时,线程的时间配额被重置。如图 5-7 所示。

2. 抢占

当一个高优先级线程进入就绪状态时,正在处于运行状态的低优先级线程被抢占。可能出现抢占的原因:一是高优先级线程等待完成,即一个线程等待的事件出

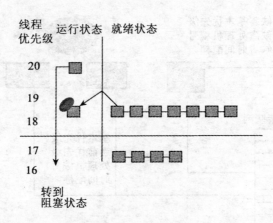

图 5-7　主动切换图

现;二是一个线程的优先级被增加或减少。如图 5-8 所示。

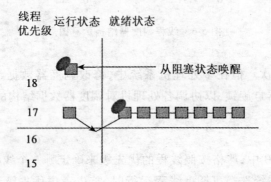

图 5-8　线程的抢先调度

用户态下运行的线程可以抢占内核态下运行的线程。在判断一个线程是否被抢占时,并不考虑线程处于用户态还是内核态,调度器只是依据线程优先级进行判断。

当线程被抢占时,它被放回相应优先级就绪队列的队首。处于实时优先级的线程在被抢占时,时间配额被重置为一个完整的时间配额;处于动态优先级的线程在被抢占时,时间配额不变,重新得到处理机使用权后将运行到剩余的时间配额用完。

3. 时间配额用完

线程用完一个规定的时间片时,由系统确定是否将其优先级降一级(不低于基本优先级),放在相应优先级就绪队列的尾部。如果刚用完时间配额的线程优先级降低了,系统将寻找一个优先级高于刚用完时间配额线程的新设置值的就绪线程,使之进入运行状态。

如果刚用完时间配额线程的优先级没有降低,并且有其他优先级相同的就绪线程,系统将选择相同优先级的就绪队列中的下一个线程进入运行状态,而刚用完时间配额的线程被排到就绪队列的队尾,即分配一个新的时间配额并把线程状态从运行状态改为就绪状态。

如果没有优先级相同的就绪线程可运行,刚用完时间配额的线程将得到一个新的时间配额并继续运行,如图5-9所示。

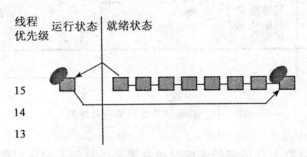

图5-9 时间配额用完时的线程调度

4. 线程终止

当线程完成运行时,它的状态从运行状态转到终止状态。线程完成运行的原因可能是:

(1)通过调用ExitThread而从主函数中返回。

(2)通过其他线程调用TerminateThread来终止。如果处于终止状态的线程对象上没有未关闭的句柄,则该线程将从进程的线程列表中删除,并释放相关的数据结构。

5.5.9 线程优先级提升

线程优先级提升的目的是为了改进系统的吞吐量、响应时间等整体特征,解决线程调度策略中潜在的不公正性,但它也不是完美的,并不会使所有应用都受益。线程由于调用等待函数而阻塞时,减少一个时间片,并依据等待事件类型提高优先级,如等待键盘事件比等待磁盘事件的提高幅度大。

提升线程当前优先级的事件如图5-10所示。

(1)I/O操作完成。Windows 2000将临时提升等待该操作线程的优先级,以保证等待I/O操作的线程能有更多的机会立即开始处理。为了避免I/O操作导致对某些线程的不公平,在I/O操作完成后唤醒等待线程时将把该线程的时间配额减1。

(2)信号量或事件等待结束。

(3)前台进程中的线程完成一个等待操作。

(4)由于窗口活动而唤醒图形用户接口线程。

(5)线程处于就绪状态超过一定时间,但未能进入运行状态(处理机饥饿)。

Windows 2000永远不会提升实时优先级范围内(16~31)的线程优先级。线程

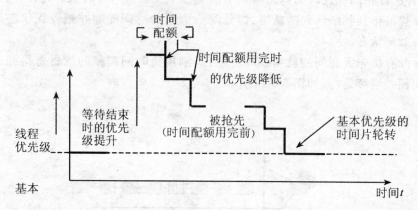

图 5-10 线程优先级的提升和降低

优先级的提升幅度与 I/O 请求的响应时间要求是一致的。响应时间要求越高,优先级提升幅度越大。线程优先级提升的建议值如表 5-8 所示。

表 5-8　　　　　　　　　　线程优先级提升建议值

设　　备	优先级提升值
磁盘、光驱、并口、视频	2
网络、邮件槽、命名管道、串口	6
键盘、鼠标	0
音频	8

线程优先级提升是以线程的基本优先级为基点,不是以线程的当前优先级为基点。当用完它的一个时间配额后,线程会降低一个优先级,并运行另一个时间配额。这个降低过程会一直进行下去,直到线程的优先级降低至原来的基本优先级。

1. 优先级提升策略仅适用于可变优先级为 0 ~ 15 内的线程

不管线程的优先级提升幅度有多大,提升后的优先级都不会超过 15 而进入实时优先级。

2. 等待事件和信号量后的线程优先级提升

当一个等待执行事件对象或信号量对象的线程完成等待后,它的优先级将提升一个优先级。

阻塞事件或信号量的线程得到的处理机时间比处理机繁忙型线程要少,这种提升可减少不平衡带来的影响。

3. 前台线程在等待结束后的优先级提升

对前台进程中的线程,一个内核对象上的等待操作完成时,内核函数 KiUnwait-

Thread 会提升线程的当前优先级(不是线程的基本优先级),提升幅度为变量 PsPrioritySeparation 的值。

在前台应用完成它的等待操作时小幅提升它的优先级,以使它更有可能马上进入运行状态,有效改进前台应用的响应时间特征。

4. 图形用户接口线程被唤醒后的优先级提升

拥有窗口的线程在被窗口活动唤醒(如收到窗口消息)时将得到一个幅度为 2 的额外优先级提升。这种优先级提升的原因是改进交互应用的响应时间。

5. 对处理机饥饿线程的优先级提升

系统线程"平衡集管理器"会每秒钟检查一次就绪队列,看是否存在一直在就绪队列中排队超过 300 个时钟中断间隔的线程。如果找到这样的线程,平衡集管理器将把该线程的优先级提升到 15,并分配给它一个长度为正常值 2 倍的时间配额。

如果在该线程结束前出现其他高优先级的就绪线程,该线程会被放回就绪队列,并在就绪队列中超过另外 300 个时钟中断间隔后再次被提升优先级。

平衡集管理器只扫描 16 个就绪线程。如果就绪队列中有更多的线程,它将记住暂停时的位置,并在下一次开始时从当前位置开始扫描。

平衡集管理器在每次扫描时最多提升 10 个线程的优先级。如果在一次扫描中已提升了 10 个线程的优先级,平衡集管理器会停止本次扫描,并在下一次开始时从当前位置开始扫描。

5.5.10 对称多处理机系统上的线程调度

当系统试图调度优先级最高的可执行线程时,有几个因素会影响到处理机的选择,但只保证一个优先级最高的线程处于运行状态。

1. 亲合关系(Amnity)

亲合关系描述该线程可在哪些处理机上运行。线程的亲合掩码是从进程的亲合掩码继承得到的。缺省时,所有进程(即所有线程)的亲合掩码为系统中所有可用处理机的集合。

2. 线程的首选处理机和第二处理机

首选处理机:线程运行时的偏好处理机。线程创建后,系统不会修改线程的首选处理机设置。第二处理机:线程第二个选择的运行处理机。

3. 就绪线程的运行处理机选择

当线程进入运行状态时,系统首先试图调度该线程到一个空闲处理机上运行。如果有多个空闲处理机,线程调度器的调度顺序为:线程的首选处理机、线程的第二处理机、当前执行处理机(即正在执行调度器代码的处理机)。如果这些处理机都不是空闲的,系统将依据处理机标识从高到低扫描系统中的空闲处理机状态,选择找到的第一个空闲处理机。

如果线程进入就绪状态时,所有处理机都处于繁忙状态,系统将检查已处于运行状态或备用状态的线程,判断它是否可抢先。检查的顺序为:线程的首选处理机、线程的第二处理机。如果这两个处理机都不在线程的亲合掩码中,则将依据活动处理机掩码选择该线程可运行的编号最大的处理机。

Windows 2000 并不检查所有处理机上的运行线程和备用线程的优先级,而仅仅检查一个被选中处理机上的运行线程和备用线程的优先级。

如果在被选中的处理机上没有线程可被抢先,则新线程放入相应优先级的就绪队列,并等待调度执行。

如果被选中的处理机已有一个线程处于备用状态(即下一个在该处理机上运行的线程),并且该线程的优先级低于正在检查的线程,则正在检查的线程取代原处于备用状态的线程,成为该处理机的下一个运行线程。

如果已有一个线程正在被选中的处理机上运行,Windows 2000 将检查当前运行线程的优先级是否低于正在检查的线程。如果正在检查的线程优先级高,则标记当前运行线程为被抢先,系统会发出一个处理机间中断,以抢先正在运行的线程,让新线程在该处理机上运行。

4. 为特定的处理机调度线程

在多处理机系统中,Windows 2000 不能简单地从就绪队列中取第一个线程,它要在亲合掩码限制下寻找一个满足下列条件之一的线程。

(1)线程的上一次运行是在该处理机上;

(2)线程的首选处理机是该处理机;

(3)处于就绪状态的时间超过 2 个时间配额;

(4)优先级大于等于 240。

如果 Windows 2000 不能找到满足上述要求的线程,它将从就绪队列的队首取第一个线程进入运行状态。

5. 最高优先级就绪线程可能不处于运行状态

有可能出现这种情况,一个比当前正在运行线程优先级更高的线程处于就绪状态,但不能立即抢占当前线程,进入运行状态。

例如,假设 0 号处理机上正运行着一个可在任何处理机上运行的优先级为 8 的线程,1 号处理机上正运行着一个可在任何处理机上运行的优先级为 4 的线程;这时一个只能在 0 号处理机上运行的优先级为 6 的线程进入就绪状态。

在这种情况下,优先级为 6 的线程只能等待 0 号处理机上优先级为 8 的线程结束,因为 Windows 2000 不会为了让优先级为 6 的线程在 0 号处理机上运行,而把优先级为 8 的线程从 0 号处理机移到 1 号处理机上,即 0 号处理机上的优先级为 8 的线程不会抢占 1 号处理机上优先级为 4 的线程。

5.5.11 空闲线程

如果在一个处理机上没有可运行的线程,系统会调度相应处理机对应的空闲线程。由于在多处理机系统中可能两个处理机同时运行空闲线程,所以系统中的每个处理机都有一个对应的空闲线程。系统给空闲线程指定的线程优先级为0,该空闲线程只在没有其他线程要运行时才运行。空闲线程的功能就是在一个循环中检测是否有要进行的工作。其基本的控制流程如下:

(1)处理所有待处理的中断请求。
(2)检查是否有待处理的 DPC 请求。
(3)如果有,则清除相应软中断并执行 DPC。
(4)检查是否有就绪线程可进入运行状态。
(5)如果有,调度相应线程进入运行状态。调用硬件抽象层的处理机空闲例程,执行相应的电源管理功能。

小 结

处理机是计算机系统中十分重要的单一资源,处理机调度是多道程序系统的基础。处理机调度常常分为3类:作业调度、中级调度、进程调度。其中作业调度是按照某种调度算法从后备作业队列中选择作业装入内存运行;中级调度是将内存中暂时不运行的进程、不能运行的进程的一部分或全部从内存移到外存去等待,以便空出必要的内存空间供已在内存中的其他进程使用;进程调度是按照某种调度算法从就绪状态的进程中选择一个进程到处理机上运行。负责进程调度功能的内核程序称为进程调度程序。

要想设计出一个理想的作业调度算法是一件十分困难的工作,因为影响设计调度算法的因素很多,而且这些因素之间常常相互矛盾。设计作业调度算法时应考虑的主要因素有:应与系统的整体设计目标一致,均衡地处理系统和用户的要求,考虑系统中各种资源的负载均衡,考虑紧急作业的及时处理等。而一个调度算法好不好,通常用平均周转时间、平均带权周转时间及响应时间来衡量。常用的调度算法有:先来先服务调度算法,最短作业(短进程)优先调度算法,最高响应比优先算法,优先级调度算法,时间片轮转调度算法,多级反馈队列调度算法,均衡调度算法。

目前在多处理机系统上运行的操作系统已经广泛采用了线程机制,线程是处理机调度和运行的基本单位。基于线程的处理机分配大致有4种调度模式:负载分配调度、专用处理器机分配调度、群调度、调度类和多模式调度器。

习 题 五

5.1 在批处理系统中,一个作业从提交给系统到运行结束退出系统,通常有哪些作业状态? 你能说出这些状态转换的原因吗? 由哪些程序负责这些状态之间的转换?

5.2 高级调度、中级调度和低级调度的主要任务是什么? 为什么要引入中级调度?

5.3 在操作系统中引起进程调度的主要原因有哪些?

5.4 抢占式调度算法中有哪些抢占原则?

5.5 下列问题应由哪一级调度程序负责?

(1)发生时间片中断后,决定将处理机分给哪一个就绪进程。

(2)在短期繁重负荷情况下,应将哪个进程挂起。

(3)一个作业运行结束后,从后备作业队列中选具备能够装入内存的作业。

5.6 什么叫调度算法?选择调度算法时应考虑哪些因素?

5.7 什么是作业周转时间?请写出作业平均周转时间和作业带权周转时间的计算公式,并指出公式中参数的含义。

5.8 什么是响应时间?分别写出分时系统和实时系统对响应时间的要求。

5.9 指出下述各说法为什么是不正确的?

(1)短作业优先是公平的。

(2)越短的作业应该享受越好的服务。

(3)由于最短作业优先调度是优先选择短作业,故可用于分时系统。

5.10 在按时间片轮转调度算法中,在确定时间片的大小时,应考虑哪些因素?

5.11 为什么说多级反馈队列能较好地满足各种用户的需要?

5.12 为实现实时调度,对实时系统提出了哪些要求?

5.13 作业调度算法选择作业的原则,可以是保证系统吞吐量大,可以是对用户公平合理,可以是充分发挥系统资源的利用率。请分别指出先来先服务、最短作业优先、I/O 量大与 CPU 量大的作业搭配 3 种作业调度算法,体现了哪种选择作业的原则。

5.14 假定在一个多道批处理系统中,道数不受限制。当第 1 个作业进入输入井后或内存中有一道程序完成后立即进行作业调度。现在有 4 道都是仅作计算而没有请求设备输入输出的作业,它们进入输入井的时间、需要计算的时间及优先级如下所示:

作业名	进入输入井时间	需要计算时间(分)	优先级(数大级高)
A	8:00	60	1
B	8:10	40	2
C	8:20	30	4
D	8:30	10	3

(1)作业调度和进程调度均采用 FCFS 算法时,计算这批作业的 T 和 W。

(2)作业调度采用 SJF 和进程调度采用 SPF 算法时,计算这批作业的 T 和 W。

(3) 作业调度和进程调度均采用优先级高者优先算法时,计算这批作业的 T 和 W。

约定,作业优先级与进程优先级相一致。

5.15 在单道批处理系统中,有下列 3 个作业用先来先服务调度算法和最短作业优先调度算法进行调度,哪一种算法调度性能好些?请完成下表。

(单位:小时,并以十进制计)

作业	进入输入井时间	运行时间	开始时间	完成时间	周转时间	带权周转时间
1	10.00	2.00				
2	10.10	1.00				
3	10.25	0.25				

平均周转时间　　　　$T =$
平均带权周转时间　　$W =$

5.16 请说明 Windows 2000 线程调度特征及其调度状态图。

5.17 为了进行线程调度,内核会建立哪些描述线程的数据结构?

第六章 死 锁

【学习目的】
了解死锁发生的机理,掌握预防、避免、检测、发现和消除死锁的方法。

【学习重点、难点】
死锁的基本概念,死锁定理以及银行家算法。

死锁(deadlock)是计算机操作系统的一个比较突出的问题,系统中的某些进程一旦进入死锁就有可能导致整个系统处于瘫痪状态,危及系统安全,因此,有必要对死锁问题进行专门的讨论。本章介绍死锁的基本概念,讨论死锁的预防、避免、检测、发现和消除的种种方法。

6.1 死锁的基本概念

6.1.1 什么叫死锁

死锁并不只是计算机操作系统环境下独有的现象,在日常生活中也会经常遇到类似的现象。例如,设在一条河上有一座由若干个桥墩组成的桥,如果一个桥墩一次只能站一只脚,想要过河的人总是沿着自己过河的方向只能前进而不能后退,而且没有关于两岸的人谁先过河的任何约定,则在此桥上就有可能发生死锁现象——如果有两人同时从两岸沿此桥过河,如图 6-1 所示。

一个有多道程序设计的计算机系统,是一个由有限数量且由多个进程竞争使用资源的系统。这些资源被分成若干种类型,每一类可能包含一个或多个相同的该类资源。例如,CPU 周期、存储器空间、文件和 I/O 设备(打印机等)都是资源类型的例子。

在操作系统环境下,所谓死锁,是指多个进程因竞争资源而造成的一种僵局,如果没有外力的作用,这些进程就都再也不能向前推进了。一般来说,如果系统中的每一个进程都在等待一个事件,而该事件只能由其中的另一进程所引起,那么,这些进程就处于一种死锁状态。这里所谓的事件,主要指的是资源的获得和释放。至于其他有可能造成死锁的事件,将在其他的章节里讨论。

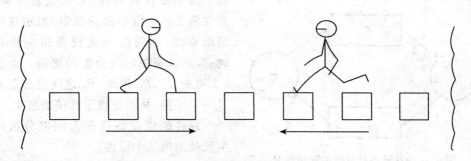

图 6-1 死锁现象

例如,设一系统有一台打印机和一台卡片阅读机,有两个进程队列,P_1 已占用打印机,P_2 已占用卡片阅读机。如果现在 P_1 要求阅读机,P_2 要求打印机,则队列 P_1,P_2 便处于死锁状态。如图 6-2 所示。

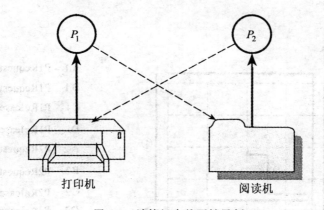

图 6-2 计算机中的死锁示例

6.1.2 死锁产生的原因

死锁产生的原因有两个:

1. 资源的竞争

当系统中有多个进程同时需要使用某些资源,而这些资源又不能同时满足其需要时,便会引起进程对资源的竞争而导致死锁。

2. 进程推进顺序非法

进程在运行过程中,由于其本身所具有的异步性,在请求和释放资源时,如果时机选择不当就可能会导致进程死锁的发生。

先来分析产生死锁的第一个原因。

对 6.1.1 节中设备共享的例子,可以用如图 6-3 所示的进程-资源图来加以描述。

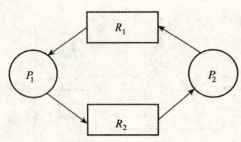

图 6-3 I/O 设备共享时的死锁情况

图中的圆圈代表进程,方框代表资源。当用箭头从进程指向资源时,表示进程请求资源;当用箭头从资源指向进程时,表示该资源已经分配给进程。由图 6-3 可见,P_1,P_2 和 R_1,R_2 之间已经形成了一个环路,从而导致了死锁的发生。

现在仍以设备共享为例来分析产生死锁的第二个原因。

图 6-4 中,资源 R_1 和 R_2 被进程 P_1 和 P_2 共享。X 轴和 Y 轴分别表示 P_1 和 P_2 进程的进展,在进程调度的作用下,它们交替地向前推进。从原点附近出发的任何一条按由下向上推进方向的折线是两个进程的共同进展路线,折线的水平部分表示 P_1 的运行情况,垂直部分表示 P_2 的运行情况。图中的三条折线分别表示三种可能的共同推进路线。

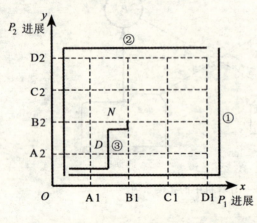

A1: P1Request(R1)
B1: P1Request(R2)
C1: P1Release(R1)
D1: P1Release(R2)
A2: P2Request(R2)
B2: P2Request(R1)
C2: P2Release(R2)
D2: P2Release(R1)

图 6-4 死锁图解

下面我们利用每条折线上的几个关键点来讨论在这三种情况下 P_1 和 P_2 能否顺利运行完毕。

第一条折线:P_1 先运行,P_2 后运行。

P_1 运行轨迹(A1:P1Request(R1),B1:P1Request(R2),
　　　　　C1:P1Release(R1),D1:P1Release(R2))。

P_2 运行轨迹(A2:P2Request(R2),B2:P2Request(R1),
　　　　　C2:P2Release(R2),D2:P2Release(R1))。

第二条折线:P_2 先运行,P_1 后运行。

P_2 运行轨迹(A2:P2Request(R2),B2:P2Request(R1),

C2：P2Release(R2),D2：P2Release(R1)))。

P_1 运行轨迹(A1：P1Request(R1),B1：P1Request(R2),

C1：P1Release(R1),D1：P1Release(R2)))。

在这两种情况下,P_1 和 P_2 都可顺利地完成,也就是说这两种进程共同推进顺序是合法的。

第三条折线：

P_1 运行(A1：P1Request(R1)),

P_2 运行(A2：P2Request(R2))。

此时系统资源已分配完,从而进入不安全区 D 内。若两进程再向前推进,便可能发生死锁。例如：

P_1 运行(A1：P1Request(R1)),P_1 阻塞。

P_2 运行(A2：P2Request(R2)),P_2 阻塞,到达死锁点 N。

这时进入了死锁状态,就称此种进程共同推进顺序是非法的。

6.1.3 产生死锁的必要条件

综上所述可以看出,在一个计算机系统中,死锁的产生是与时间相关联的,它的产生有以下四个必要条件。

条件 1（互斥条件）：在一段时间内,一个资源只能由一个进程独占使用,若别的进程也要求该资源,则须等待直至其占用者释放。

条件 2（保持(占有)和等待条件）：允许进程在不释放其已获得资源的情况下,请求并等待分配新的资源。

条件 3（非剥夺条件）：进程所获得的资源在未使用完之前,不能被其他进程强行夺走,而只能由其自身释放。

条件 4（循环等待条件）：存在一个等待进程集合$\{P_0,P_1,\cdots,P_n\}$。P_0 在等待一个 P_1 占用的资源,P_1 正在等待一个 P_2 占用的资源……P_n 正在等待一个由 P_0 占用的资源。由这些进程及其请求(分配)的资源构成了一个"进程→资源"有向循环图。

应当指出,在这里给出了导致死锁的所有四个条件。而事实上,第四个条件(即循环等待条件)的成立蕴含了前三个条件的成立,似乎没有把它们全部都列出的必要。然而,正如在后面将要看到的,分别考虑这些条件对于死锁的预防是有利的,因为可以通过破坏这四个条件的任何一个来预防死锁的发生,这就为死锁的预防提供了多种途径。

为了更好地理解死锁的基本概念,有些问题需进一步说明。

第一,死锁是进程之间的一种特殊关系,是由资源竞争引起的僵局关系。因此,当提到死锁时,至少涉及两个进程。虽然单个进程也有可能自己锁住自己,但那是程序设计错误而不是死锁现象。

第二,当出现死锁时,首先要弄清被锁的是哪些进程,因竞争哪些资源被锁。

第三，在多数情况下，一个系统出现了死锁，是指系统内的一些而不是全部进程被锁，它们是因竞争某些而不是全部资源而进入死锁状态的。若系统内的全部进程都被锁住，我们说系统处于瘫痪状态。

第四，系统瘫痪意味着所有的进程都进入了睡眠（或阻塞）状态，但所有进程都睡眠了并不一定就是瘫痪状态，如果其中至少有一个进程可由 I/O 中断唤醒。

6.1.4 死锁表示方法

可以用系统资源分配图表示死锁。一个系统资源分配图 SRAG（System Resource Allocation Graph）可定义为一个二重组：即 SRAG = (V, E)，其中 V 是顶点（vertices）的集合，而 E 是有向边的集合。顶点分为两种类型：$P = \{P_1, P_2, \cdots, P_n\}$，它是由系统内的所有进程组成的集合，每一个 P_i 代表一个进程；$R = \{r_1, r_2, \cdots, r_m\}$，是系统内所有资源的集合，每一个 r_i 代表一类资源。

边集 E 中的每一条边是一个有序对 $\langle P_i, E_j \rangle$ 或 $\langle r_j, P_i \rangle$。P_i 是进程（$P_i \in P$），r_j 是资源类型（$r_j \in R$）。如果 $<P_i, r_j> \in E$，则存在一条从 P_i 指向 r_j 的有向边，它表示 P_i 提出了一个要求分配 r_j 类资源中的一个资源的请求，并且当前正在等待分配。如果 $\langle r_j, P_i \rangle \in E$，则存在一条从 r_j 类资源指向进程 P_i 的有向边，它表示 r_j 类资源中的某个资源已分配给了进程 P_i。有向边 $\langle P_i, r_j \rangle$ 叫做请求边（request edge），而有向边 $\langle r_j, P_i \rangle$ 则叫做分配边（assignment edge）。

在图形上，用圆圈表示进程，用方框表示资源类。每一类资源可能有多个个体，用方框内的小圆点表示该资源中的个体。请注意：请求边仅指向代表资源类 r_j 的方框，而一条分配边则必须进一步明确是哪一个（即方框内的某个圆点）资源分给了某个进程。

当进程 P_i 请求资源类 r_j 的一个个体时，一条请求边被加入 SRAG，只要这个请求是可满足的，则该请求边便立即转换成分配边。当进程随后释放了某个资源时，分配边则被删除。图 6-5 是一个 SRAG 图形示例。

图 6-5 给出的内容如下：

(1) 集合 P, R, E 分别为：

$P = \{P_1, P_2, P_3\}$；　　　　$R = \{r_1, r_2, r_3, r_4\}$；

$E = \{\langle P_1, r_1 \rangle, \langle P_2, r_3 \rangle, \langle r_1, P_2 \rangle, \langle r_2, P_2 \rangle, \langle r_1, P_1 \rangle, \langle r_3, P_3 \rangle\}$

(2) 资源个体数为：

$|r_1| = 1$，$|r_2| = 2$，$|r_3| = 1$，$|r_4| = 3$

进程状态如下：

进程 P_1 已占用一个 r_2 类资源，且正在等待获得一个 r_1 类资源；

进程 P_2 已占用 r_1 和 r_2 类资源各一个且正在等待获得一个 r_3 类资源；

进程 P_3 已占用一个 r_3 类资源。

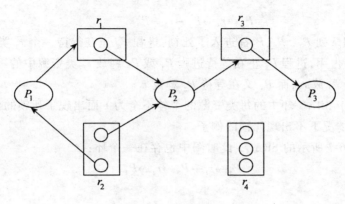

图 6-5　SRAG 示例

6.1.5　死锁的判定

根据 SRAG 的定义,判定死锁可用以下的规则:

(1) 如果 SRAG 中未出现任何环,则此时系统内不存在死锁。

(2) 如果 SRAG 中出现了环,且处于此环中的每类资源均只有一个个体,则有环就会出现死锁。此时,环是系统存在死锁的充分必要条件。

(3) 如果 SRAG 中出现了环,但处于此环中每类资源的个数不全为 1,则环的存在只是产生死锁的必要条件而不是充分条件。

前两条判定法则是显然的,第(3)条判定法则还需要验证。

为此,再来看图 6-5 给出的 SRAG。假设此时进程 P_3 请求一个 r_2 类资源,由于此时 r_2 已无可用资源,于是一条新的请求边 $\langle P_3, r_2 \rangle$ 加入图中,如图 6-6 所示。

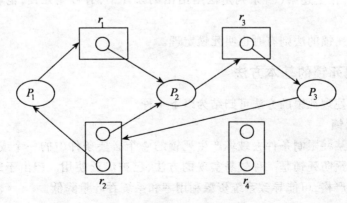

图 6-6　存在环锁的 SRAG

此时 SRAG 中有两个环:

$$P_1 \to r_1 \to P_2 \to r_3 \to P_3 \to r_2 \to P_1$$
$$P_2 \to r_3 \to P_3 \to r_2 \to P_2$$

显然，进程队列 P_1，P_2，P_3 都进入了死锁：进程 P_2 正在等待一个 r_3 类资源，而它正在被进程 P_3 占用，进程 P_3 正在等待进程 P_1 或 P_2 释放 r_2 类资源中的一个个体，但 P_2 又在等待 P_3 释放 r_3，而 P_1 又在等待 P_2 释放 r_1。

以上是处于 SRAG 环中的每类资源的个体不全为 1 而出现了死锁的例子。下面是一个在类似情况下不出现死锁的例子。

设有如图 6-7 所示的 SRAG，此时图中也存在一个环：
$$P_1 \to r_1 \to P_3 \to r_2 \to P_1$$

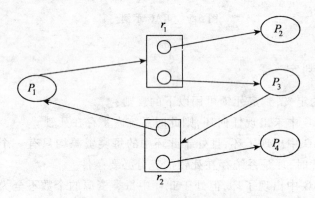

图 6-7　环而不锁的 SRAG

但此时不会产生死锁，因为当 P_4 释放了一个 r_2 类资源后，可将它分给 P_3，或者 P_2 释放一个 r_1 类资源后，可将它分给 P_1。这两种情况下环都消失了，因而不会死锁。

由此可见，在上述第(3)条判定法则给出的条件下，有可能死锁，也有可能不死锁。

上述判定死锁的法则有时也叫死锁定理。

6.1.6　处理死锁的基本方法

目前用于处理死锁的方法可归结为以下 4 种。

1. 预防死锁

通过设置某些限制条件去破坏产生死锁的 4 个必要条件中的一个或几个，以防止发生死锁。预防死锁是一种较易实现的方法，已被广泛使用。但由于所施加的限制条件往往太严格，可能导致系统资源利用率和系统吞吐量降低。

2. 避免死锁

不需事先采取各种限制措施去破坏产生死锁的必要条件，而是在资源的动态分配过程中，用某种方法去防止系统进入不安全状态，从而避免发生死锁。这种方法只需在事先加以较弱的限制条件,便可获得较高的资源利用率及系统吞吐量,但在实现上有一定的难度。在目前较完善的系统中,常用此方法来避免发生死锁。

3. 检测死锁

这种方法预先并不采取任何限制性措施,也不检查系统是否已进入不安全区。此法允许系统在运行过程中发生死锁,但可通过系统设置的检测机构,及时地检测出死锁的发生,并精确地确定与死锁有关的进程和资源,然后采取适当措施,从系统中将已发生的死锁清除掉。

4. 解除死锁

这是与检测死锁相配套的一种措施,用于将进程从死锁状态下解脱出来。常用的实施方法是撤销或挂起一些进程,以便回收一些资源,再将这些资源分配给已处于阻塞状态的进程,使之转为就绪状态以继续运行。

死锁的检测和解除措施,有可能使系统获得较好的资源利用率和系统吞吐量,但在实现上难度也最大。

6.2 死锁的预防

上节所述,系统内产生死锁有 4 个必要条件,所谓死锁的预防就是通过破坏这 4 个条件中的一个或多个以确保系统绝不会产生死锁。下面逐一考察这 4 个必要条件,并讨论是否可通过破坏它们以防止死锁的发生。

1. 互斥条件

对于非同时共享类资源,互斥使用是完全必要的。例如,打印机就是一种不能同时为多个进程共享的资源。一种不需要互斥使用、可同时共享的资源不可能导致死锁,只读文件就是这类资源的一个例子。它可以由多个进程同时读信息,而不需要任何等待。由于对大多数资源来说互斥使用是完全必要的,所以通过破坏互斥条件来防止死锁是不现实的。

2. 保持和等待

破坏保持和等待条件的方法有两种:一种方法是要求每个进程在运行之前便申请它所需的全部资源,若得不到满足便不让其运行。这样,进程在运行中将不再请求并等待分配新的资源;另一种方法是,规定每个进程在请求新的资源之前必须释放其已占用的全部资源。

为了比较这两种方法的优缺点,来看一个例子。考虑一个进程,它从卡片阅读机读入一个磁盘文件,对它进行分类,然后在一行式打印机上打印结果,并将此结果拷贝到磁带上,如果所有资源都必须在开始时全部获得,则显然是对资源的一种浪费,因为此进程在运行过程中,每一种资源只是使用一段时间,多数时间是空闲不用的。

第二种方法允许进程开始时只请求卡片阅读机和磁盘,把信息从卡片阅读机上读入磁盘,然后释放卡片阅读机和磁盘。接着进程请求打印机和磁盘,在完成了相应任务并释放了这两种资源之后,最后请求磁盘和磁带机……这种方式下的资源使用效率显然比前一种方式要高一些。

这种预防死锁的方法,优点是简单、易于实现且很安全,但其缺点也极其明显:

(1)资源严重浪费,因为一个进程一次获得其所需的全部资源且独占,其中可能有些资源很少使用,甚至在整个运行期间都未使用,这就严重地恶化了系统资源的利用率。

(2)进程延迟运行,仅当进程获得其所需的全部资源后,才能开始运行,但可能有些资源长期被其他进程占用,致使需要该资源的进程迟迟不能运行。

所以,这种方法在实际中用得较少。

3. 非剥夺条件

破坏非剥夺条件意味着可以收回已分给进程且尚未使用完毕的资源。用这个方法防止死锁的产生有不同的实施方案。

方法一:当进程 P_i 申请 r_i 类资源时,检查有无可分配的资源。有,则分配给 P_i;否,则将 P_i 占有的资源全部释放而进入等待状态。此时,P_i 需要等待的资源包括新申请的资源和被剥夺的原占有资源。

方法二:当进程 P_i 申请 r_i 类资源时,检查 r_i 中有无可分配的资源。有,则分配给 P_i;否,则检查占有 r_i 类资源的进程 P_k。若 P_k 处于等待资源状态,则剥夺 P_k 的 r_i 类资源分配给 P_i;若 P_k 不处于等待资源状态,则置 P_i 于等待资源状态。注意:此时,P_i 原已占有的资源可能被剥夺。

这种预防死锁的方法,实现起来比较复杂,且要付出很大代价,因为,一个资源在使用一段时间后被迫释放,可能会造成前段工作的失效,即使采取某些防范措施,也还会使前后两次运行的信息不连续。例如,第一次运行中,用打印机输出信息,中途因申请另一资源未果而迫使进程停下,被迫释放打印机,由其他进程使用;当进程再次恢复运行并再次获得打印机继续打印时,这前后两次打印输出的数据并不连续,其中间是另一进程的打印输出信息。此外,这种策略还可能因为反复地申请和释放资源,而使进程的执行无限地推迟。这不仅延长了进程的周转时间,还增加了系统开销,降低了系统吞吐量。

这种通过破坏非剥夺条件以防止死锁的方法仅适用这样一些资源:它们的状态是容易保存和恢复的,例如 CPU 寄存器、存储器空间等。一般来说,它不能用到像打印机、卡片阅读机等这类资源上。

4. 循环等待

为了确保系统在任何时候都不会进入循环等待的状态,一个有效的方法是将所有资源类线性编序,也就是说,给每类资源一个惟一的整数编号,并按编号的大小给资源类定序。

更形式化地说,令 $R = [r_1, r_2, \cdots, r_m]$ 是资源类型的集合,可以定义一个一对一

的函数 $F:R\to N$，这里 N 是自然数的集合。例如，若资源类集合 R 包含磁盘驱动器、纸带机、卡片阅读机和打印机，则函数 F 可定义如下：

$F(\text{card reader})=1$

$F(\text{disk drive})=5$

$F(\text{tape drive})=7$

$F(\text{printer})=12$

在上述基础上，用以下方法防止死锁的产生：每个进程只能以编号递增的顺序请求资源。任一进程在开始时可请求一个任何类型的资源，例如 r_i。此后，该进程可请求另一类 r_j 的一个资源，当且仅当 $F(r_j)>F(r_i)$。例如，上文定义的函数 F，若某进程已获得一台卡片阅读机(1)和一台纸带机(7)，则它当前的资源序列为：1→7，此时该进程若请求一台打印机(12)，则其资源序列变为 1→7→12，是合法的；但若此时该进程请求一台磁盘机(5)，则它必须先释放编号为 7 的纸带机以保证资源序列的递增性：1→5。当然，也可以用另一种方式表述上述资源请求分配规则：一个进程若要请求 r_j 类的一个资源，它必须释放所有这样的 r_i 类资源：$F(r_i)\geqslant F(r_j)$。

使用这样一个请求和分配规则，系统在任何时候都不可能进入循环等待的状态。下面使用反证法证明这一点。假设环形已经出现并且含于环中的进程是 $\{P_0,P_1,\cdots,P_n\}$，这意味着 P_i 正在等待一个 r_i 类资源，而此资源正在由进程 P_{i+1}（下标作 $\mod(n+1)$ 运算）占用，对 $i=0,1,2,\cdots,n$ 成立。由于进程 P_{i+1} 正在占用 r_i 类资源而请求 r_{i+1} 类资源，于是有 $F(r_i)<F(r_{i+1})$ 对所有的 i 成立，这就意味着 $F(r_0)<F(r_1)<\cdots<F(r_n)<F(r_0)$，并且立即就有 $F(r_0)<F(r_0)$，而这是不可能的，因为一类资源只有一个编号。所以，循环等待是不可能出现的。

最后还有一点要注意，给每类资源编号时，应考虑它们在系统中实际使用的先后次序。例如，卡片阅读机通常都是在打印机前面使用的，因此应有 $F(\text{card reader})<F(\text{printer})$，等等。

这种预防死锁的策略与前两种策略比较，其资源利用率和系统吞吐量都有较明显的改善。但也存在下述严重问题：

(1)为系统中各种类型的资源所分配的序号，必须相对稳定，这就限制了新设备类型的增加。

(2)尽管在为资源类型分配序号时已经考虑到大多数作业实际使用这些资源的顺序，但也经常会发生这种情况：即作业(进程)使用各类资源的顺序，与系统规定的顺序不同而造成资源的浪费。例如，某进程先用磁带机，后用打印机，但按系统规定该进程应先申请打印机而后申请磁带机，致使先获得的打印机长期闲置。

(3)为方便用户，系统对用户编程时所施加的限制条件应尽量少，然而这种按规定次序申请资源的方法，必然会限制用户简单、自主地编程。

6.3 死锁的避免

6.3.1 数据结构

如上所述,死锁的预防是通过破坏产生死锁的4个必要条件中的一个或多个实现的,而死锁的避免则是在这4个必要条件有可能成立的情况下,使用别的方法以避免死锁的产生。为了讨论避免死锁的具体方法,有必要引进一个新的概念,即资源分配状态及系统的安全性。

资源分配状态 RAS(Resource Allocation Status) 由系统可用资源数、已分配资源数以及进程对资源的最大需求量等数据给出,具体来说就是以下数据结构:

1. 可用资源向量(Available)

它是一个含有 m 个元素的数组,其中的每一个元素代表一类可利用的资源数目,其初始值是系统中所配置的该类全部可用资源数目。其数值随该类资源的分配和回收而动态地改变。例如,如果 Available$[i]=k$,表示 r_i 类资源当前可用数为 k。

2. 最大需求矩阵(Max)

这是一个 $n \times m$ 的矩阵,n 为进程数,m 为资源类型数。它定义了系统中 n 个进程中的每一个进程对 m 类资源的最大需求。若 Max$[i,j]=k$,说明进程 P_i 至多可请求 k 个 r_j 类资源。

3. 分配矩阵(Allocation)

这也是一个 $n \times m$ 的矩阵,n,m 意义同上,它定义了系统中每一类资源当前已分配给每一进程的资源数。Allocation$[i,j]=k$ 表示进程 P_i 当前已分得 k 个 r_j 类资源。

4. 剩余需求矩阵(Need)

这也是一个 $n \times m$ 的矩阵,n,m 的意义同上,用以表示每一个进程尚需的各类资源数。如果 Need$[i,j]=k$,说明进程 P_i 还需要 k 个 r_j 类资源方能完成其任务。

显然,上述3个矩阵间存在下述关系:Need$[i,j]=$Max$[i,j]-$Allocation$[i,j]$。

一个资源分配状态是上述数据结构的一个瞬态。毫无疑问,由上述4个数据结构的值给出的系统状态是随时间的推移而变化的。

6.3.2 系统的安全状态

在预防死锁的方法中所采取的几种策略,总的来说,都是施加了较强的限制条件,从而使实现简单,但却严重地损害了系统的性能。

在避免死锁的方法中,所施加的限制条件较弱,有可能获得令人满意的系统性能。在该方法中把系统的状态分为安全状态和不安全状态,只要能使系统始终处于安全状态,便可避免发生死锁。

1. 安全状态

在避免死锁的方法中，允许进程动态地申请资源，系统在进行资源分配之前，先计算资源分配的安全性。若此次分配不会导致系统进入不安全状态，便将资源分配给进程；否则，进程等待。

形式化地说，一个系统处于一个安全状态，仅当存在一个安全序列：一个进程序列 $(P_{f_1}, P_{f_2}, \cdots, P_{f_i}, \cdots, P_{f_j}, \cdots, P_{f_n})$ 是安全序列，如果对于其中的每一个进程 P_{f_i}，其资源的剩余需求量均可由系统可用资源加上所有 $P_{f_j}(j<i)$ 当前已占用的资源来满足，则在这种情况下，一个进程 P_{f_i} 所需的资源如果不是立即被满足，则在所有 P_{f_j} 运行完毕 $(j<i)$ 之后也一定可以满足。然后 P_{f_i} 就可以获得它所需要的全部资源，完成它的运行任务。当 P_{f_i} 完成后，$P_{f_{i+1}}$ 也可以获得它所需要的资源并完成其任务，等等。如果不存在这样的序列，则说明系统处于一种不安全的状态。

虽然并非所有不安全状态都是死锁状态，但当系统进入不安全状态后，便可能进入死锁状态；反之，只要系统处于安全状态，系统便可避免进入死锁状态。因此，避免死锁的实质在于：如何使系统不进入不安全状态。

2. 安全状态举例

现通过一个例子来说明安全性。假定系统有三个进程 P_1、P_2 和 P_3，共有 12 台磁带机。进程 P_1 总共要求 10 台磁带机，P_2 和 P_3 分别要求 4 台和 9 台。设在 T_0 时刻，进程 P_1、P_2 和 P_3 已分别获得 5 台、2 台和 2 台，尚有 3 台空闲未分，如表 6-1 所示：

表 6-1

进 程	最大需求	已分配	可 用
P_1	10	5	3
P_2	4	2	
P_3	9	2	

经分析发现，在 T_0 时刻系统是安全的，因为这时存在一个安全序列 (P_2, P_1, P_3)，即只要系统按此进程序列分配资源，每个进程都可顺利完成。例如，再将剩余的磁带机取 2 台分配给 P_2，使之继续运行；待 P_2 完成，便释放出 4 台磁带机，使可用资源增至 5 台，以后再将这些全部分配给 P_1 运行；待 P_1 完成后，将释放出 10 台磁带机，P_3 便能获得足够的资源，从而使 P_1、P_2、P_3 每个进程都能顺利完成。

3. 由安全状态向不安全状态的转换

如果不按照安全序列分配资源，则系统可能会由安全状态进入不安全状态。例如，在 T_0 时刻以后，P_3 又请求 1 台磁带机，若系统此时把剩余 3 台中的 1 台分配给

P_3,则系统便进入不安全状态。因为,再把其余的 2 台分配给 P_2,这样,在 P_2 完成后只能释放出 4 台,既不能满足 P_1 需 5 台的要求,也不能满足 P_3 需 6 台的要求,因而它们都无法推进到完成,彼此都在等待对方释放资源,结果将导致死锁。从给 P_1 分配了第 3 台磁带机开始,系统便进入了不安全状态。由此可见,在 P_3 请求资源时,尽管系统中尚有可用的磁带机,但却不能分配给它,必须让 P_3 一直等待到 P_1 和 P_2 完成,释放出资源后,再将足够的资源分配给 P_3,它才能顺利完成。

给出了上述资源分配状态及其安全状态的概念之后,就可以更准确地表述什么是死锁的避免。所谓死锁避免,就是在资源动态分配的过程中,通过某种算法,避免系统进入不安全状态,从而也就不会进入死锁状态,也就是防患于未然。请注意,死锁是一个不安全状态,但不安全状态并不就是死锁状态,它只意味着存在导致死锁的可能性。

6.3.3 死锁避免算法

死锁避免算法也就是避免系统进入不安全状态的算法。下面描述的死锁避免算法是由 Dijkstra(1965 年)提出来的,通常称之为"银行家算法"(Banker's Algorithm)。当一个进程要求分配若干资源时,系统根据该算法判断此次分配是否会导致系统进入不安全状态,若会,则拒绝分配。

为了简化算法的表述,再给出某些记号。令 X 和 Y 均是长度为 n 的向量,我们说 $X \leq Y$,当且仅当 $X[i] \leq Y[i]$ 对于所有的 $i = 1, 2, \cdots, n$ 都成立。例如,如果 $X = (1,7,3,2)$,$Y = (0,3,2,1)$,则 $Y \leq X$;如果 $Y < X$,则 $Y \leq X$ 并且 $Y \neq X$。另外,可以把 Allocation 矩阵的第 i 行记为 $Allocation_i$,它记录了进程 P_i 当前分得的资源。类似地也可对 Need 矩阵作这种处理。

1. 银行家算法

令 $Request_i$ 是进程 P_i 的请求向量,如果 $Request_i[j] = k$,则进程 P_i 希望请求 k 个 r_j 类资源。当进程 P_i 提出一个资源请求时,系统进行以下工作:

(1) 如果 $Request_i > Need_i$,意味着出错:进程请求的资源多于它自己的剩余需求量;

(2) 如果 $Request_i > Available$,则系统不能满足其请求,P_i 必须等待;

(3) 否则,系统"假定"已分给 P_i 所请求的资源,并对系统状态作如下修改:

$Available := Available - Request_i$

$Allocation_i := Allocation_i + Request_i$

$Need_i := Need_i - Request_i$

(4) 如果作上述处理后系统仍处于安全状态,则真正实施该分配;否则,拒绝该分配,恢复原来的状态,进程 P_i 等待。那么,如何判断系统是否仍处于安全状态呢?

2. 安全性算法

判断一个状态是否安全的算法如下:

(1)令 Work 和 Finish 分别是长度为 m 和 n 的向量,初始化:
Work : = Available,Finish$[i]$: = false($i = 1,2,\cdots,n$)。
(2)找到一个这样的 i:
Finish$[i]$ = false,并且
$\text{Need}_i \leqslant \text{Work}$
如果没有这样的 i 存在,则转向步骤(4)。
(3)Work : = Work + Allocation$_i$
Finish$[i]$: = true
转步骤(2)。
(4)如果 Finish$[i]$ = true 对于所有的 i 都成立,则系统是安全的;否则,是不安全的。

由上可见,安全性算法是银行家算法的子算法,是由银行家算法调用的。

3. 银行家算法举例

假定系统中有 5 个进程{P_0,P_1,P_2,P_3,P_4}和 3 种类型的资源{A,B,C},每一种资源的数量分别为 12,7,9,在 T_0 时刻的资源分配情况如表 6-2 所示。

表 6-2　　　　　　　　　　　T_0 时刻的资源分配表

资源情况 进程	Max			Allocation			Need			Available		
	A	B	C	A	B	C	A	B	C	A	B	C
P_0	7	5	3	0	1	0	7	4	3	3	3	2
										(2	3	0)
P_1	3	2	2	2	0	0	1	2	2			
				(3	0	2)	(0	2	0)			
P_2	9	0	2	3	0	2	6	0	0			
P_3	2	2	2	2	1	1	0	1	1			
P_4	4	3	3	1	0	2	4	3	1			

(1)T_0 时刻的安全性。

利用安全性算法对 T_0 时刻的资源分配情况进行分析,可得知,T_0 时刻存在着一个安全序列{P_1,P_3,P_4,P_2,P_0},如表 6-3 所示。故 T_0 时刻系统是安全的。

表 6-3　　　　　　　　　　　T_0 时刻的安全序列

资源情况 进程	Work			Need			Allocation			Work + Allocation			Finish
	A	B	C	A	B	C	A	B	C	A	B	C	
P_1	3	3	2	1	2	2	2	0	0	5	3	2	true
P_3	5	3	2	0	1	1	2	1	1	7	4	3	true
P_4	7	4	3	4	3	1	0	0	2	7	4	5	true
P_2	7	4	5	6	0	0	3	0	2	10	4	7	true
P_0	10	4	7	7	4	3	0	1	0	10	5	7	true

（2）P_1 请求资源。

P_1 在 T_0 时刻的系统状态下发出请求向量 $Request_1(1,0,2)$，系统按银行家算法进行检查：

①$Request_1(1,0,2) \leq Need_1(1,2,2)$。

②$Request_1(1,0,2) \leq Available(3,3,2)$。

③系统先假定可为 P_1 分配资源，并修改 Available，$Allocation_1$ 和 $Need_1$ 向量，由此形成的资源变化情况如表 6-2 中的圆括号内的内容所示。

④再利用安全性算法检查此时系统是否安全。

由所进行的安全性检查得知，可以找到一个安全序列 $\{P_1, P_3, P_4, P_0, P_2\}$，因此，系统是安全的，可以立即将 P_1 所申请的资源分配给它。

（3）P_4 请求资源。

P_4 发出请求向量 $Request_4(3,3,0)$，系统按银行家算法进行检查：

①$Request_4(3,3,0) \leq Need_4(4,3,1)$。

②$Request_4(3,3,0) \geq Available(2,3,0)$，故让 P_4 等待。

（4）P_0 请求资源。

P_0 发出请求向量 $Request_0(0,2,0)$ 的系统按银行家算法进行检查：

①$Request_0(0,2,0) \leq Need_0(7,4,3)$。

②$Request_0(0,2,0) \leq Available(2,3,0)$。

③系统暂先假定可为 P_0 分配资源，并修改有关数据，如表 6-4 所示。

表 6-4　　　　　　　　　　为 P_0 分配资源后的有关资源数据

资源情况 进程	Allocation			Need			Available		
	A	B	C	A	B	C	A	B	C
P_0	1	3	0	7	2	3	2	1	0

续表

资源情况 进程	Allocation			Need			Available		
	A	B	C	A	B	C	A	B	C
P_1	3	0	3	0	2	0			
P_2	3	0	3	6	0	0			
P_3	2	1	1	0	1	1			
P_4	1	0	2	4	3	1			

(5)安全性检查。

此时,可用资源 Available{2,1,0}已不能满足任何进程的需要,故若实施分配系统将进入不安全状态,此时系统不能满足 P_0 的资源请求。

6.4 死锁的检测和消除

对一个系统,如果没有一种措施可以确保系统不会出现死锁,则要有一种检测方法,以便一旦不慎进入死锁状态,系统能发现并解除它,这就是本节要讨论的死锁的检测和消除。

6.4.1 死锁检测

当系统为进程分配资源时,若未采取任何限制性措施,则系统必须提供检测和消除死锁的手段。为此,系统必须:

(1)保存有关资源的请求和分配信息;
(2)提供一种算法,以利用这些信息来检测系统是否已进入死锁状态。

1. 数据结构

该检测算法也要使用几个随时间而变化的数据结构,它们与银行家算法中使用的数据结构是非常相似的。

• Available

这是一个长度为 m 的向量,用以记录每类资源的可用数。

• Allocation

这是一个 $n \times m$ 的矩阵用以记录每个进程当前所分得的每类资源的个数。

• Request

这是一个 $n \times m$ 的矩阵,用以记录当前每一个进程的资源请求,如果 Request[i, j] = k,则进程 P_i 正在进一步请求 k 个 r_j 类资源。

2. 死锁检测算法

下面是建立在上述数据结构上的死锁检测算法。

（1）令 Work 和 Finish 分别是长度为 m 和 n 的向量，初始化 Work：= Available。如果 $Allocation_i \neq 0$ 则 $Finish[i]$ = false，否则 $Finish[i]$ = true，对于 $i = 1,2,\cdots,n$。

（2）找到一个下标 i，使得

$Finish[i]$ = false，并且

$Request_i \leq Work$

如果不存在这样的 i，则转向步骤(4)。

（3）Work：= Work + $Allocation_i$

$Finish[i]$：= true

转步骤(2)。

（4）如果对于所有的 $i = 1,2,\cdots,n$，$Finish[i]$ = true 不成立，则系统出现了死锁，而且，如果 $Finish[i]$ = false，则进程 P_i 被锁住。

上述算法的时间复杂性为 $O(m \times n^2)$，m，n 分别为资源类型数和进程数。

6.4.2 死锁消除

当检测算法判定系统内已出现了死锁，则要设法消除它。一般来说，有 3 种消除死锁的方法可供选择。

（1）破坏互斥使用条件，将一个资源同时分给几个进程；

（2）为了打破循环等待的局面，只要简单地夭折一个或多个进程；

（3）从一个或多个被锁的进程中剥夺某些资源。

这里只简单地讨论一下第(2)种方法。

第一，选择"牺牲者"的问题。

如果为了解除死锁需要夭折一个或几个进程，首先的问题就是夭折谁？这也就是选择"牺牲者"的问题。

选择牺牲者的问题基本上是个经济问题，我们将撤销那些代价最小的进程。遗憾的是，所谓最小代价没有一个确定的标准，决定代价大小的因素很多：

①进程的优先级；

②进程已执行了多长时间以及还要执行多长时间才能完成既定任务；

③进程使用了多少以及什么类型的资源；

④为了运行完毕，该进程还需要多少资源；

⑤有多少进程要被撤销。

为了说明上述因素，再回到 6.1.1 节过河的例子上来。假设有 100 个桥墩，考虑以下涉及两个人 P_1 和 P_2 的死锁：

（1）假设 P_1 有更高的优先权（譬如说，P_1 可能是一个警察），则 P_2 必须被撤销；

(2)假如 P_1 已走了 98 步,只差两步就能到达对岸,显然,此时撤销 P_2 是更合理的;

(3)假设 P_1 和 P_2 在河中间相持,但在 P_2 的后面没有后随的人,而却有 10 个人后随 P_1,此时,撤销 P_2 显然是更合理的。

以上只是提出了一些考虑问题的原则,具体的实现方法还有待于进一步的研究。

第二,退回去的问题。

一旦决定某一个进程必须退回去,同时就应决定它退到何处?最简单的解决办法是整个地退回去:使该进程夭折并令它重新开始。但是,更有效的办法是,只让它退回到足以解除死锁的地步。然而这个方法要求系统保持更多的有关所有进程运行的信息。让我们最后一次回到过河的例子上。整个地退回去类似于让某人返回到旅途的起始点,例如,一个来自于 New York 的人在 California 过河不成而必须退回到 New York 去。

显然,这是一个代价昂贵的解决办法。通常的方法是,让他退回到对岸去,更有效的方法是,在河中放几个附加的桥墩,以便被锁的某个人能从旁边绕过去,这不就解除了死锁吗?

上述例子对设计死锁消除算法的人来说,是一个很好的启发。

6.5 处理死锁的综合措施

前面已经讨论过,单独使用某种处理死锁的方法是不可能全面地解决在操作系统中遇到的各种死锁问题的。因此,Howard 1973 年曾经建议,将这些解决死锁问题的基本方法组合起来,并对由不同类资源竞争所引起的死锁采用对它来说是最佳的方法来解决,以全面地解决死锁问题。这一思想基于以下事实:系统内的全部资源可按层次分成若干类,对于每一类,可以使用最适合于它的办法解决死锁问题。由于使用了资源分层技术,在一个死锁环中,通常只包含某一个层次的资源,而不会包含两个或两个以上层次的资源,每一个层次可以使用一种基本的方法,因此,整个系统就不会受控于死锁了。

为了说明这种技术,让我们考察一个由 4 个不同层次资源组成的系统:

(1)内部资源,这是由系统本身使用的资源,例如进程控制块 PCB。

(2)主存储器,主要指用户态程序空间。

(3)作业资源,可分配的设备(如磁带机)和文件。

(4)交换空间,存放用户作业的后援存储器空间。

对于具有这种资源层次的系统,一种比较理想的处理死锁的综合措施如下:对内部资源通过破坏"循环等待"条件,即给资源线性编序的方法预防死锁。对主存储器通过剥夺资源的办法以防止死锁的产生,因为一个作业总是可以被对换出去的,并且主存储器空间本质上是可以被剥夺的。

对作业资源使用死锁避免算法。关于作业要求多少资源的信息可以从作业控制卡中获得。

对交换空间可以采用预分配措施,因为存储空间的最大需求量通常是知道的。

小 结

死锁是指计算机系统中多个进程因资源竞争而造成的一种相持局面,如果没有外部的作用,这些进程就不能继续执行了。

导致死锁产生的原因有两个:一是由于资源的竞争,也就是多个进程同时需要使用某些资源,而资源不够分配。二是由于进程的推进顺序不合理,在请求和释放资源时,时机选择不当。

死锁的产生有 4 个必要条件:互斥条件、保持(占有)和等待条件、非剥夺条件和循环等待条件。

死锁可以用系统资源分配图来表示。一个系统资源分配图 SRAG 是一个二重组:即 SRAG = (V, E),其中 V 是顶点(vertices)的集合,而 E 是有向边的集合。系统是否存在死锁可以根据系统资源分配图中是否出现环以及每类资源的可用数量来加以判定。

死锁的处理主要有 4 种方式:预防死锁、避免死锁、检测死锁和消除死锁。

预防死锁是通过设置某些限制条件,去破坏产生死锁的 4 个必要条件中的一个或几个,来防止发生死锁。避免死锁是在资源的动态分配过程中,利用银行家算法来防止系统进入不安全状态,从而避免发生死锁。检测死锁是通过系统设置的检测机构,利用死锁检测算法及时地检测出死锁的发生,并精确地确定与死锁有关的进程和资源,然后,采取适当措施,从系统中将已发生的死锁清除掉。消除死锁是撤销或挂起一些进程,以便回收一些资源,再将这些资源分配给已处于阻塞状态的进程,使之转为就绪状态以继续运行。

习 题 六

6.1 列举日常生活中几个死锁的例子。

6.2 产生死锁的 4 个必要条件是否都是独立的?或者一个或多个条件的成立蕴含了另一个或一些条件的成立?如果后者为真,能给出一个最小必要条件的集合吗?

6.3 为过独木桥问题设计一个算法,使得既无死锁又不会产生饥饿现象。

6.4 在一个死锁中,只包含一个进程是否可能?

6.5 试证明本章给出的安全性算法需要 $m \times n^2$ 次操作。

6.6 "死锁"和"饥饿"的主要区别是什么?

6.7 考虑一个由 4 个同类资源组成的系统,由 3 个进程共享这样的资源,每个进程至多需要两个资源,证明该系统是无死锁的。

6.8 一个系统有 m 个同类资源,由 n 个进程共享,并且
(1) $Need_i > 0$,对于 $i = 1, 2, \cdots, n$;
(2) 所有进程对该类资源的需求总和不等于 $m + n$,证明该系统是无死锁的。

6.9 举例说明,虽然系统进入了不安全状态,但所有进程还是可能完成它们的运行而不会进入死锁状态。

6.10 考虑如下的交通死锁(如图 6-8 所示):
(1) 说明产生死锁的 4 个必要条件在此例中都成立;
(2) 建立起一个规则以避免交通死锁的发生。

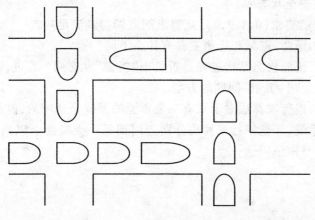

图 6-8

6.11 考虑这样一种资源分配策略:对资源的请求和释放可以在任何时刻进行。如果一进程的资源得不到满足,则考察所有由于等待资源而被阻塞的进程,如果它们有请求进程所需要的资源,则把这些资源取出分给请求进程。

例如,考虑一个有 3 类资源的系统,Available = (4, 3, 2)。进程 A 请求 (2, 2, 1),可以满足;进程 B 请求 (1, 0, 1),可以满足;若 A 再请求 (0, 0, 1),则被阻塞(无资源可分)。此时,若 C 请求 (2, 0, 1),它可以分得剩余资源 (1, 0, 0),并从 A 已分得的资源中获得一个资源,于是,进程 A 的分配向量变成:Allocation = (1, 2, 1),而需求向量变为:Need = (1, 0, 1)。

(1) 这种分配方式会导致死锁吗?若会,举一个例子;若不会,说明死锁的哪一个必要条件不成立。
(2) 这种分配方式会导致某些进程的无限期等待吗?

6.12 考虑下面的系统"瞬态":

Allocation	Max	Available
0012	0012	1520
1000	1750	
1354	2356	
0632	0652	
0014	0656	

使用银行家算法回答以下问题：

（1）给出 Need 的内容。

（2）系统是在安全状态吗？

（3）如果进程已要求(0,4,2,0)，此要求能立即得到满足吗？

6.13 死锁的预防、避免和检测三者有什么不同？

6.14 一个系统能检测某些进程是否处于"饥饿"状态吗？若是，说明怎样实现；若否，请设计一种处理"饥饿"问题的方案。

6.15 通用的银行家算法对于只有一类资源的系统是适用的，但是，对于一个有多种类型资源的系统，若把银行家算法分别应用到每一类资源上以判定系统是否安全则是不对的，请举例说明这一点。

第七章 存储器管理

【学习目的】

存储器是计算机系统中的重要资源,对存储器进行管理是操作系统的主要任务之一。通过对存储器管理的学习,除了解存储器的基本功能之外,更主要的是掌握存储器管理的基本原理、方法和技术性能,从而进一步了解操作系统的功能,在实际应用中更好地发挥存储器的作用,充分地利用计算机资源,有效地提高存储器的管理能力。

【学习重点、难点】

掌握各种存储管理技术中地址变换的方法;

如何实现对内存空闲区的回收,减少碎片,充分利用存储器资源的技术工作。

对存储器的管理是操作系统最主要的功能之一,它一直受到人们的高度重视。虽然主存价格已相当便宜,但主存容量仍然是计算机4大硬件资源中最关键而又最紧张的"瓶颈"资源。因此对主存的管理和有效使用仍然是操作系统十分重要的内容。

对存储器这一重要资源的管理必须是仔细的。虽然当今一台普通家用计算机的存储器容量可能是20世纪60年代全世界最大计算机IBM 7094的5倍以上,但是程序长度的增长速度和存储器容量的增长一样快。用类似于帕金森定律的话来说:"存储器有多大,程序就会有多长。"对每个程序员来说,他们都希望计算机拥有无穷大、快速并且内容不易变(即掉电后内容不会丢失)的存储器,同时又希望它是廉价的。但遗憾的是,当今的技术不能提供这样的存储器。因此大部分的计算机都有一个存储器层次结构(memory hierarchy),它由少量非常快速、昂贵、易失(掉电丢失)的高速缓存(cache),若干兆字节的中等速度、中等价格、易失的主存储器(RAM),以及数百兆或数千兆字节的低速、廉价、不易丢失的磁盘组成。操作系统的工作就是协调这些存储器的使用。

操作系统中管理存储器的部分称为存储管理器。它的任务是跟踪哪些存储器空闲,哪些存储器正在为进程服务,哪些进程已经释放了存储器;并且在进程较多的情况下,当主存无法容纳所有进程时,操作系统将管理主存和磁盘间的交换。

在这一章中,将讨论许多不同的存储器管理方案,从最简单的存储器管理系统开始,然后逐步过渡到更加精密的系统。

7.1 存储器管理的功能

存储器管理系统可以分成两类。在运行程序期间,操作系统在管理主存和磁盘之间的进程时,将存储器管理模式分成不可进行移动的系统和可进行移动的系统(交换和分页)。前一种的管理方案比较简单,在同一时刻只能运行一道程序,应用程序和操作系统共享存储器,我们称这种运行环境的管理模式为单道程序的管理模式;后一种管理方案比较复杂,解决了多个进程同时进入存储器,并且同时运行的问题,我们称这种运行环境的管理模式为多道程序的管理模式。

在单道程序设计环境中,由于只有一个用户使用计算机,计算机的全部资源是独占的,因此,主存被划分成两个部分:一部分是供操作系统使用的系统区(驻留监控程序和内核等),另一部分是供当前正在执行的程序使用的用户区。

在多道程序设计环境中,为了适应多个进程的要求,用户区必须进一步划分。操作系统中存储器管理的任务,就是动态地实现用户区的管理,以便将尽可能多的进程装入存储器中。存储器管理要实现的目标是:为用户提供方便、安全和充分大的存储空间。

存储器管理的主要功能是:

1. 对存储空间进行分配和管理

为进程分配内存,使多道程序共享内存。选择合适的分配方案,找出合适的空闲空间分配给相应的进程。回收系统或用户释放的存储区,并修改分配记录表。

2. 存储器的保护

在多道程序设计的系统中,可以将多个进程同时装入主存储器。为使多道程序能够动态地共享主存空间以及主存空间的信息,就必须要有相应的管理措施,以防各进程间相互干扰,并保护各区域内的信息不被破坏。因此,必须实行对存储器的保护。存储保护工作由硬件和软件配合完成。

3. 地址变换

由于用户程序中使用逻辑地址,而处理机执行程序时要按物理地址进行访问,所以,存储管理必须进行地址变换工作,把一组逻辑地址转换成物理地址,以保证处理机的正常执行。

4. 扩充主存容量

存储管理利用外存作为内存的后援,并借助虚拟存储技术或自动覆盖技术来扩充主存容量,使用户在编制程序时可以不必过细地去考虑主存储器的实际容量,即用户程序的大小不受主存实际容量的限制。如果主存空间不够,则由操作系统采用覆盖技术或虚拟存储技术来解决。

由于操作系统的设计目标不尽相同,以及当时硬件环境的局限,所以采用的存储器管理方法也不完全一样。目前存储器管理方法可概括成4种方案:分区管理、分页管理、分段管理和段页式管理。

7.2 存储器的地址变换

地址变换是将逻辑地址转换成物理地址的过程,也称地址映射、重定位。根据地址变换的时机不同,可把地址变换分成静态地址变换和动态地址变换。

1. 静态地址变换

静态地址变换是完成地址的重定位工作。实现静态地址变换的工作是通过装配程序完成的。装配程序将根据程序模块的逻辑地址的起始位置,把程序模块中逻辑地址转换成物理地址。通过静态地址变换方法所得到的物理地址以后是不允许再改变的,否则将无法得到正确的内存地址。静态地址变换要求待执行的程序模块在它们执行之前必须完成地址变换。

例如,图 7-1 中描述了将逻辑地址转换成物理地址的过程。

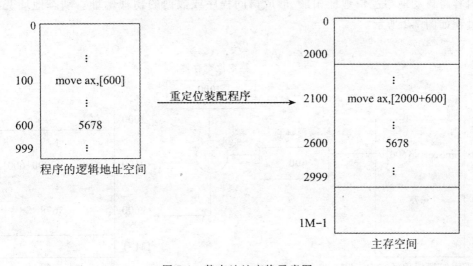

图 7-1 静态地址变换示意图

设以首地址(物理地址)为 2000 的存储空间中将要装入一个程序模块。显然,装配程序将该程序模块装入内存后,首先应将所有逻辑地址(相对地址)变换成物理地址后程序才能正确运行。在图中的相对地址 100 处有一条 move ax,[600] 指令,该指令的功能是将相对地址为 600 的单元的内容 5678 送到寄存器 ax 中。程序装入主存后,各个逻辑地址都要变换成物理地址。设程序在内存的起始物理地址为 2000,现在相对地址为 0 的变换成物理地址 2000,相对地址为 100 的变换成物理地址 2100,相关地址为 600 的变换成物理地址 2600,相关地址为 999 的变换成物理地址 2999。

静态地址变换的优点是不需要硬件支持。其缺点:一是把逻辑地址转换成物理地址后,地址是固定的,所以经过地址变换后程序不能在内存中挪动;二是对存储空间要求是连续的;三是难以做到程序和数据的共享。

因此,使用静态地址变换无法实现虚拟存储器管理。

2. 动态地址变换

动态地址变换也是完成地址的重定位工作。但它与静态地址变换不同的是:静态地址变换是在程序执行之前完成了地址变换工作;而动态地址变换是程序在执行过程中,处理机在访问内存单元之前,就把要访问的程序和数据逻辑地址变换成物理地址。动态地址变换方式在装入程序过程中,它并不需要对程序中的地址做任何修改,但在程序的执行过程中,由硬件地址变换机构实现逻辑地址到物理地址的转换。最简单的硬件机构是一个重定位寄存器。图 7-2 给出了利用重定位寄存器实现动态地址变换的过程。

当某个进程取得了处理机的控制权时,操作系统将该程序在主存的起始地址送到重定位寄存器中,在该进程的整个运行过程中,每次访问存储器时,重定位寄存器的内容将自动地与逻辑地址相加,形成访问程序或数据的物理地址。动态地址变换的过程如图 7-2 所示。

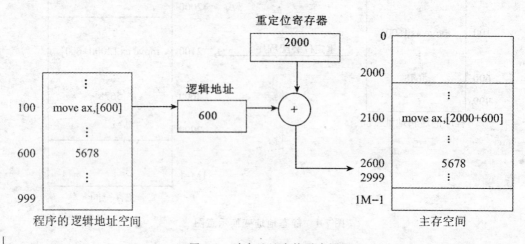

图 7-2 动态地址变换示意图

(1)将程序模块装入内存,且将其在存储区的首地址送到重定位寄存器中。

例如,将 2000 送到重定位寄存器中。

(2)当程序执行到 2100 号单元处的指令时,将所要访问的逻辑地址(600)和重定位寄存器的内容(2000)相加,形成实际要访问的物理地址(2600)。

动态地址变换的主要优点是:

(1)可实现对主存中非连续的存储空间的分配。对同一个进程各分散的程序段而言,只要把这些程序段在内存中的首地址登记下来,当需要进行地址变换时,经地址变换机构处理之后便可得到访问内存的正确地址。

（2）为虚拟存储器的实现打下了基础，因为动态地址变换不需要在进程运行之前为其所有的程序段和数据段分配内存。当进程执行时，一旦遇到所需的程序段或数据段不在内存时，可从外存中将这些程序段或数据段调入内存。因此，动态地址变换可以部分地、动态地分配存储空间。

7.3 存储器的分区存储管理

分区存储管理是满足多道程序设计的最简单的存储技术，系统把主存储器划分成若干大小不等的区域，除操作系统占用一个区域之外，其余的由多道程序环境下的各并发进程共享，每个进程分配一个分区。

根据分区方式的不同，又可进一步划分成固定式分区和动态分区。

7.3.1 固定式分区存储管理

固定式分区存储管理技术的基本概念是把主存分成若干个固定大小的存储区，区域的大小通常由系统操作员或操作系统决定。每个存储区分给一个进程使用，直到该进程结束才把该存储区归还给系统。

为了实现系统对内存的管理和控制，通常将这些分区按其大小进行排序，并建立一个数据结构——分区表，其内容包含分区号、分区大小、起始地址和状态（是否分配）。分区表在对内存的分配、释放、存储保护和地址变换等方面都起到很重要的作用。图7-3给出了固定式分区管理的分区表和进程在相应内存中的情况。

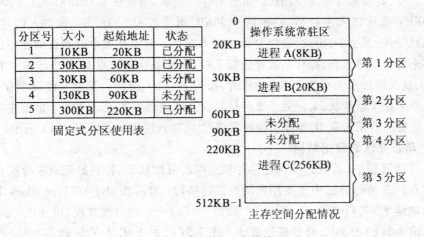

图 7-3 固定式分区存储管理

固定式分区是多道程序的存储管理方式，它只需要极少量的操作系统开销，适合于程序的大小比较固定及程序道数较少的系统。固定式分区的不足之处是：由于分区的大小是固定的,分区之后出现了碎片(剩下的空闲部分)现象,不便其他程序使用,因此造成了空间的浪费,导致对内存的利用率不高。如图7-3所示,若有一道大小为140KB的程序需要进入内存运行,虽然系统中还有216KB的空闲区域,即使还有2个未分配区域,但也不能满足其需要,故该程序无法进入内存运行。

7.3.2 动态分区存储管理

1. 动态分区的特点

由于固定式分区的大小是固定的,经常会出现浪费内存空间的现象。为了充分利用主存空间,把对内存空间的浪费程度降到最小范围内,所以就出现了动态分区的管理技术。所谓动态分区是指主存事先并未划分成一块块区域,而是在进程进入主存时,系统将按该进程的大小建立分区,分给进程使用。这种动态分区的特点是:

首先,分区的个数是可变的,同时每个分区的大小也是不固定的。在系统初启时,整个主存除操作系统区以外的其余主存区可以看成是整个区域。随着进程一个个被调入主存运行,并且分给它们一个相当于进程大小的主存区使用,直到进程结束后才释放出其所占的主存区域。由于各进程的大小和完成的时间各不相同,这样经过一段时间之后,主存就由原来一个完整的区域分成了多个大小不等的分区,这些分区中有些被进程占据使用,有些分区却是空闲的。这些空闲分区有时称为空闲分区或碎片。

其次,主存中分布着个数和大小都是变化的空闲分区,这些分区有些可能相当大,有些相当小,可能会导致主存的利用率随之显著下降。

例如,图7-4给出了一个1MB的主存。系统初启时,除了操作系统的常驻区128KB之外,其余部分均为空闲区。如图7-4(a)所示,当进程A(310KB),B(200KB),C(350KB)依次进入主存后,空闲区为36KB,当进程D(128KB)欲进入内存时,因36KB的空闲区太小了,因此,进程D无法进入内存。假定在某个时刻存储器中的3个进程都未处于就绪状态,操作系统将进程B换出,准备换入进程D,但由于进程D比进程B小,这又增加了大小为72KB的碎片,如图7-4(b)所示。随后又假设主存中的3个进程都未处于就绪状态,但处于就绪挂起状态的进程B可进入主存。由于主存中没有足够的空间容纳进程B,操作系统换出进程A,换入进程B,如图7-4(c)所示。

2. 动态分区的数据结构

在存储管理中,其数据结构记录存储空间的分配状态,特别是记录未分配自由空间的状态。在动态分区中主要用到两种数据结构:自由块表FBT(Free Block Table)和自由块链FBC(Free Block Chain)。如图7-5(a)所示的分配情况,可用图7-5(b)的FBT和图7-5(c)的FBC分别进行描述。图7-5(c)的FBC是双向链表结构,其特点是:从空闲块本身的首尾端分别取出两个字,其中一个字作为大小域,用于记录本空闲块的大小(含首尾4个字);另一个字作为指针域,用于指向前一个空闲块或下一个空闲块的始地址。根据实际需要,空闲块链表可以采用单链表、循环链表、双向链表和基于异或运算的对称表。FBC的技巧在于:它是利用空闲块本身的空间实现空

第七章 存储器管理

图 7-4 动态分区示意图

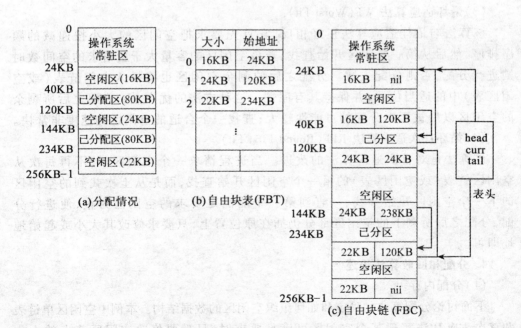

图 7-5 分配状态的数据结构

闲块的组织。当一空闲块分配时,用于链接前后两个空闲块的字也一起随之分配,这就不需要额外的存储空间开销。

3. 动态分区的算法

在动态分区存储管理中,有4种基本的存储分配算法。

(1)首次适应算法 FF(First Fit)。

该算法可在上述数据结构上实施,但要求将空闲区的起始地址进行排序(升序或降序)。在分配存储空间时,系统总是从头开始查找,一直找到与某一进程大小符合的空闲区为止。然后,系统将该进程装入到该空闲区中。对余下的空闲区仍留在相应的数据结构中,系统也会及时地修改剩余空闲区的大小或起始地址。

该算法的特点是:它倾向于优先利用内存的低(或高)地址部分的空闲区。其缺点是:随着分配次数的增加,那些不便利用的、很小的空闲区域也会相应地增加;另外,每次查找可用空闲区,无疑会增加时间上的开销。

(2)最佳适应算法 BF(Best Fit)。

该算法首先要求把空闲区的大小按从小到大的顺序进行排序,然后从表头开始查找,当遇到第一个满足要求的空闲区时便停止查找。如果请求长度小于该空闲区长度时,系统将减去请求长度后的剩余空闲区部分插入空闲链表(或空闲区表)中的适当位置,并保持其有序性。最佳适应算法的缺点是:空闲区一般不可能正好和请求的大小相等,分配之后的剩余部分可能非常小,以致以后无法使用。

(3)最坏适应算法 WF(Worst Fit)。

该算法与最佳适应算法正好相反,它首先要求把空闲区的大小按递减的顺序排序,然后从第一空闲区开始查找,若该空闲区的容量大于所请求的空间数时则进行分配,否则分配失败。分配之后的剩余空闲区也将插入空闲链表(或空闲区表)中的适当位置,并保持其有序性。这种方法的优点是:分配之后所剩余的空闲区以后被再次分配的可能性较大;查找一个合适的空闲区的速度非常快。

(4)循环首次适应算法 RFF(Round First Fit)。

该算法是对首次适应算法的改进。当进程请求一个空闲区时,不再每次从空闲区链表(或空闲区表)的第一个空闲区开始查找,而是从上次找到的空闲区的下一个空闲区开始查找,一直到第一个能满足要求的空闲区为止,便进行分配,分配之后所剩下的空闲区部分仍插在原位置上,只要求修改其大小或起始地址即可。

4. 分配和回收算法描述

(1)分配内存。

下面讨论分配算法的确定和如何组织空闲区的数据结构。本例中空闲区单链表和首次适应算法实现某个空闲区可满足要求时,只需要修改空闲区节点的大小(size)域,而不需要修改指针。用类C语言描述其分配算法如下:

```
void cmalloc(node * head,int x)
  {
    node * p, * q, * t;
    p = head;
    while ( p→size( x && p! = nil )
       { q = p; p = p→link;}
    if( p! = nil )
       { p→size = p→size - x;
         if( p→size <= ε ) / * ε 为规定的阈值 * /
           { t = p; q→link = p→link;}
         else t = p + p →size - x;
       }
    else { t = 0; printf(" 本次无法分配 ！\n");}
    retun(t);
  }
```

(2)对内存的回收。

回收内存是分配内存的逆操作。完成基本操作的思路是：首先搜索是否有相邻的空闲区，如有则将两相邻的空闲区进行合并，使之成为一个较大的连续空闲区，然后修改有关的数据结构。回收内存分 4 种情况,如图 7-6 所示。

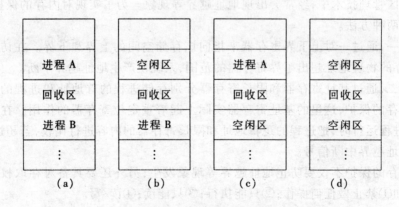

图 7-6　回收内存的 4 种情况

在图 7-6 中,除图 7-6(a)外,其余 3 种情况中的回收区均有空闲区与之相邻,应把回收区与原空闲区合并成一个更大的空闲区。

下面是回收释放内存的算法,用类 C 语言进行描述:

void cfree(node * head, * s) / * head 为空闲区链表的头指针,S 为释放区的指针 * /

```
  { node *p, *q;
    int n;
    p = head; n = s→size;
    while ( p! = nil &&p < s )
      {q = p; p = p→link;}
    if(q + q→size == s) && (s + n == p)     /*上、下均邻空闲区*/
      {q→link = p→link; q→size = q→size + p→size + n;}
    else if (s + n == p) /*下邻空闲区*/
      { s→link = p→link; q→link = s;
        s→size = p→size + n; free(p);
      }
    else if (q + q→size == s) /*上邻空闲区*/
        q→size = q→size + n;
    else {          /*上、下均不邻空闲区*/
      s→link = p;
      q→link = s;
```

5. 对内存的保护

在分区管理技术中，经常会出现地址越界等现象。为了实现对内存的保护，可以采用以下两种方法。

方法一，通过一对上下界寄存器来指向该存储空间的上界和下界。在访问主存时，若主存的物理地址超出了界寄存器的范围，系统便产生地址越界中断。

方法二，通过基址寄存器和限长寄存器分别存储进程的首地址和进程的长度来实现对内存的保护，这里的基址寄存器实际上起着重定位寄存器的作用。在处理过程中，当进程运行时，把进程的逻辑地址和限长寄存器的内容进行比较，若超过限长，则发出地址越界中断信号。

对内存的保护不仅要防止地址越界等现象发生，另外还要具备对存取权限的保护措施，如①禁止做任何操作；②只能执行；③只能读；④读/写。

7.3.3 碎片问题及拼接技术

分区存储管理技术的目的主要是为满足多道程序的需要而设计的。但在分区之后，系统还必须保证把一个进程装入到一个连续的内存空间内运行。这样一来就会存在一个非常严重的现象，那就是碎片(或零头)问题。这些碎片在内存中是没有充分利用的空闲区。从图 7-7(a)中可以看出，主存中虽然还有 66KB 的空闲区域，但它们已被分成了 3 块(26KB，10KB，30KB)。此时若有一个进程要求申请一个大小为

31KB 的连续空间,而系统不能满足其要求,解决这个问题的途径之一是采用拼接(紧缩或紧凑)技术。拼接技术是指移动内存中的某些已分配的区域,将离散的空闲区集中起来构成一个较大的空闲区。图 7-7(b) 给出了拼接之后的情况。但在实现拼接时,需要解决以下技术问题。

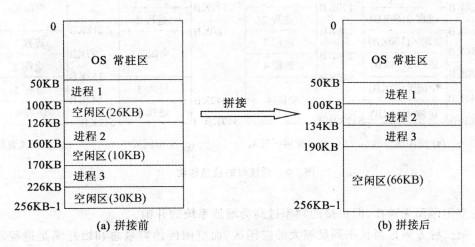

图 7-7 空闲区的拼接

第一个技术问题是如何拼接被移动进程在内存中的位置,这当中需要重定位技术来支持。重定位分静态地址变换方法和动态地址变换方法。如果系统采用的是静态地址变换方法,即在实现重定位时,它是在编译和装配时进行的,那么在运行过程中要移动进程的位置是不可能的,因此,采用静态地址变换方法不能实现对进程的拼接。显然只有通过动态地址变换法才能支持拼接。

第二个技术问题是在拼接过程中如何移动各进程的位置。用不同的方法来解决这个问题,将直接影响到在拼接过程中的信息移动量。图 7-8 用到了 3 种方法。首先,图 7-8(a) 给出了进程被移动之前的内存分配情况。

方法一如图 7-8(b) 所示。该方法为了使空闲区域集中到内存的高端位置,将移动进程 3、进程 4,使移动的信息量为 160KB。

方法二如图 7-8(c) 所示。该方法为了使空闲区域集中到内存的中间位置,将移动进程 3,使移动的信息量为 90KB。

方法三如图 7-8(d) 所示。该方法为了使空闲区域集中到内存的低端位置,将移动进程 1、进程 2、进程 3,使移动的信息量为 230KB。究竟是将空闲区集中地放在存储区的高、中、低位置,还与移动进程的信息量的大小、进程的个数及进程所在的位置有关,因此不能一概而论。

第三个技术问题是选择的拼接时机。下面提供 3 种可供选择拼接时机的方案:

第一种方案是在某个分区回收时立即进行拼接。这种方法虽然总是只有一个连

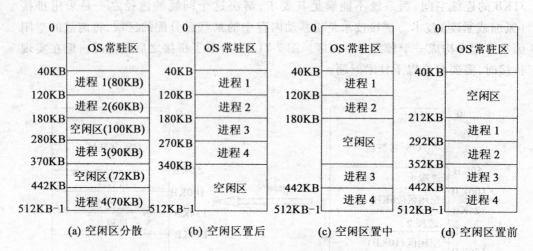

图 7-8 拼接时的信息移动

续的空闲区而无碎片,但拼接的频率过高会增加系统的开销。

第二种方案是当找不到足够大的空闲区,而空闲区的容量总和恰好满足进程需要时进行拼接。这种方案拼接的频率比第一种方案要小得多,但空闲区的管理稍复杂一点。

第三种方案是当找不到足够大的空闲区,若干个位置相对较近的空闲区的容量之和可以满足进程所需要的容量时,此时可将这若干个空闲区进行拼接。采用这种方案一方面可以避免大量的信息移动,另一方面又可以减少系统的开销。

在动态分区的管理技术中有时会出现这样的情况:即使对空闲区进行了拼接,但系统仍然没有挤出足够的空间可使某个进程调入内存运行。为了避免因拼接失败所浪费的处理机时间,系统将采取把处于等待的进程从中调出一个或多个到外存,从而留出足够的空间分给其他进程的措施。

拼接技术虽然可以解决碎片问题,但缺点是浪费处理机时间。在系统进行拼接时,不仅终止了其他工作,而且在移动大量的信息时还浪费了处理机时间。总之,当拼接带来的系统开销大于拼接所产生的效益时,那么这种拼接技术就没有多大的实用价值了。

7.4 存储器的分页存储管理

固定分区和动态分区的内存管理技术虽然都能为多道程序提供运行机制,但在分区过程中为了解决由分区后所产生的碎片问题,不论使用何种技术都会对存储器的利用率、系统资源的开销等带来不同程度的影响。为了寻找处理碎片问题的新途径,为了避免对进程在连续的存储空间运行的要求,人们试图寻找一种新的方法,那就是:允许进程存放在一个不连续的存储空间内,而又能保证进程能连续地运行。这样一来,不仅避免了对信息移动的工作,而且又可较好地解决碎片问题。分页存储管理就是基于这一思想提出来的。

7.4.1 分页存储管理的基本原理

在分页存储管理中,系统将把进程的逻辑(虚)地址空间分成若干大小相等的页(或页面)。与此相应,系统也将内存空间(实际内存)分成与页的大小相同的若干块,称为物理块或页框(frame)。内存被等分成块后,给每个块一个编号,编号从内存低地址区开始,一直到内存的高地址区止。如 0 块、1 块……n 块。同样,进程的逻辑地址空间被等分成页后,也给每个页赋予一个编号,编号从逻辑地址空间低地址区开始,一直到高地址区止。如 0 页、1 页……m 页。但要注意的是,当进程的最后一页不足一整页时,系统仍给该页面赋予一个页号。

1. 页表

进程分页后,系统就将进程的每一页分配到实际内存的一个物理块中。为此,系统在内存中建立了一张逻辑地址页与物理块的对照(映射)表,简称为页表(Page Table)。如图 7-9 所示。

在分页技术中,确定页面的大小对存储管理是十分重要的。但有些因素不得不考虑。如,若页面过大,在大到与进程的大小相差无几的情况下,其实质就接近了分区分配法,这样同样也会在页内增加碎片;若页面太小,会增加逻辑地址空间的页数,从而会因页表中的信息量过大而导致占用大量的内存空间,降低效率,不过减少了页内的碎片。因此,确定页面的大小要适中。根据实际经验,一般页面大小为 512B ~ 4KB 之间。

在把逻辑地址转换成物理地址的过程中,页表起着非常重要的作用。那么系统是如何存储页表的呢?一种是把页表存放在高速缓冲存储器中,其目的是提高地址变换的速度,但成本较高;另一种是把页表存放在主存的固定区域内,作为系统区的一部分进行管理。

2. 存储分块表

存储分块表(MBT)是用来记录各物理块的使用情况的,可以体现已分配的和未分配的物理块的总数。但对整个系统来说,在内存只能建立一张存储分块表。

构成存储分块表一般有两种方法:

第一种是位示图法。该方法是在内存中划分一块固定区域,用每个单元的每位二进制代表一个物理块号,初始时每个二进制位置为 0,如果某块已被分配,则将对应的二进制位置置 1。位示图的示例如图 7-10 所示。

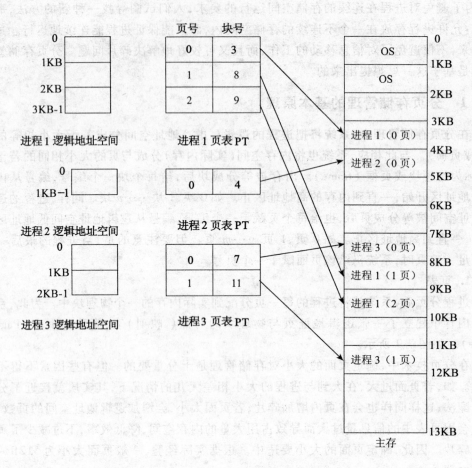

图 7-9 分页存储映射

7位	6位	5位	4位	3位	2位	1位	0位
0	1	1	1	1	1	0	0
1	1	1	0	0	1	1	1
1	0	1	0	1	0	0	1

图 7-10 位示图

位示图需要占用一部分的内存空间。例如，一内存区域中若划分了 1 024 个物理块号，如果内存单元长度为 8 位，则位示图需占用 128 个存储单元。

第二种是空闲块链接法。该方法是用单链表把所有的空闲块连接起来，并利用物理块中的空闲单元存放下一个空闲物理块的指针，因此不占用额外的存储空间。

3. 请求表

请求表是用来记录各进程的页表在内存中的物理位置,同时还记录每个页表的长度、状态等信息,其作用是进行内存分配和地址变换。在一张请求表内可以记录系统中所有进程的页表属性,如表 7-1 所示。

表 7-1　　　　　　　　　　　　　请求表

进程号	请求页面数	页表始址	页表长度	状态
1	20	1 024	20	已分配
2	10	1 044	10	已分配
3	10	1 054	10	已分配

7.4.2　存储空间的分配和回收

在分页存储技术中,分配和回收存储空间的工作是比较简单的。分配空间时,系统首先计算出进程所需的页面数,然后在请求表中登记进程号、请求的页面数等信息。若系统发现存储分块表中有足够的空闲块可供进程使用,则获取页表的始址,并在页表中登记页号及其对应的物理块号等信息,否则无法进行分配。回收空间时,系统只需更改位示图中相应的物理块的状态,改为未分配标志或将回收的块加入空闲存储块链表中,并释放相应的页表,修改请求表中的页表始址和状态。

7.4.3　地址变换机构

地址变换是将进程中的逻辑地址变换成内存空间中的物理地址,即将页号和页内相对地址一起变换成内存的物理地址。

1. 虚地址结构

按照分页存储管理的原理,进程的逻辑地址应理解为由页号和页内相对地址两部分组成。例如,当 CPU 给出的虚地址长度为 32 位,页面大小为 4KB 时,页号占用虚地址的高 20 位（12～31 位）,而页内相对地址占虚地址的低 12 位（0～11 位）。其虚地址结构如图 7-11 所示。

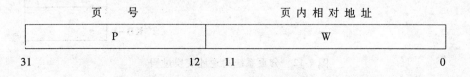

图 7-11　虚地址结构

2. 基本的地址变换

在分页技术中,系统中设置了一个页表寄存器 PTR(Page Table Register),它用来存放页表在内存的始址和页表的长度(页面数)。当调度程序运行某个进程时,系统就把该进程 PCB 中的页表始址和页表长度送到 PTR 中。

基本地址变换的最终目的是得到物理地址。求得物理地址的过程是:

第一步,通过逻辑地址求得页号和页内相对地址。

第二步,将页号与页表长度进行比较,如果页号大于或等于页表长度,则说明所访问的地址已超越进程的地址空间,此时产生越界中断。若未发生越界错误,则进行下一步。

第三步,将页表项长度与页号相乘,其乘积与页表项地址相加,便得到该表项在页表中的位置。

第四步,根据"位置"可从页表中得到该页对应的物理块号,将物理块号送入物理地址寄存器中;与此同时,再将页内相对地址直接送入物理地址寄存器的块内地址字段中,这样就得到了取数的物理地址,从而实现了由逻辑地址到物理地址的变换。

下面以图 7-12 为例来说明地址变换的过程。

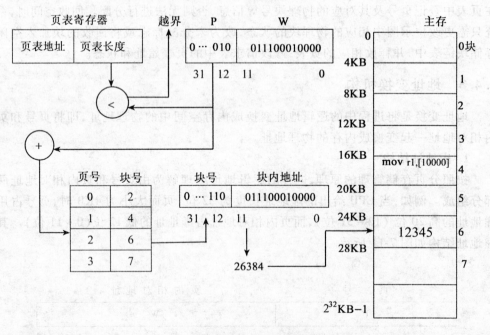

图 7-12 分页系统的地址变换过程

设某进程共有 4 个页面,每个页面的大小为 4KB;页号 0,1,2,3 与被分配到主存的物理块号 2,4,6,7 对应。假定逻辑地址 6000 处有一条取数指令"mov r1,[10000]",当指令要访问逻辑地址(10000)中的数据时,分页地址变换机构自动地将该逻辑地址分为页号(2)和页内相对地址(1808)两部分(注:十进制 10000 对应的二进制前 20 位是 0…010,后 12 位是 011100010000,它等于 1808),再以页号(2)为索引检索页表。查找操作由硬件完成。先将页号与页表长度进行比较,如果页号大于或等于页表长度,则说明所访问的地址已超越进程的地址空间,此时产生越界中断;若未发生越界错误(本例中页表长度为 4,页号为 2),则将页表始址与页号和页表项长度(本例中假设为 1)的乘积相加,便得到该表项在页表中的位置(2)。于是可从页表中得到该页对应的物理块号为 6,将 6 送入物理地址寄存器中,与此同时,再将页内地址直接送入物理地址寄存器的块内地址字段中,这样就得到了取数的物理地址 26384(4096×6+1808),从而实现了由逻辑地址到物理地址的变换。

3. 联想存储器

在地址变换过程中,由于页表全部存放在主存中,每当要存取一条指令(数据)时,首先是访问页表,通过页表找到指令(数据)对应的物理块号,把此物理块号与页内相对地址拼接,并形成存取数据的物理地址,然后通过物理地址实现存取数据的操作。由此可见,每存取一个数据无疑增加了访问内存的时间,而这个时间表现出成倍的增加,严重地影响了速度。下面介绍的两种方法是试图解决速度问题的。

第一种方法:在地址变换机构中增加一组高速缓冲寄存器用来保存页表。用高速缓冲寄存器来保存页表,这肯定会提高存取速度。但要注意的是,由于程序地址空间的大小与页表长度成正比,保存页表时需要大量的高速缓冲寄存器,造成经济成本较高,这对用户来说就不太合算了。

第二种方法:若在地址变换机构中增加一个具有并行查询的缓冲存储器,即"联想存储器(Associative Memory)"或"快表",则有可能会减少访问内存的时间而提高速度。联想存储器实现地址变换的思想是:

(1)在访问页表的同时实行对联想存储器的访问。

(2)当在联想存储器中查找到页号后,系统便立即停止对主存中的页表的查找操作。

(3)当在联想存储器中未找到页号时,系统则把找到的物理块号一并存入联想存储器的空闲单元中。注:若无空闲单元,通常会把某个页号淘汰掉,以便新的页号和块号加入联想存储器中。

(4)将物理块号与位移量形成物理地址。

图 7-13 给出了联想存储器的地址变换过程。

联想存储器一般由 8~32 个单元组成,这对小型进程而言,一般可将整个页表存入到其中;但对大型进程来说,仍只能存入页表的一部分。

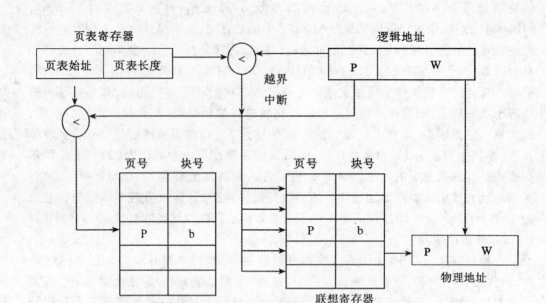

图 7-13 联想存储器的地址变换

7.4.4 多级页表

对一个具有 32 位逻辑地址的计算机来说,当页的大小为 4KB 时,其页的个数将达到 100 万个,而对 64 位逻辑地址空间那就需要更多的页了。假定页表中的每个页表项占用 4 个字节,对逻辑地址空间中的 100 万个表项的页表,则共需 4MB 的内存空间存放页表,并且每个进程都需要有自己的页表,这就需要更大的存储空间存储页表。

为了避免把庞大的页表始终放在内存中,许多计算机使用了多级页表。

多级页表的体现就是将逻辑地址中的页号进一步划分成若干部分,使每个部分也形成一个页表。图 7-14 所示的是一个逻辑地址为 32 位的二级虚地址结构。

一级页表	二级页表	页内相对地址
P1	P2	W
31 22	21 12	11 0

图 7-14 二级虚地址结构

二级页表是将页号 P 划分成 P1 和 P2 两个域,P1 和 P2 各为 10 位。P1 为第一级页号，它所对应的页表为一级页表。P2 为第二级页号，它所对应的页表为二级页表。P2 中可包含 210 个页表项，每个页表项可对应一个大小为 4KB 的物理块号。P1 中也包含了 210 个页表项，但每个页表项与大小为 4KB 的 P2 所在的物理块号相对应，即为二级页表的首地址。

7.5 存储器的分段管理

在前面介绍的几种存储管理技术中，用户进程的逻辑地址空间已被连接成一个一维的线性地址空间。但在许多实际系统中，一个源程序在编译过程中将形成许多表，如源代码、符号表、常数表、语法树和用于过程调用的堆栈。每种表格实际上是一个具有相对独立的、彼此分离的地址空间的实体，而且每个表在程序执行过程中都要动态增长。一个程序经编译后究竟要占用内存的多大存储空间，这对用户来说事先是根本无法知道的。这种特性和要求实际上是所有程序运行的共同特点。这种特性使得适合于分页技术的一维线性地址空间难以满足要求，至少分页技术无法使得其中某些部分(如数组和堆栈)可以任意伸缩。因此需要一种可以满足以上要求的存储管理机制，这种机制称为分段。

7.5.1 分段管理的原理

分段是按用户程序中的信息子集分成若干个段，如子程序、堆栈、数组或数据等。分段后，这些信息子集在逻辑上是一组意义相对完整的信息，但在每个段中包含的内容是同一类信息，它一般不会同时包含多种不同的内容。段和页是不同的，页是信息的物理单位，对程序员是不可见的；而段则是信息的逻辑单位，它具有完整的和相对独立的意义，对程序员或编译程序是可见的，并且为程序员组织程序和数据提供了方便。例如，在模块化程序设计中，程序或数据可能被划分成若干个大小不等的、具有独立逻辑意义的段。当一个用户程序经编译后，编译程序通常会产生许多种表格，每种表格就是一个段，其内容包括：

（1）供打印清单用的源正文；
（2）符号表(变量的名字和属性)；
（3）过程和函数的目标代码；
（4）语法树、程序的语法分析结果；
（5）编译程序内部过程调用使用的堆栈。

如图 7-15 所示。

当给每个段赋予了惟一的段号以后，连接装配程序便可以把所有的符号调用和符号访问变为对段号和段内位移量的访问，这样就把各相对独立的段组成了一个统一的二维逻辑空间。在分段管理下，一个进程的每一个分段必须分配在内存的一片连续的存储空间中，但整个程序不要求在内存中是连续的。由此可以看出，分段管理

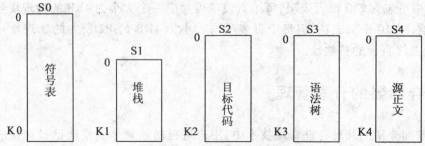

图 7-15 程序的二维地址空间

是分区管理的推广。

在分段存储管理中,每一个段都是有完整意义的逻辑信息单位,分段是不会影响程序设计的。整个程序的地址空间是二维形式的,其中一维指出段号(段首地址),另一维是段内位移量,即段号和段内位移量,如图 7-16 所示。

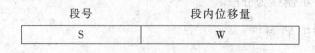

图 7-16 段式逻辑地址结构

分段管理有两种实施方案:

第一种是实存方案。该方案要求在进程开始执行之前将其全部分段都装入内存。

第二种是虚拟存储方案。该方案允许在进程执行之前只装入部分段的信息便可开始执行,随后在执行过程中动态地调入其所需要的段。

实存方案是固定模式,而虚拟存储方案是动态模式。在内、外存之间进行交换时,信息以段为单位进行。

7.5.2 分段存储管理的实现

实现分段管理内存空间是按进程中段的大小划分的,其方法是:将段地址的二维结构转换成内存的一维(线性)的物理地址。

1. 建立段表

系统为每个进程都建立一张段表 ST(Segment Table),用它来记录该进程各逻辑段的有关信息,其作用是实现动态地址变换和存取保护。通过段表可为执行中的进程查找每个段所对应的内存区。段表既可放在内存中,也可以存放在一组寄存器中。段表是在作业进入内存时建立的。段表的结构如表 7-2 所示。

表 7-2　　　　　　　　　　　段　　表

段号	特征	存取权限	访问	改变	增补	内存始址	外存始址	段长
0								
1								
...								
m − 1								

该表依照段号从小到大的顺序排列,并且包含了一个进程的全部段。段表中几个主要项目意义如下:

(1) 特征,表示所对应的段是否已装入内存。

(2) 段长,表示相应段的长度。

(3) 存取权限,用于对段的保护。其中 E 表示允许执行,R 表示允许读,W 表示允许写入。

(4) 访问,表示该段是否被访问过,作为交换时的参考。

(5) 改变,表示该段进入主存后是否修改过,作为交换和是否送入外存时参考。

(6) 增补,表示该段是否允许动态增加。

为便于查找,系统还为段表建立了一个段表寄存器,用来存放运行进程的段表始址和段表长度。该寄存器是公用的,整个系统只有一个,在该进程运行之前,系统从该进程的 PCB 表中取出相关信息并填入到段表寄存器中。

2. 动态地址变换

动态地址变换的基本思想是:通常在内存中开辟一个固定的区域用来存放段表(称 PCB),当执行某一进程时,系统将完成以下一系列的分析操作:

(1) 首先把该进程 PCB 中的段表始址和段表长度(SL)放入段表寄存器中。

(2) 通过访问段表寄存器,便可得到该进程的段表始址。

(3) 由逻辑地址中的段号 S 与段表长度 SL 进行比较:

若 S >= SL,便产生越界中断信号;否则进行下一个操作。

(4) 若该段在内存中,接下来判断其存取权限,如果存取权限正确,则从对应的段表项中取出该段在内存的起始地址。

(5) 紧接着检查段内地址 W 是否超过该段的长度,若超过则发出越界中断信号,否则未越界。

(6) 在未越界的情况下,将该段的起始地址与段内位移量 W 相加,便形成了所要访问的物理地址。

如果该段不在内存,则产生缺段中断,并将 CPU 控制权交给内存分配程序。内存分配程序首先检索空闲区链表,以找到足够长度的空闲区装入所需要的段。如果内存中的可用空闲区总数小于所要求的段长,则检查段表中访问位,以淘汰那些访问概率小的段并将需要的段调入内存。图 7-17 给出了分段的地址变换的过程。

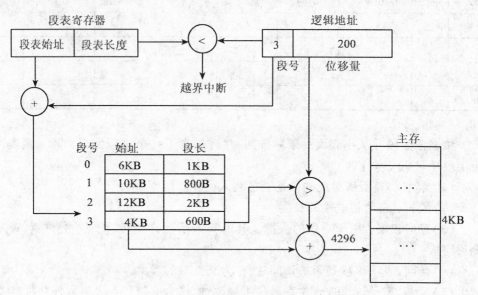

图 7-17 分段的地址变换过程

7.5.3 段的共享和保护

1. 段的共享

为了更有效地利用系统资源,最大限度地节省内存空间,应该尽量采用共享信息的手段。尤其是在被共享的程序和数据的个数和体积都在急剧增加,多窗口系统与支持工具流行的情况下,实现分段的共享更具有实际意义。这样,被共享的程序或数据段在内存中只保留一个副本,供多个用户使用。图 7-18 给出了一个段式系统中共享的例子。

不同的进程可以共享同一个分段,例如,进程 P_i 的 0 号逻辑段与进程 P_j 的 1 号逻辑段共享 s_i 段。分段共享看起来简单,实现起来却有很多具体问题。

首先,被共享的段既可以是程序段也可以是数据段。对数据段来说,各进程共享同一内存段不会产生什么问题;但对程序段而言,问题就比较明显了。例如,进程 P_i 要求以 0 号逻辑段共享 s_i 段,而进程 P_j 要求以 1 号逻辑段共享 s_i 段。此时,在 s_i 段中若有一条转移指令,那么此转移指令中的转移地址(以[s,w] 表示)中的段号 s 究竟是 0 还是 1 呢?解决办法是只允许共享者进程以相同的逻辑段号共享 s_i 段。

另外,当多个进程共享一个段时,对如何知道一个共享段是否存在,共享段在内存中的何处位置,多个进程(作业)与共享段的连接是在程序执行之前静态地进行

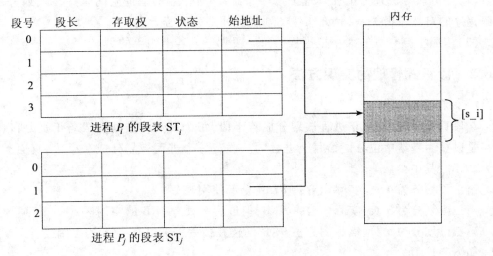

图 7-18 分段共享示例

还是在程序执行过程中动态地进行,在什么情况下一个共享段可以交换到辅存上去等,诸如这类问题,都值得研究并在实践中得到妥善地解决。

分段共享是以存取权限作为条件的。事实上,在分段管理技术中,对任何段(不管是共享段还是非共享段)的访问都要检验存取的权限,即检验访问类型和相应权限是否相符。若不相符则不允许访问,此时将产生保护性中断,由操作系统处理。

2. 段的保护

段的保护主要通过两种途径来实现:一种是地址越界保护法,另一种是存取方式控制保护法。前者是根据段表中的段长与逻辑地址中的段内相对地址进行比较。若段内相对地址大于段长,系统产生保护中断。但是,在允许段动态增长的系统中,段内相对地址大于段长是允许的。因此,段表中设置相应的增补位以指示该段是否允许动态增长。

7.6 段页式管理

为了继承分段管理在逻辑上的优点和分页管理在存储空间上的优点,采用分段和分页相结合的方法来管理地址空间和内存空间,即段页式存储管理。

7.6.1 段页式管理的基本思想

分页管理的特征是等分内存,分段管理的特征是满足程序和信息以及逻辑块的要求。为了发挥分段和分页的优点,将分段和分页两种方法结合起来使用,即把每个段看做一个虚拟存储器并对它进行分页,其基本思想是:

(1)用分段方法来分配和管理虚拟存储器,即对作业的地址空间采用段式划分,按照程序的自然逻辑关系,允许作业的地址空间划分成若干段。

(2)依照主存分页的大小把进程的每一段划分成若干相等的页。

7.6.2 段页式管理的实现方法

1. 内存分配

在段页式系统中,由于进程被划分成若干段,每个段又再被划分成若干页,所以内存是以页为基本单位分配给每个进程的。假定一个进程被划分成 3 个段,页面大小为 2KB。其中:

第一段划分为 4 页,实际内容占 8KB(全部使用);

第二段划分为 3 页,实际内容占 5KB,但最后一页有 1KB 的空闲区;

第三段划分为 5 页,实际内容占 9KB 同样在最后一页也有 1KB 的空闲区。

如图 7-19 所示。

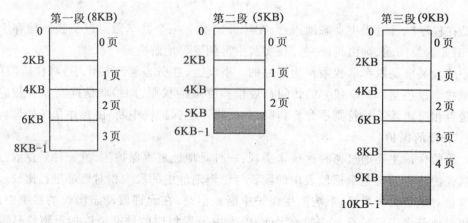

图 7-19 段页式管理内存分配示意图

2. 地址结构

段页式逻辑地址结构由 3 个域组成,即由段号域(S)、页号域(P)和页内地址域(W)。其形式如图 7-20 所示。

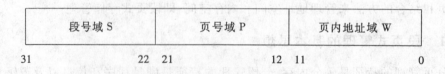

图 7-20 段页式逻辑地址结构

段号域 S、页号域 P 和页内地址域 W 这三部分各应占多少位,视机器不同而不同。如图 7-20 所示,一个进程最多可分 1KB 个段,每段最多可分 1KB 页,每页最多有 4KB 个字节。在段页式管理技术中,程序的分段一般由程序员或者编译程序根据信息的逻辑结构来划分,但是分页由系统自动进行。

3. 段表、页表和段表寄存器

系统为了把虚拟地址转换成实际地址,必须给每个进程建立一张段表、若干张页表。除此之外,系统内还需要一个段表控制寄存器来配合地址转换工作。

段表中给出了该段的页表在主存的起始位置,页表给出了该页在主存的块号,段表控制寄存器用来表示当前运行作业的段表在主存中的始址及段表长度,如图 7-21 所示。

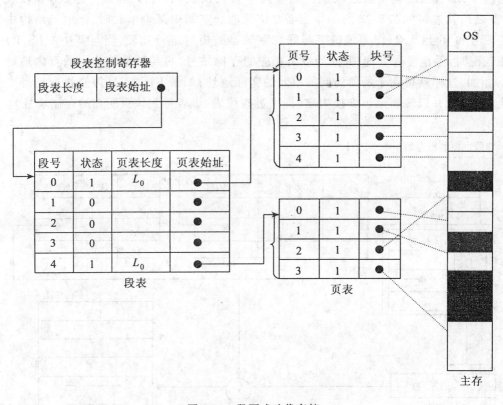

图 7-21 段页式映像存储

4. 地址变换

在主存中要访问一条指令或数据时,必须先经过地址变换,然后才能得到所需要的实际地址。地址变换步骤如下:

(1) 根据段表控制寄存器所提供的信息,查找段表在主存中的起始位置;

(2)根据段号访问段表,查找页表所在的位置;

(3)根据页号访问页表,查找该页所在的存储块号;

(4)将存储块号和地址结构中的页内地址进行直接拼接,从而可得到主存单元的物理地址;

(5)若链接中断位为"1",则发生链接中断(由操作系统完成链接过程)。

在上述过程中,存取信息发生了3次对主存的访问,即访问段表、访问页表和根据物理地址进行存取信息。不言而喻,在主存中要访问一条指令或数据时就要对主存进行3次访问,这显然大大降低了程序的执行速度。为此,若采用由快速寄存器构成的联想存储器来加速查表过程,这将有效地提高程序的执行速度。

若把当前最常用的一些段的段号(S)、页号(P)及相应的主存块号保存在联想存储器中,那么系统就可通过联想存储器同时查找快表(由 S,P 和块号组成)和段表(慢表),其过程如图 7-22 所示。当需要访问地址空间中某个单元时,把地址结构中的段号和页号(S,P)作为关键字与联想存储器的内容进行比较,当与其中的(S,P)相匹配时,停止慢表查询,并立即取出相应的存储块号,再与地址结构中的页内地址 W 相加,这样就得到了所要访问的单元的实际地址;如果不匹配,则停止快速地址变换(快表),并以慢表地址变换为准(即通过查段表、页表得到该页所在的存储块号)。

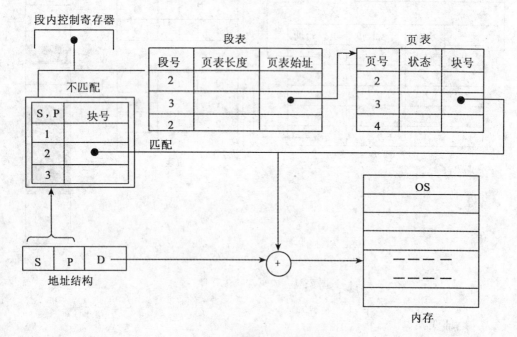

图 7-22 段页式地址变换

小 结

本章主要介绍了各种常用的存储器管理方法,它们分别是分区管理、分页管理、分段管理和段页式管理。

计算机的内存储器是比较昂贵的资源,如何有效地利用将对系统性能产生很大的影响。概括地说,存储器具有 4 大管理功能:合理地分配内存、对内存中的信息进行保护、完成从虚地址到实地址的转换并进行对主存的扩充。

本章中介绍的 4 种管理方式中,地址转换是一项很重要的工作,它们将用不同的方法实现把逻辑地址转换成物理地址。在此,有必要进一步理解两者之间的差别。从用户的角度来说,源程序所限定的地址范围叫做符号名空间;从编译程序的角度来说,当编译程序把源程序翻译成目标程序之后,目标程序所存在的空间叫做地址空间,地址空间中的地址都是逻辑地址,也是相对地址,它是以"0"开始的;从主存储器的角度来说,主存储器中的存储单元的集合叫做物理空间,存储单元的编号叫做物理地址,也是绝对地址。

当把一个地址空间中的进程装入主存空间时,不可能装入主存的从"0"开始的实际物理地址中,这就要修改程序中与地址有关的代码,这一过程称为地址重定位。按照重定位的时间,可以分为静态重定位和动态重定位。静态重定位是在程序执行之前,由装配程序完成的,它根据装配模块将要装入的内存起始地址,直接修改装配模块中的有关使用地址的指令,即静态完成重定位工作。动态重定位是指在程序执行过程中才进行的对有关地址部分的调整,即在每次访问内存单元时才进行地址变换,它是借助硬件的重定位寄存器来完成的。表 7-3 给出了各种管理方式下的重定位和地址转换方法。

表 7-3 各种管理方式下的重定位和地址转换方法

管 理 方 法	重定位方式	地 址 转 换 方 法
一个分区存储管理	静态重定位	地址转换由操作系统中的装入程序在程序装入时一次性完成 绝对地址 = 逻辑地址 + 界限地址
固定分区存储管理	静态重定位	地址转换由操作系统中的装入程序在程序装入时一次性完成 绝对地址 = 逻辑地址 + 分区始址
可变分区存储管理	动态重定位	地址转换由地址转换机构完成 绝对地址 = 逻辑地址 + 基地址寄存器的值
分页存储管理	动态重定位	操作系统为每个进程建立一张页表 绝对地址 = 块号 × 块长 + 页内地址(位移)

续表

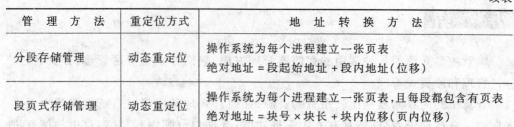

习 题 七

7.1 存储管理的对象和任务是什么？

7.2 什么是逻辑地址？什么是物理地址？为什么要将逻辑地址转换成物理地址？

7.3 什么是动态地址重定位？请画出动态地址重定位的过程（数据自定）。

7.4 在动态分区管理中，地址变换需要哪些硬件支持？

7.5 在各种存储管理方案中，各方案中有哪些存储保护措施？

7.6 设有 8 页的逻辑地址空间，每页有 1 024 字节，它们被映射到 32 块的物理存储区中，问：

（1）逻辑地址应占多少位？

（2）物理地址应占多少位？

7.7 为什么利用分段技术共享可再入的模块比单纯利用分页方法更容易？

7.8 为什么在一个动态链接分段系统中，进程之间可以共享的段不必有相同的段号？

7.9 在某分页管理系统中，内存总容量为 576KB，平均每个进程占用 32KB。若页表每行总使用一个单元，试求：

（1）最佳页面尺寸；

（2）支持分页管理总的空间开销。

7.10 设某系统采用分页存储管理技术，页长为 1KB，程序地址长 16 位，物理内存地址长 16 位。作业 A 的三个页面 0,1,2 被分配到内存的 3,6,8 块中。该作业运行时，它的页表内存首址为 M。将该程序中为 (1030)10 的地址转换成内存的物理地址，并用图画出地址映射过程。

7.11 在分段管理中，用类 C 语言编写出回收一个分段的算法。

7.12 为什么要引入段页式管理？画图说明段页式管理系统中地址转换过程。

7.13 分页存储管理中的一个虚地址 a 相当于一对 pw 时，其中 p 是页号，w 是页内位移量。

令 z 是一页的长度,请给出 p 和 w 关于 z 和 a 的函数。

7.14 设在分段存储管理中,内存的总容量为 256KB,空块的平均大小为 16KB,已分配块的平均大小为 24KB,试求在分配动态平衡下内存空间的利用率。

7.15 试叙述分页系统和分段系统的主要区别。

第八章 虚拟存储器

【学习目标】

了解计算机虚拟存储器的特性及其管理方法；

熟悉虚拟存储器的基本原理；

掌握虚拟存储器技术的基本概念、页面置换算法、请求分(页/段)管理的实现原理。

【学习重点、难点】

虚拟存储器技术的基本概念，局部性原理，虚拟存储器的基本原理，请求分页存储管理。如果第七章介绍的各种存储管理方法是力图达到近100%地利用主存，那么，虚拟存储器技术则是，如何从逻辑上能超过100%的利用率，这是本章的重点。

8.1 虚拟存储器概述

第七章讨论的许多存储器管理方法所追求的一个共同目标是：存储器能够同时允许多个进程存在，从而实现多道程序设计。这些方法有一个共同的特点：要求整个进程在执行之前应全部装入内存中，而且，如果有必要，可在内存和外存之间进行对换，但必须以整体为单位，即要么进程的全部程序都在内存，要么其全部程序都在外存。随着计算机解决的问题越来越复杂、越来越多，需要相当大的主存容量，于是，就出现了如下问题：

（1）进程要求的内存空间超过了主存容量，导致进程无法运行；

（2）减少内存中程序的数量，可能会导致系统性能下降。

如果从物理上增加主存容量，不仅会受到机器自身的限制，而且也会增加系统成本。虚拟存储器技术就是为了解决上述问题而产生的。这种技术不仅允许执行进程的某些部分可以不在内存，而且还允许用户程序可以比物理存储器的容量大。这就从逻辑上扩充了主存容量，有效地解决了上述两个问题。

8.1.1 虚拟存储器的基本原理

虚拟存储器以透明方式，为用户提供了一个比实际内存大得多的虚拟地址空间，它不是任何实际的物理存储器，而是一个容量非常大的存储器逻辑模型，用户可以用处理机提供的逻辑地址空间，访问虚拟存储器。

通常，程序运行之前都存放在外存中。如果一个程序需要运行，没有必要将其全部读入到内存,只需将当前需要运行的部分页面或段,读入内存,程序可以开始运行,整个程序仍保留在外存。在程序运行过程中,如果执行的指令或访问的数据所在的页(或段),尚未读入内存(称为缺页或缺段),则由处理机通知操作系统,将相应的页或段调入内存,然后,程序继续运行。随着程序的页(段)不断地调入内存,内存的空闲空间会逐步减少。如果此时内存已无空闲空间,或分配给该进程的物理块已用完,则操作系统利用置换功能,将内存中暂时不使用的页或段,调出至外存,腾出足够的空间,再将所要访问的页(段),调入内存,使程序得以继续运行。这样,一个大的程序,便可在较小的内存空间中运行;也可使内存中增加程序的道数,提高了进程的并发性。从用户的角度看,该系统具有的内存容量,可以为每个用户提供一个比实际内存空间大得多的逻辑空间,所以,人们把操作系统为用户提供的逻辑存储器称为虚拟存储器。

虚拟存储器的实质是,将程序的访问地址和内存的可用地址分离开来,为用户提供一个大于实际物理内存的虚拟存储空间,其逻辑容量为内存与外存容量之和。所谓虚拟存储器,是指具有请求调入功能和置换功能,能从逻辑上对内存容量加以扩充的一种存储器系统。有了虚拟存储器,用户可在较小的可用内存中运行较大的程序,并且可在内存中保留更多的进程,增强了进程的并发性。与覆盖技术相比较,虚拟存储技术不会影响编程时的程序结构,也就是说虚拟存储器对程序员是透明的。

为了实现虚地址到实地址的转换,必须由硬件动态重定位机构实现虚地址和实地址的映射关系。虚地址通常由处理机的寻址方式和指令格式决定,由处理机内部一些寄存器的某种组合来表达。因此,虚地址的字长与处理机内部数据总线的长度有关。处理机提供的虚地址仅用于程序员编程。实地址是由处理机直接驱动的,通常由计算机系统的地址总线长度来决定,用于完成对实际内存单元的访问。

8.1.2 虚拟存储器的理论基础

虚拟存储器技术的优点是很具有吸引力的,但这种技术是否可行呢?现代操作系统从理论和实践中证明了这种技术是行之有效的,而且已成为大多数操作系统的一个基本组成部分。虚拟存储器的理论根据是什么呢?众多学者的研究结果表明是局部性原理。所谓局部性原理是指程序在执行过程中的一个较短时间内,程序所执行的指令地址和操作数的地址分别局限于一定区域内,它表现为时间局部性和空间局部性两个方面。

局部性原理之所以是行之有效的,其根据是:

(1)程序执行时的顺序性。在大多数情况下,将要执行的指令都是紧跟在上一条指令之后的。许多学者不仅从程序设计语言(C,Pascal,Fortran),而且还从程序的类型(操作系统程序、CAD、科学计算、Web访问模式和学生上机程序等)方面进行了研究,其结论是:在一个进程的生命周期中,分支、转移和调用指令仅占执行语句中的一小部分,在大多数情况下,程序的执行是顺序的。

(2)程序中过程调用的深度,局限在一个很小范围内。因此在较短的时间内,指令执行局限在很少几个过程中,其深度一般不超过5层。

(3)程序中存在相当多的循环结构,而循环体仅由少量的指令组成,执行范围被限制在程序中一个很小的相邻区域内。

(4)在许多程序中,都涉及对数据结构的处理,如对数组的初始化、赋值等操作。在大多数情况下,往往局限在相邻的较小范围内。

局部性体现在如下两个方面:

(1)时间局部性,它是指一条指令的一次执行和下次执行、一个数据的一次访问和下次访问,都集中在一个较短时间内。例如,当执行一个循环操作时,处理机重复执行同一循环体内的指令的集合;对子程序的调用,对用于计数及求总和的变量的处理等,都集中在一个较短时间内。

(2)空间局部性,它是指当前执行的指令和将要执行的指令、当前访问的数据和将要访问的数据,都集中在一个较小的范围内,这反映了处理机顺序执行指令和访问数据的倾向。例如,程序的顺序执行、处理数据表格,程序员倾向于将相关的变量定义在相互靠近的地方存放(程序设计方法中也是这样要求的)等。

8.2 请求分页存储管理

请求分页存储管理与虚拟存储器密切相关,它是实现虚拟存储管理的重要方法之一,也是对静态分页存储管理方法的改进。其基本思想是:在进程开始执行之前,首先,从外存将进程的一部分装入内存,开始执行。在执行过程中,若发现所要访问的数据或指令不在内存,便由硬件产生缺页中断信息,动态地装入相应的页面。当内存无空闲块,或分配给该进程的物理块已用完,又有新的页面需要装入时,则根据某种置换算法,淘汰已在内存的某个页面,装入新的页面,进程继续运行。如此反复,直至进程运行结束。

由请求分页存储管理的思想可以看出,它是一种软件和硬件相结合的技术,因此,必须协调好软件和硬件之间的功能。要实现其功能,系统必须提供必要的硬件支持,其中最重要的是页表结构、缺页中断处理机构和地址变换机构。

8.2.1 页表结构

页表,是实现程序的逻辑地址转换成物理地址的一种数据结构。如果仍用静态分页的页表实现请求分页,显然是不合适的,因为请求分页的页表不仅要体现页面与物理块的对应关系,更重要的是,要能反映进程访问的页面是否在主存,发生缺页时,哪些页面可以被置换,在内存中的页面是否被修改过,被置换的页面应写到何处,需要调入的页面来自何处。要解决这些问题,就需要对静态页表的功能进行扩充,以满足请求分页的需要。扩充后的页表结构如图 8-1 所示。

| 页号 P | 物理块号 B | 页面存在位 S | 访问字段 R | 修改位 U | 外存地址 |

图 8-1 扩充后的页表结构

现对其中 4 个字段的含意说明如下：

（1）页面存在位 S，也称中断位，它用来标识该页是否在主存供程序访问时参考。例如，S=0 表示该页已在内存，S=1 表示该页不在内存，访问该页时便会产生缺页中断。

（2）访问字段 R，也称引用字段，表示该页自进入内存之后被访问过的次数。只要该页中的任一指令或数据被访问过一次，R 就加 1，也可用来记录最近以来已有多长时间未被访问过。R 中的值可作为选择被置换页面的参数。为了便于处理，实现时 R 也可用一位来表示。R=1 表示该页被访问过，R=0 表示该页未被访问过。

（3）修改位 U，用来标识该页自调入内存后是否被修改过。如果其中任何一条指令或数据被修改过，则 U 被置为 1，否则为 0。这一位不仅可作为被置换页面的参数，而且决定被置换页面是否应该写回到外存，由于内存中的每一页在外存都保留有其副本，因此，若未被修改，则置换该页时，不必将它写回到外存，以减少系统的开销；若已被修改，则置换该页时，必须将它写回到外存的原来位置上，确保外存中所保存的副本始终是最新的。

（4）外存地址，用来指示该页在外存的地址，供调出/写入该页时使用。

8.2.2　缺页中断处理

在请求分页系统中，每当进程所要访问的页面不在内存时，就会产生缺页中断，请求操作系统将所缺的页面调入内存。在任何情况下，缺页中断的处理时间主要包括：缺页中断处理、页面的调入（有时还包含调出）和进程的重新启动。处理缺页中断应注意以下几点：

（1）缺页中断的发生和处理，是在指令执行期间进行的。这是由缺页中断的特点所决定的，因为指令要处理的数据（或将要执行的指令）不在内存，所以缺页只可能发生在指令执行的过程中；一条指令未执行完毕，其他指令是不能执行的，所以只有等到缺页问题解决之后，这条指令才能继续执行。由此可见，缺页中断与一般中断的不同之处在于：一般的中断都是在 CPU 执行完一条指令后去检查中断源，若有，则响应中断；否则，继续执行下一条指令。

（2）一条指令在执行期间，可能产生多次缺页中断。产生这种现象的原因是，分页是按信息单位的物理大小划分的，而不是按信息单位的逻辑大小划分的。可能产生缺页中断次数的多少，由指令自身的特性决定。例如，指令 ADD A，B，其功能是：(A)+(B)→A，A，B 均为逻辑地址，这条指令在执行时可能产生 5 次缺页中断：指令本身可能跨两个页面，发生一次缺页中断，地址 A 和 B 中的数据可能各跨两个页面，共发生 4 次缺页中断。由于缺页中断涉及内存和外存之间的信息传送，其处理时间是很长的，多次缺页无疑会大大增加指令的执行时间，这是不容忽视的。

（3）发生缺页中断时，应保存指令执行时的中间结果。由于缺页中断是发生在指令执行过程中的，并且可能发生多次中断，如果等到中断全部处理完毕之后再重新执行这条指令，仅就指令的执行而言，它执行了两次，其执行时间增加了一倍。例如，有一条 3 地址的加法指令 ADD A，B，C，即，(A)+(B)→C，当 (A)+(B) 完成后，准备将运算结果送到地址 C 时，发现 C 所在的页面不在内存而产生缺页中断，等到将 C 所在的页面调入内存之后再重新执行这条指令,显然,这条指令执行了两次。为此,在处理缺页中断时,应保存指令执行过程中的中间结果,以便缺页中断处理完成之后,指令从发生中断的位置继续执行,以提高执行速度。解决这个问题需要硬件的支持,即设置一些暂存寄存器,保存指令已执行的结果,以便重新执行时可利用这些结果,不必再访问内存和进行算术运算等操作。

(4) 对新分配的物理块上锁,防止同一物理块分配给多个进程。这里所说的上锁,是指当进程发生缺页中断时,对该进程新分配到的物理块上锁。其目的是防止进程当前分配到的物理块又重新分配给其他进程,一旦进程重新获得运行,这个物理块就应开锁。现举例说明:假设进程 A 的第 5 个逻辑页面发生了缺页中断,系统处理中断时分配给进程 A 是 100#的物理块,为了提高 CPU 的利用率,进程 A 由运行状态进入了阻塞状态,进程调度程序从就绪队列中调入 B 进程运行。当系统正在向 A 进程的 100#块传送信息时,进程 B 也发生了缺页中断。设系统采用全局置换策略,那么 100#物理块可能会被置换而分配给 B 进程。这是因为 100#块是未被访问且未被修改的块,是最佳的置换对象。显然,这会导致同一物理块分配给了两个不同的进程,A 进程的操作无效,引发系统紊乱。为了防止发生此类现象,可将正在进行传输信息的物理块上锁,阻止置换和分配这类物理块。

上锁还可以用于就绪队列中的进程。设进程 A 是一个低优先级的进程,A 经缺页中断处理后进入了就绪队列,等待分配 CPU。当 A 在等待 CPU 期间,正在运行的高优先级进程 B 发生了缺页中断,系统采用全局置换策略,无疑,进程 A 刚刚分配到的物理块是最好的被置换对象。为了防止新调入的页面在未对其进行访问之前就被其他进程所置换,应采用上锁的策略加以防范。

通过前面的讲述可以看出,当选择一个页面进行置换时,其锁位不仅应置位,而且应一直保持到进程再次被调度为止,一旦进程被再次调度,其锁位应开锁,防止被上锁的块变成不可使用的块。

缺页中断处理是一个复杂的过程,几乎涉及操作系统的各部分:

(1) 首先缺页中断要经中断机构处理,把控制权交给操作系统。
(2) 调入页面,在有的系统中,还要经过文件系统。
(3) 信息传送要启动 I/O,涉及设备管理。
(4) 在等待页面传送时,CPU 要分配给其他进程,这属于 CPU 调度。
(5) 分配和页面置换应由存储管理来完成。

等等。

为了对缺页中断处理过程有一个完整的了解,现将它与地址变换一起讲述。

8.2.3 地址变换

在请求分页存储管理系统中,其地址变换过程类似于静态分页,当被访问的页面在内存时,则按静态分页管理地址变换过程进行地址变换。若访问的页面不在内存

第八章 虚拟存储器

时,则需采用软件和硬件相结合的措施实现地址变换。在地址变换过程中加进了缺页中断处理,有利于全面了解地址变换过程。缺页中断处理和地址变换过程如图8-2所示。下面仅说明地址变换的要点。

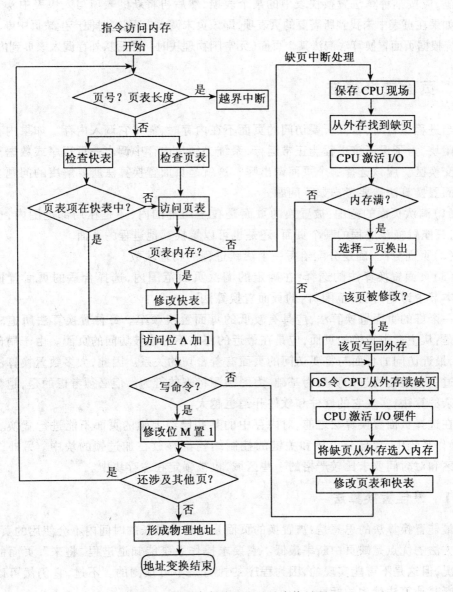

图 8-2 缺页中断处理和地址变换过程

(1)查找快表是并行进行的。由于查找快表是按内容并行比较进行的,所以其速度远远高于查找页表的速度,当快表中存在所需要的页表项时,便用快表中相应的块号与逻辑地址中的位移量一起,转换成物理地址,并修改页表项中的访问位。对写指令还要将修改位 U 置为 1。

（2）在页表中检索。仅当快表中没有找到所需的页表项时,处理机继续使用页号检索进程的页表。如果该页已在内存,此时应将此页的页表项写入快表中。若快表已满,应按某种算法置换快表中的某个表项,然后再将新的表项写入快表中。

如果在页表中未找到所需要的页表项,即该页未调入内存,这时便产生缺页中断。操作系统根据页面置换算法淘汰某个页面(无空闲物理块时),然后从外存调入该页到内存。

8.3 页面置换算法

当进程运行时,若其所要访问的页面不在内存时,需将它调入内存。如果内存中无空闲块,为了保证该进程能正常运行,系统必须从内存中调出一页程序或数据至外存的交换区。应该选择哪个页面调出呢?这就是页面置换算法所要解决的问题。研究页面置换算法需要考虑如下问题。

（1）淘汰页面的范围:被置换的页面是在全局范围内,还是在局部范围内,也就是说,只能置换该进程的某个页面,还是也可以置换其他进程的页面。

（2）页面分配:确定分配给每一个活跃进程的物理块数。

（3）页面置换算法的选择:在确定的淘汰页面范围内,选择合适的页面置换算法。本节中讨论"局部范围"内的页面置换算法。

一个好的页面置换算法,应具有较低的页面置换频率。每种置换算法所追求的目标是:从主存中置换的页面,应是在最近的将来不可能被访问的页面。由于局部性原理,最近访问的页面与将要访问的页面有着密切的关系。因此,大多数置换算法都是以过去已经使用过的页面为基础,力图预测将来的行为。但必须考虑的是,越精巧越复杂的算法,实现它的硬件和软件开销也越大。

在选择页面置换算法之前,对内存中的某些已经上锁的页面不能进行置换。例如,操作系统中,大部分内核和关键的控制结构都存放在加过锁的块中。另外,I/O 缓冲区和对时间要求比较严格的一些区域,也被锁定在主存块中。

8.3.1 最佳置换算法

最佳置换算法的思想是:被置换的页面是在将来最长的时间内不会使用的页面。这种方法的优点是缺页中断率最低。它要求操作系统能知道进程"将来"页面的使用情况,但这是不可能实现的,因为程序的执行是不可预测的。不过,它仍然可以作为判断其他算法优劣的标准。

下面举例说明。设分配给进程使用的物理块数为 3,其页面访问序列(或称页面引用串、页面走向)、缺页中断率次数的计算如图 8-3 所示。

时间 t	0	1	2	3	4	5	6	7	8	9	10	11	12
页面访问序列		1	2	3	4	1	2	5	1	2	3	4	5
M=3			1	1	1	1	1	1	1	1	①	3	3	3
				2	2	2	2	2	2	2	2	②	4	4
					③	4	4	④	5	5	5	5	5	5
缺页中断次数 F		+	+	+	+		+			+	+		

缺页中断次数为 7 次,缺页中断率为 $f = (7/12) \times 100\% \approx 58.3\%$。

图 8-3 最佳页面置换算法过程示例

8.3.2 先进先出(FIFO)置换算法

先进先出置换算法的思想是:置换调入内存时间最长的页面。通常在顺序结构程序中,最先进入内存的页面不再被访问的可能性最大。但是在实际中往往并不是这样的,因为经常会出现程序的某段或数据的某个区域,在进程的整个生命周期中,会被频繁访问,因而在 FIFO 算法中,这些页会被反复调入调出。这种算法实现起来也很简单,将分配给某一进程的物理块看做是一个循环缓冲区队列,设立一个替换指针,让它总是指向最先调入内存的页面。此页被调出,新页调入后,修改指针,继而指向当前最老的一页。仍用上面的页面访问序列,其页面置换情况如图 8-4 所示。

时间 t	0	1	2	3	4	5	6	7	8	9	10	11	12
页面访问序列		1	2	3	4	1	2	5	1	2	3	4	5
M=3		1	1	①	4	4	④	5	5	5	5	5	5
			2	2	②	1	1	1	1	①	3	3	3
				3	3	③	2	2	2	2	②	4	4
缺页中断次数 F		+	+	+	+	+	+	+			+	+	

缺页中断次数为 9 次,缺页中断率为 $f = (9/12) \times 100\% = 75\%$。

(a)

图 8-4 FIFO 页面置换算法过程示例

时间 t	0	1	2	3	4	5	6	7	8	9	10	11	12
页面访问序列		1	2	3	4	1	2	5	1	2	3	4	5
M=4		1	1	1	1	1	1	①	5	5	5	⑤	4	4
			2	2	2	2	2	②	1	1	1	①	5
				3	3	3	3	3	③	2	2	2	2
					4	4	4	4	4	④	3	3	3
缺页中断次数 F		+	+	+	+			+	+	+	+	+	+

缺页中断次数为 10 次,缺页中断率为 f=(10/12)×100% ≈ 83.3%。

(b)

图 8-4 FIFO 页面置换算法过程示例

虽然,FIFO 置换算法比较容易实现,但是它有可能产生页面异常现象。所谓页面异常,是指在相同的页面访问序列下,当一个进程分配的块数增多时,缺页中断率不但不下降,反而增加,如图 8-4(b)所示。产生这一现象的原因是,先进入内存的某些页面可能是今后经常要使用的页面,例如在程序中,可能要经常实施入栈出栈操作。

8.3.3 最近最久未使用(LRU)置换算法

LRU 置换算法的思想是:由于 FIFO 置换算法仅仅是根据页面进入内存的先后次序,未能考虑页面当前的使用情况,因而其性能较差。最近最久未使用置换算法,是根据页面进入内存后的使用情况计算的。其思想是:用最近的过去来估计最近的将来,选择最近最久未使用的页面予以淘汰,即淘汰最长时间未被使用的页面。这种方法考虑了程序的动态特性,并根据一个页面在执行过程中的使用情况推测将来的行为。根据局部性原理,在过去一段时间里不曾使用过的页面,在最近的将来被使用的可能性也不会大。因此,被选为淘汰的页面应是最近最久未曾访问过的页面。

下面以图 8-5 为例,说明 LRU 置换算法的页面置换过程。

对图 8-5(a)而言,分配给进程的物理块数为 3,缺页中断率 f 为 83%。对图 8-5(b)而言,分配给进程的物理块数为 4,缺页中断率为 67%。一般来说,LRU 算法不会出现页面异常现象。

时间 t	0	1	2	3	4	5	6	7	8	9	10	11	12
页面访问序列		4	3	2	1	4	3	5	4	3	2	1	5
$M=3$		4	4	④	1	1	①	5	5	⑤	2	2	2
			3	3	③	4	4	4	4	4	④	1	1
				2	2	②	3	3	3	3	3	③	5
缺页中断次数 F		+	+	+	+	+	+	+			+	+	+

缺页中断次数为10次,缺页中断率为 $f=(10/12)\times 100\% \approx 83.3\%$。

(a)

时间 t	0	1	2	3	4	5	6	7	8	9	10	11	12
页面访问序列		4	3	2	1	4	3	5	4	3	2	1	5
$M=4$		4	4	4	4	4	4	4	4	4	④	5	
			3	3	3	3	3	3	3	3	3	3	3
				2	2	2	②	5	5	5	⑤	1	1
						1	1	1	1	①	2	2	2
缺页中断次数 F		+	+	+	+					+	+	+	

缺页中断次数为8次,缺页中断率为 $f=(18/12)\times 100\% \approx 66.7\%$。

(b)

图 8-5 LRU 页面置换算法过程示例

LRU 算法是一种较好的页面置换算法,它对各种类型的程序都能适用。实际上,LRU 算法的性能接近于 OPT 策略,在理论上是可以实现的,但其代价很高,因为它需要系统提供较多的硬件支持。下面介绍几种实现 LRU 算法的方法。

1. 用软件方法仿真 LRU 算法

对进程在内存中的每个页面,建立一个对应的软件计数器,计数器的初值为0。当每次发生时钟中断时,首先,操作系统对内存中的页面访问位 R(其值为 0 或 1)进行扫描,然后,将计数器右移一位,再将 R 位的值加到计数器的最高位。实际上,这个计数器的内容反映了各个页面被访问的频繁程度。当发生页面故障中断时,计数器中值最小的页面即为被淘汰的页面。

下面通过一个例子来说明用软件方法仿真 LRU 算法的过程。假设某进程在内存中共有 6 个页面,其页号为 0~5,每个页面配置有一个 8 位的计数器,页 0 到页 5 的 R 位的值分别为 1,1,0,1,1,0。即在时钟周期 0 访问的页面为 0,1,3,4。对应的 6 个计数器在经过移位,并把 R 位加入其最高位后的值,如图 8-6(a)所示。图 8-6(b)~(e)分别是,1~4 个时钟周期后 6 个计数器的值。

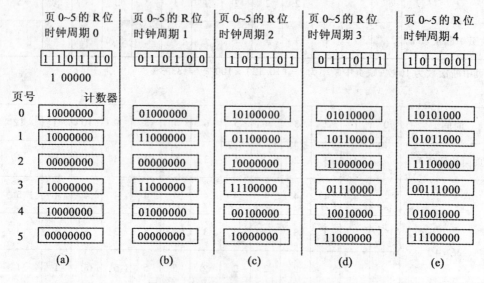

图 8-6　软件仿真 LRU 算法的示意图

当发生缺页中断时,将淘汰计数器值最小的页面,显然,页面 3 计数器中的值最小,应淘汰页面 3。这个算法虽然较好地仿真了 LRU 算法,但存在两个问题:一是当两个计数器中的值是相同的,且是最小的,若要淘汰其中的一页时,则只能选取其中一页淘汰之,这可能导致淘汰的页面马上又要被访问;二是计数器大小的设计,太大,会浪费存储空间和增加移位时间,太小,则难以精确地反映将被淘汰的页面一定是计数器中值最小的页面。

2. 用单链表实现 LRU 算法

用一个单链表保存当前进程所访问的各页面号,单链表中第一个节点所对应的页面是最近最少访问过的页面,最后一个节点所对应的页面总是最近访问过的页面。其实现思想是:

(1)当分配给进程的物理块数未用完时,则将进程装入内存的页面,按其先后顺序构成一个单链表。

(2)当进程所访问的页面已在内存时,则将该页面从单链表中移出,插入到其表的尾部,保证尾部总是最近访问的页面。

(3)当进程所访问的页面不在内存时,则发生缺页中断,这时应置换单链表中第一个节点所对应的页面,因为该页面是最近最少使用过的。如果该页面已修改过,则写回到外存,否则不必写入外存。然后从外存调入所需页面,装入其物理块中,并把第一个节点移出,插入到尾部,确保最近访问的页面总是在尾部。

下面举例说明。设分配给某进程4个物理块,访问页面序列号为:3,2,4,1,5,4,3,2,1,3,5,3,图8-7给出了LRU算法的全过程。

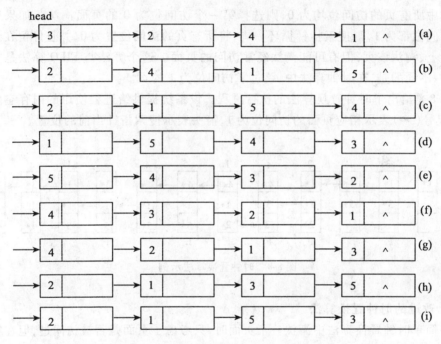

图8-7 用单链表实现LRU算法的过程

其中,图8-7(a)为进程访问的4个页面先后进入内存构成一个单链表。(b)为第5次访问的页面5,不在内存发生缺页中断,置换页面3,并将页面5插入尾部。(c)是第6次访问的页面4已在内存,从单链表中移出,插入尾部。(d)是第7次访问的页面3,不在内存发生缺页中断,置换页面2,并将页面3插入尾部。(i)是第12次访问的页面3,已在内存,从单链表中移出,插入尾部。共发生9次缺页中断,与其实际情况完全一致。

8.3.4 时钟置换算法

虽然LRU算法是一种比较好的置换算法,但是它的实现比较困难,而且增加了大量的系统开销。而FIFO算法实现简单,但性能较差。因此,在实际应用中,人们试图以较小的开销达到或接近 LRU 的性能。时钟置换算法就是用得较多的一种近似于 LRU 的算法。

1. 简单的时钟置换算法

在时钟置换算法中,为每页附加一个访问位 R,当某一页首次调入主存时,访问位 R 置为 0。已在内存中的所有页面用链接指针构成一个循环队列。当某页面被访问时,其访问位 R 置为 1。当发生缺页中断而需淘汰一页时,从搜索指针的一个位置开始,检查访问位 R,如果是 0,则淘汰该页换进新页,并将新页的访问位 R 置为 1;否则,将访问位置为 0,修改搜索指针使其指向下一页,继续进行检查。如果开始时循环队列中所有页的访问位均为 0,则选择第一个访问位为 0 的页面淘汰。如果所有页的访问位都为 1,则搜索指针循环一周,将所有页的访问位置为 0,并且停留在最初的位置上,淘汰该页,但有可能淘汰经常访问的页面。这个算法与 FIFO 算法是类似的,惟一不同的是,在时钟算法中,跳过了访问位为 1 的页。

图 8-8 给出了时钟置换算法的执行过程。设系统提供给进程使用的内存空间为 3 块,星号(∗)表示相应页面的访问位为 1,箭头表示搜索指针当前的位置。

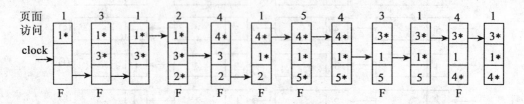

图 8-8 时钟置换算法示例

2. 改进的时钟置换算法

在简单时钟置换算法中淘汰一个页面时,只考虑了页面是否被访问过,但在实际应用中,还应该考虑被淘汰的页面是否被修改,因为淘汰修改过的页面还需要写回磁盘,其置换代价远远大于未修改过的页面。改进的时钟置换算法既考虑了页面的访问情况,又考虑了页面的修改情况。该页面的访问位为 R,修改位为 U,则 R 和 U 可以组合成如下 4 种类型的页面。

第一类:R=0,U=0。表示该页最近既未被访问,又未被修改,是最佳的淘汰页面。

第二类:R=0,U=1。表示该页最近未被访问,但已被修改,是较好的淘汰页面。

第三类:R=1,U=0。表示该页最近被访问,但未被修改,可能淘汰这类页面。

第四类:R=1,U=1。表示该页最近被访问且修改过,最好不淘汰这类页面。

内存中的所有页面必定属于这 4 类中的某一类。在进行页面置换时,必须同时检查访问位和修改位,尽可能地选择置换代价小的页面淘汰。

改进的时钟置换算法思想如下:

(1)从搜索指针的当前位置开始,扫描循环队列,查找 R=0 且 U=0 的页面,选择遇到的第一个这类页面进行淘汰。在本次扫描过程中,不修改访问位 R 的值。

(2)如果第一次扫描失败,则重新扫描循环队列,查找 R=0 且 U=1 的页面,选取所遇到的第一个这类页面作为淘汰页面。在第二次扫描过程中,将所有经过的页面的访问位 R 置为 0。

(3)如果第二次扫描失败,则将搜索指针返回到开始的位置,并将所有页面的访问位 R 置为 0,然后重复第一次扫描。如果仍未找到被淘汰的页面,则重复第二次扫描,这样必定能找到被淘汰的页面。

从上述执行过程可知,如果第一次扫描未能查找到最佳被淘汰的页面,再进行第二次扫描,查找最近未被访问过但被修改的页面,即使置换必须写回磁盘的页面,也是合理的,由局部性原理可知,不会很快访问这样的页面。

在 Macintosh 虚拟存储器中,使用了该算法。该算法与简单时钟算法相比较,可减少磁盘的 I/O 操作次数,但是为了查找到一个尽可能适合淘汰的页面,可能需要经过多次扫描,增加了算法本身的开销。另外,当所有页面的 R 和 U 位都为 1 时,则有可能淘汰最近经常访问的页面。

8.3.5 页面缓冲置换算法

虽然 LRU 和时钟置换算法都比 FIFO 算法的性能好,但是,这两种算法都比较复杂,而且开销也较大。此外还有一个重要问题,就是置换一个已修改过的页面,比置换未修改过的页面的开销要大得多。页面缓冲置换算法采用 FIFO 选择被置换的页面,它不仅改善了页面调度的性能,而且是一种较为简单的置换策略。

页面缓冲置换算法,利用了可变分配和局部置换的原理。如果被置换的页面未被修改,则将该页插入到空闲页面链表的末尾,否则,将其插入到已修改页面链表的末尾,此时页面在内存中不作物理上的移动,空闲页面和已修改页面仍保留在内存中。如果这些页面又被访问,只需要较小的开销,被访问的页面即可返还作为进程的页面。

空闲页面链表实际上是一个空闲物理块链表,其中的每个物理块都是空闲的。当发生页面中断需要调入新的页面时,首先,检索已被修改页面链表,该链表中是否有需要调入的新页面。如果存在,则从此链表中删除新页面对应的物理块,并插入到缺页进程的页面映像中;否则将新页面的内容读入到空闲页面链表的第一项所指的物理块中,然后将此物理块从空闲链表中删除,并将它加入到缺页进程页面映像表中。当空闲页面链表为空时,则将已修改页面链表中的若干个页面(即相应物理块)的内容一起写回到外存,然后再将它们加入到空闲页面链表中,这样就大大减少了 I/O 操作的次数,减少了系统开销。

Mach 操作系统中实现了一种更为简单的页面缓冲置换算法,它没有区分修改页和未修改页,而 VAX/VMS 操作系统采用了完善的页面缓冲置换算法。

8.4 页面分配算法和页面置换范围

8.4.1 进程正常运行所需的最少块数

在请求分页系统中给每个进程分配物理块时,应加一些限制。如果分配给每个进程的块数较多,虽然可以减少缺页中断率和增加有效存取时间,但是这会降低系统的并发性,导致系统的整体性能变差。另外,为了保证进程的正常运行,也应分配足够的物理块,否则进程将无法运行。一个进程正常运行所需的最少物理块数究竟是多少呢?这是由执行一条机器指令所涉及的页面数确定的,或者说,是由机器指令系统中涉及页面数最多的那类指令决定的。例如,对单地址且直接寻址的指令,则最多涉及 4 个页面,一条指令可能跨越 2 个页面,地址中存放的数据也可能涉及 2 个页面;对单地址间接寻址型指令,则最多涉及 6 个页面,其中指令可能涉及 2 个页面,i 地址涉及 2 个页面,数据涉及 2 个页面;类似地,双存储器地址型指令,每个地址又允许间接寻址,则最多需涉及 10 个页面。总之,一个进程所分得的页面数,至少应该保证一条指令能顺利执行,否则将会把大量时间花在页面置换上,使程序的执行速度大大降低。

8.4.2 页面分配算法

页面分配,是指按什么原则给活动进程分配物理块数。通常有如下 3 种分配算法。

1. 平均分配算法

这是一种最简单的分配算法,它将系统中所有的可供分配的物理块,平均分配给每个进程。需要注意的是,分配给每个进程的块数,是会随着系统中程序的道数变化而变化的。当程序的道数增加时,每个进程都将减少一些物理块;反之,随着进程的撤离,剩下的进程将会分得更多的物理块。

2. 按比例分配算法

这种方法是根据系统中每个进程的页面数,按比例分配物理块。设系统中有 n 个进程,进程 p_i 的页面数为 S_i,系统中可供分配的物理块数为 m,则系统中所有进程的页面数的总和 S 为:

$$S = \sum_{i=1}^{n} S_i$$

设进程 p_i 能分到的物理块数为 b_i,则有:

$$b_i = \left[\frac{S_i}{S} \times m\right]$$

特别要注意的是,若分配给某个进程的物理块数不能满足指令集中所要求的最小物理块数,则应减少系统中程序的道数,以便满足进程的正常运行。

3. 按优先级分配算法

无论是平均分配,还是按比例分配,对高优先级的进程和低优先级的进程是同等对待的。在实际应用中,为了满足不同性质进程的需要,应为高优先级的进程分配较多的物理块,以便加快这类进程的执行。按优先级分配算法,有如下两种方案:

第一种方案,将可供分配的物理块分成两部分,一部分按比例分配给每个进程;另一部分则根据进程的优先级,适当地增加物理块数。

第二种方案,根据系统中每个进程的页面数,按比例进行分配。当高优先级的进程发生缺页时,允许高优先级的进程从任何较低优先级的进程那里获取物理块,增加高优先级进程的物理块数。

8.4.3 页面的分配和置换范围

在 8.3 节已经讨论了几种在页面发生故障时,如何选择被淘汰页面的算法。与此相联系的一个重要问题是,如何在相互竞争的可运行进程之间,选择分配物理块的策略和置换页面的范围。这需要考虑以下几个因素:

(1)系统的并发性和吞吐量。如果分配给每个进程的物理块数越少,则驻留在内存中的进程数就越多,因而增强了系统的并发性和吞吐量。

(2)缺页中断率。如果一个进程在主存中页面数较少,尽管有局部性原理,缺页中断率仍然相对比较高。但是当分配给一个进程的物理块数超过一定数量(不包含全部)之后,同样由于局部性原理,给特定的进程分配更多的物理块,对减少该进程的缺页中断率没有明显影响。

基于这些因素,现代操作系统通常采用固定分配和可变分配两种策略,被置换页面的范围分为全局和局部两种。将分配策略和置换范围进行组合,可得出 4 种方式,但固定分配全局置换方式是不可能的,因此,有如下 3 种方式:

1. 固定分配局部置换

固定分配,是指为每一个进程分配一固定数量的物理块,其数量的多少是在进程创建时,根据进程的类型(交互、批处理或应用等),或根据程序员和系统管理员的建议,按照某种算法实现的,在进程的生命期内,都不再改变。当发生缺页中断时,操作系统只能从该进程(局部)在内存的页面中选择一页进行置换,然后再调入所需的页面。

这种方法有两个缺点:一是如果分配给进程的物理块太少,频繁地出现缺页中断,则导致整个多道程序系统运行缓慢,降低了系统的效率;二是如果分配给进程的物理块过多,则内存中驻留的进程数目较少,这可能会导致 CPU 空闲,或其他资源空闲的情况,而且在实现进程对换时,会花费大量的时间。

2. 可变分配全局置换

可变分配，是指分配给一个进程的物理块数，在该进程的生命期内是可以变化的。当一个进程的缺页中断率一直保持比较高时，说明分配给该进程的物理块数未能满足其局部性原理所需要的物理块数。这就要为它额外分配一些物理块，以减少缺页率；反过来，可以对那些不会明显增加缺页率的进程分配较少的物理块。

这种组织方式是为在内存的进程分配一定数量的物理块之后，将系统中余下的未分配的那些物理块组成一个空闲物理块队列。当某进程发生缺页时，由系统从空闲物理块队列中取出一物理块分配给该进程，并将所需的页面装入其中。因此，凡发生缺页的进程，便可从空闲物理块队列中获得物理块，其块数也随之增加，这有利于减少系统中的缺页总量。当空闲物理块队列为空时，操作系统必须选择一个当前位于主存的页面（除了那些被锁定的页面之外）进行置换，被置换的页面可以是任何一个进程（全局）的页面。显然，被置换的页面可能是经常要访问的，这将会引起缺页率增大，但是可以采用页面缓冲技术来解决这个问题。按照这种方法，选择哪一个页面淘汰都不重要，因为如果再访问那些被淘汰的页面时，只花费较小的开销便可将这些页面重新返回到相应进程的驻留集中。

由于可变分配全局置换易于实现，且可以减少缺页中断率，所以这种方法已被许多操作系统所采用。

3. 可变分配局部置换

这种方法试图克服全局置换中存在的问题，其原理是，当创建了一个新进程之后，根据程序的类型、程序员的要求或其他原则，给进程分配一定数量的物理块。当进程发生缺页时，则只能从该进程在内存的页面中选取一页进行置换，这样就不会影响其他进程的运行。为了使系统中的每个进程的缺页率比较均衡，操作系统要不断地重新评估缺页进程的分配情况，以提高整体性。如果在运行中频繁地发生缺页中断，则系统必须再为该进程分配若干物理块，直至进程的缺页率降低到适当程度为止。反之，若一个进程在运行过程中其缺页率特别低，则可适当减少分配给它的物理块，但是不应引起其缺页率明显增加。

在这种策略中，由于增加或减少进程的物理块是经操作系统评估完成的，因此它比简单的全局置换策略要复杂得多，但是它具有更好的性能。

8.5 请求分页系统性能分析

8.5.1 缺页率对有效访问时间的影响

请求分页对计算机系统的性能有着举足轻重的影响。为了说明这一点，引进有效存取时间 EAT（Effective Access Time）这一概念。所谓有效存取时间，是指访问存储器所需时间的平均值。在请求分页系统中，假设使用了"快表"以提高访问内存的

速度,则 CPU 访问内存所花费的时间由以下 3 个部分组成:

(1) 页面在"快表"时的存取时间,只需一个读写周期时间。

(2) 页面不在"快表"而在页表时的存取时间,需要 2 个读写周期时间。

(3) 页面既不在"快表",也不在页表时的缺页中断处理时间。

缺页中断处理时间,又由 3 部分组成:

(1) 缺页中断服务时间。

(2) 页面传送时间,包括:寻道时间、旋转时间和数据传送时间。如果需要置换页面,还应包括将内存的页面传送到外存的时间。在这里,仅仅考虑到设备的处理时间,如果有其他进程等待该设备(其他进程也引起了缺页中断),还必须考虑该进程在队列中等待设备为其服务的时间。

(3) 进程重新执行时间。

由于 CPU 速度很快,所以仅考虑页面传送时间。

设内存的读写周期为 m_a,缺页中断服务时间为 t_a,"快表"的命中率为 p,缺页中断率为 f,则有效存取时间可表示为:

$$EAT = p \cdot m_a + (1 - p - f) \cdot 2m_a + f \cdot t_a$$

举例说明。设 $p = 0.80, m_a = 100$ 纳秒,$t_a = 10$ 毫秒,则有:

$$EAT = 0.80 \times 0.1 + (1 - 0.80 - f) \times 2 \times 0.1 + 10 \times 1\,000f$$
$$= 0.12 + 9\,999.8f (\text{微秒})$$

如果要在 1 000 次存取中仅发生一次缺页中断,即 $f = 0.001$,则 EAT = 10.119 8 微秒。与没有缺页情况时的有效存取时间(0.12 微秒)相比,有效存取时间将会减缓近 84 倍。

工作集 WS(Working Set) 是由 Denning 提出并加以推广的。这一概念对虚拟存储器的设计具有深远的影响。所谓工作集,是指进程在执行过程中,从时间 t 开始的某段时间间隔 Δ 里,进程实际访问页面的集合。记为 $WS(t,\Delta)$。这里的时间间隔 Δ 是通过访问页面次数来度量的。从工作集的概念可以看出,在不同的时间间隔 Δ 里,进程所访问页面的集合一般说来是不相同的。为了使进程能有效地运行,减少缺页率,就必须使进程的工作集全部在内存中,否则就会频繁地出现缺页中断。由于程序的执行是随机的、不可预测的,因此进程的工作集也是在不断变化的,进程的下一个工作集可能完全不同于它的前一个工作集。不同的时刻进程所要访问的页面是无法预先知道的,所以只能利用程序在过去的某段时间内访问的页面作为程序在将来某段时间内访问页面的近似。

由工作集的定义,可得出如下几点结论:

(1) 工作集是一个关于时间的非递减二元函数 $WS(t,\Delta)$,即 $WS(t,\Delta) \subseteq WS(t, \Delta + 1)$。特别地,如果一个进程执行了 A 个时间单位,并且仅使用了一个页面,则有:

$$|WS(t,\Delta)| = 1$$

在这里,绝对值记号表示在 Δ 里所访问的不同的页面数。

(2)工作集的大小依赖于 Δ 的选择。如果 Δ 太小,则它不包含整个工作集;如果 Δ 太大,它可能覆盖了几个局部。特别是当 Δ 趋向无穷时,工作集就是整个程序,即工作集可以增长到和该进程的页面数 n 一样大,此时,失去了虚拟存储器的意义。于是有:

$$1 \leqslant |WS(t,\Delta)| \leqslant \min(\Delta, n)$$

(3)系统中所有进程的工作集之和应小于系统中可供分配的物理块数,否则就会产生抖动。这主要是因为某些进程未能分配到足够的物理块数而引起的。

由于工作集采用了局部性原理,所以许多分时系统都试图跟踪进程的工作集。工作集具有如下优点:

(1)提高内存的利用率。根据每个进程的工作集,周期性地移走进程中那些不在工作集中的页面,以便分配给其他进程使用。

(2)可以有效地防止抖动,并保证系统中具有尽可能多的程序道数,从而改善 CPU 的利用率。

(3)为进程的顺利执行提供了依据。只有当一个进程的工作集在主存时,才可以执行该进程,也就是说,只有当进程在主存的页面包含了它的工作集时才能执行。

8.5.2 抖动现象

1. 抖动产生的原因

在一个单 CPU 的计算机系统中,进程在多道程序环境下运行时,其 CPU 的利用率与程序的道数之间的关系如图 8-9 所示。

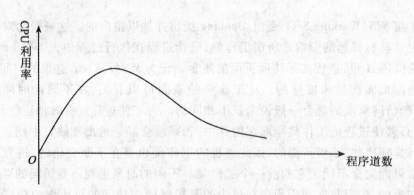

图 8-9 利用率与程序道数之间的关系

由图 8-9 中的曲线可以看出,开始时 CPU 的利用率随着程序道数的增加也随之提高,因为系统中的资源比较充分地满足了进程的需要。当系统中的进程数超过一定数量之后,将导致 CPU 的利用率急剧下降。这就是一种抖动(Thrashing)现象。所谓抖动是指,在具有虚拟存储器的计算机系统中,由于频繁的页面置换活动,使访问外存储器次数过多,从而引起的系统效率大大降低的一种现象。如果一个进程的页面置换耗费的时间多于执行时间,则称该进程是抖动的。由此可见,产生抖动的主要原因,是内存中进程数过多而引起的。

抖动现象分为局部抖动和全局抖动两种类型。局部抖动,是指进程采用局部置换策略,产生缺页时,只能置换自身拥有的某个页面,而不能置换其他进程的页面。一旦空闲物理块不够时,因置换算法不妥或页面访问序列异常,就会产生局部抖动。

全局抖动,是由进程之间的相互作用引起的,若进程采用的是全局置换策略,当一个进程发生缺页中断时,需从其他进程那里获取物理块(若系统没有可供分配的空闲物理块),然而这些进程在运行中也需要物理块时,因此也产生了缺页中断,并需要从其他进程那里获取物理块。如此下去,这些产生缺页中断的进程可能会因页面的频繁调入/调出而处于等待状态,以致就绪队列为空,从而使 CPU 的利用率降低。

2. 抖动的发现

由于抖动对进程和系统的执行有不利影响,它在发生之前会出现一些"征兆",利用这些"征兆"可以发现抖动,并加以防范。

(1)全局范围技术。

这种技术采用了图 8-8 中描述的时钟置换算法。用一个计数器 C,记录搜索指针扫描循环缓冲区的速度。如果 C 的值大于给定的上限阈值,这意味着缺页中断率太高,可能会引起抖动,或者找不到一个可被置换的页面。这时应采取措施,适当减少系统中程序的道数。

如果 C 的值小于给定的下限阈值,这表明系统中的缺页可能处于下述两种情况之一:

① 很少发生缺页中断,因为搜索指针向前移动较少,发生缺页中断的次数也就较少。

② 缓冲区中存在较多的可被置换的页面。搜索指针只需移动较少的页面即可找到被置换的页面,这意味着有许多页面没有被访问到,这些页面都可以马上被置换,或者能充分满足已在内存中进程所需的物理块。在这两种情况下,可以安全地增加程序的道数。

(2) $L = S$ 准则。

Denning 和他的同事于 1980 年提出了一种"$L = S$ 准则"。L 表示产生两次缺页之间的平均时间,S 表示系统处理一次缺页所需的平均时间。理论和实践证明,当 $L = S$ 时,CPU 的利用率达到最大值;当 $L \neq S$ 时,表明系统中频繁地出现缺页中断,CPU 的利用率很低,这会导致系统发生抖动。

(3)利用缺页率发现抖动。

缺页率与进程所分得的物理块数有着密切的关系。一般而言,页面置换算法的缺页率随着分配给进程的物理块数的增加而减少,但是这种减少不是线性的。当进程分配了较少物理块时,其缺页率会呈单调递增。缺页率与物理块数的关系如图 8-10 所示。

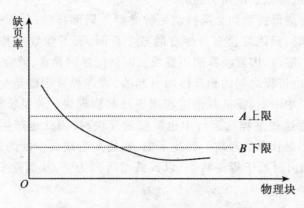

图 8-10　缺页率是分配的物理块的函数

缺页率 PFF(Page Fault Frequency)算法是一种更直接控制抖动的方法。虚线 A 对应着过高的缺页率,发生缺页的进程将会分配到更多的物理块,以减少缺页率;虚线 B 对应的是过低的缺页率,这意味着分配给进程的物理块太多了,可以收回一些物理块。PFF 算法试图把缺页率保持在一个合理的范围之内。

由于用工作集控制抖动在实现上有很多困难,采用 PFF 算法则易于实现。PFF 算法要求内存中的每一页附加一个使用位,当一页被访问时,使用位置为 1。设置一个页面引用计数器,当发生缺页中断时,操作系统便记下该进程从上一次缺页产生以来进程执行的时间。可以定义一个阈值 F,如果最近两次缺页的时间间隔小于 1,则分配一个物理块给该进程;否则淘汰所有使用位为 0 的页面,并相应地减少该进程在内存的页面,同时把该进程的剩余页的使用位重新置为 0。也可以通过使用两个阈值对该算法进行改进,上限阈值用来标识缺页率的上限值,当缺页率达到或超过上限阈值时,就应为该进程增加在内存的页面;下限阈值用来标识缺页率的下限值,当缺页率达到或小于下限阈值时,就应减少进程在内存的页面。PFF 算法有一个缺点:当进程由一个局部转移到另一个局部的过程中,在原局部中的页面未移出内存之前,连续的缺页会导致该进程在内存的页面迅速增加,产生对内存请求的高峰,进程的切换和交换开销将随之大量增加。

(4) 平均缺页频率。

利用平均缺页频率可以发现抖动。设 t_i 为两次缺页之间的间隔时间,f_i 为其缺页率,则有:

$$f_i = \frac{1}{t_i}$$

又设 F 为平均缺页率,则 F 为:

$$F = \frac{1}{n}\sum_{i=1}^{n}f_i \qquad (i = 1,2,\cdots,n)$$

当 F 大于系统中规定允许的缺页率时,说明系统中缺页率过高,有可能引起抖动。

3. 抖动的预防

前面介绍过,抖动分为全局(系统)抖动和局部(某个进程)抖动两种。全局抖动会对整个系统的性能有很大影响。局部抖动仅对某个进程的执行有影响。为了防止产生全局抖动,可以采用局部置换策略。当某进程发生缺页中断时,仅在自己的内存空间范围内置换页面,不允许置换其他进程的页面。这样,即使某个进程发生了抖动,也不会波及其他进程,能把抖动局限在一个较小的范围内。这种方法不一定很好,因为它不能从根本上防止抖动。特别是当系统中有多个进程发生抖动时,这些进程会长期处于调入/调出的等待队列中,使进程缺页中断的处理时间增加,影响整个系统的效率。

4. 抖动的解除

如果系统中程序的道数太多,系统就会发生抖动。可以采用一种简单易行的方法——挂起进程——解除抖动,将被挂起进程的内存空间分配给其他进程。那么应选择哪些进程挂起呢?下面给出了选择被挂起进程的6种条件。

(1)优先级最低的进程。符合进程调度原则,系统开销小。

(2)发生缺页中断的进程。其理由是:产生缺页中断的进程在内存中,页面可能不包含其工作集,因此挂起它,对系统的性能影响较小。另外,发生缺页中断的进程本来将会阻塞,并且不需要页面置换和 I/O 操作的开销。

(3)物理块数最小的进程。当这个进程重新装入时,开销最小。

(4)最后被激活的进程。这个进程的工作集最有可能还未在内存中。

(5)最大的进程。因为这样的进程拥有最多的内存空间,挂起它后所释放的空间可以满足较多进程的需要。

(6)剩余执行时间最长的进程。这有利于提高系统的吞吐量。究竟选择哪一种策略挂起进程,这取决于操作系统中正在运行进程的特性和操作系统的其他设计因素。

8.5.3 页面大小的选择

页面大小是设计操作系统时应考虑的重要问题之一,因为它涉及诸多因素:内部碎片、页表大小和页面失效率的高低等。选择最优的页面大小需要在几个互相矛盾的因素之间权衡其利弊。

(1)页内零头(或页内碎片)问题。设页面大小为 p 个字节,系统中有 n 个进程,则平均每个进程浪费 $p/2$ 个字节,共计浪费 $np/2$ 个字节。显然,页面越小,内部碎片越少,所以应选择较小的页面,以有利于提高内存的利用率,优化主存的使用。

（2）内外存之间的传输。内外存之间一般是一次传输一个页面，其大部分时间耗费在寻找磁道和旋转延迟时间上。当要传输同样数量的字节时，传输一个小的页面和传输一个大的页面的时间，基本上是相等的。例如：装入64个512个字节的程序可能需64×15毫秒的时间，而装入4个8KB字节同样大小的程序大约只需要44×25毫秒的时间，显然大的页面所需装入的时间较少。

（3）页表大小。对同一个进程而言，小的页面需要较大的页表，占用了较大的内存空间，对多道程序环境中的大程序，这意味着页表更长，必须将活动进程页表的某些部分存放在外存中，而不是在主存中。因此，对一次存储器的访问可能产生两次缺页中断：第一次是取进程所需的页表部分，第二次是访问进程的页（此处还未考虑访问页可能引起的多次中断）。

（4）页面大小对缺页发生概率的影响。一般而言，基于局部性原理，缺页率与页面大小的关系如图8-11所示。

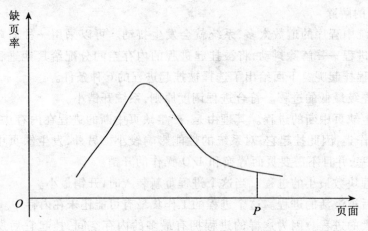

图 8-11　页面大小与缺页率的关系

当页面非常小时，每个进程在主存中有较多的页面。经过一段时间之后，主存中的页面都包含了该进程最近访问过的那部分页面。因此，缺页率较低。随着页面的增大，同一页中最近访问过的单元距当前访问的单元越来越远。因此，局部性原理的影响会逐渐被削弱，缺页率也随之增加。但是，当页面大小趋向整个进程的大小（图8-11中的P点）时，缺页率又开始下降，当整个进程只有一个页面时，便不会发生缺页中断。

（5）页面大小与主存大小的关系。当主存较大时，应用程序使用的地址空间也相应地增加。一般而言，主存较大其页面也较大。

（6）页面大小与程序设计技术和程序结构的关系。程序设计技术和程序结构可能会降低进程的局部性。例如，面向对象技术，鼓励使用许多小程序和数据模块，在相对较短的时间里,对它们的访问会分散在相对比较多的对象中;多线程的应用可能导致指令流的突然变化,对存储器的访问就会跨越多个页面。下面举一个程序结构对缺页影响的例子。

设页面大小为 128 个字节,有 1 个 128×128 的二维数组,将该数组初始化为 0,其程序片段为:

```
short int a [128][128];
for (j = 0;j <= 127;j ++)
    for (i = 0;i <= 127;i ++)
        a[i][j] = 0;
```

由于数组是以行为主顺序存储的,对于大小为 128 个字节的页面,每一行占用一个页面。上面的程序段是将每个页面中的一个字节置为 0,然后将每个页面中的另一个字节置为 0,如此下去,产生了 128×128 次的缺页中断。若将程序的结构改为:

```
short int a [128][128];
for(i = 0;i <= 127;i ++)
    for (j = 0;j <= 127;j ++)
        a[i][j] = 0;
```

这样,先将一个页面上的所有字节置为 0,然后再对下一个页面的所有字节置为 0,其缺页中断次数为 128。

仔细地选择数据结构和程序结构能够增加局部性,降低缺页中断率和减少工作集中的页面数。

(7) 页面大小与快表的关系。对一个给定大小的快表,为了保证进程正常运行,应增加其在内存的页面数。显然,这会导致访问快表的命中率下降。为了提高快表的命中率,可增大快表,而考虑成本等因素,不会增大快表。一种可行的方法就是增大页面,减少进程的页面数,使每个表项对应于更大的物理块。但是由前面的讨论可知,较大的页面可能会导致性能下降。

下面对页面大小的选择进行分析。设系统内每个进程的平均长度为 s,页面的大小为 p,每个页表项需 e 个字节,内存大小为 m。于是,整个内存可有 m/s 个进程,系统中共有 m/p 个页面,系统中的页表项共需 me/p 个字节。显然,每个进程所造成的内部碎片的平均大小为 $p/2$,总的内部碎片为 $(p/2^2)\cdot(m/s)$。在分页管理下空间总的额外开销为:

$$\frac{pm}{2s} + \frac{me}{p}$$

令

$$f(p) = \left(\frac{pm}{2s} + \frac{me}{p}\right)\cdot\frac{1}{m} = \frac{p}{2s} + \frac{e}{p}$$

现在对 p 求导数,得:

$$f(p) = \frac{e}{p^2} + \frac{1}{2s}$$

并令其等于0，

$$f'(p) = 0$$

有：

$$p = \sqrt{2es}$$

使 f 为最小值。

s 为进程的平均长度，当取 e 的大小为1时，表8-1给出了不同 s 所对应的在上述意义下的最佳值及其 f 值。

表8-1　　　　　　　　　不同 s 对应的最佳值及其 f 值

s	p	$f(\%)$
32B	8	25
128B	16	13
512B	32	6
2KB	64	3
8KB	128	1.6
32KB	256	0.8
128KB	512	0.4
512KB	1 024	0.2

当 $s=128\text{KB}, e=8\text{B}$ 时，p 为1 448个字节。考虑到其他因素（如磁盘的速度），在实际中 p 为1KB或2KB。现在大部分计算机内存使用的页面 p 的大小在512B~64KB之间。

为了能有效地解决页面大小的选择问题，现在有些计算机的硬件设计采用多种页面大小，如 MIPS R4000、Alpha、Pentium 等，以满足不同的需要。例如，一个进程的地址空间需要一大片连续的区域，如程序指令，可使用较大的页面，线程栈可使用较小的页面。另外，多种页面大小为有效地使用快表提供了很强的灵活性。但是，大多数商业操作系统仍然只支持一种页面大小，其原因是，页面大小影响操作系统的许多特征，多种页面大小的设计也是相当复杂的。表8-2给出页面大小的一些例子。

表8-2　　　　　　　　　页面大小

计算机	页面大小
Atlas	512个48位字
Honeywell-Multics	1 024个36位字
IBM AS/400	512字节

续表

计算机	页面大小
DEC Alpha	8KB 字节
MIPS	4KB ~ 16MB 字节
Ultra SPARC	8KB ~ 4MB 字节
Pentium	4KB ~ 4MB 字节
Power PC	4KB 字节

8.6 请求分段存储管理

请求分段存储管理是另一种实现虚拟存储器的方法。请求分段,允许程序员把存储器看成是由多个地址空间或段组成的,不必考虑主存空间的限制。一般而言,段的大小是不相等的,并且是动态的。

相对于不分段而言,分段具有如下优点:

(1)有利于对动态增长的数据结构的处理。在请求分段存储管理中,进程中某个数据结构的处理可能会发生变化,例如动态数组,这时操作系统可以扩大或缩小这个段。如果要扩大已在内存中的某个段,而该段所在的内存空间又不够时,这时操作系统就会把该段移到内存中的另一个合适的空闲区域;如果内存中没有合适的空闲区域,操作系统便将这个段换出,并在适当的时候将它换回。

(2)允许按段进行单独编译和修改。因为分段中的每个逻辑段的起始地址都是0,所以可对每个段进行单独编译。如果编译好之后的某个段需要修改,此时只需对该段进行重新编译,不会涉及程序中的其他段。在一维地址空间中,程序是一个整体序列,整个程序只有一个起始为0的地址,中间没有"空隙",如果是修改了其中的某处,就会涉及整个程序。

(3)有助于进程间的共享。程序员可以在段中放置一个实用程序,或有用的数据表,供其他进程访问。例如,可以把图形库放到一个单独的段中,供每个进程共享,不需要在每个进程的地址空间中都有一份。虽然在静态分页系统中也可以有共享库,但要复杂得多,并且这些系统实际上是通过模拟分段实现的。

(4)有利于实现保护。因为段是一个为程序所感知的逻辑实体,例如数组、堆栈等,故不同的段因功能而异可以实施不同的保护措施。

8.6.1 请求分段存储管理的实现原理

现对其中的某些字段意义说明如下。

(1)段的基址:表示该段在内存的起始物理地址。

(2)存取方式:实施对该段进行存取保护的方式。

(3)增补位:用来标识段在运行过程中是否进行过动态增加。

1. 段表结构

在请求分段存储管理中,为了实现地址变换、缺段处理、内外存交换等的需要,应对静态分段的段表进行扩充,以满足需要。段表的结构如图 8-12 所示。

段号	段的基址	段长	存取方式	访问字段 A	修改位 M	存在位 S	增补位	外存地址

图 8-12 段表的结构

(1)段的置换。在内存中,某个空闲区域的大小能满足所缺段的需要时,则将所缺段调入内存。在内存中,每个空闲区域的大小都不能满足所缺段的需要,而内存空闲区之和可以满足所缺段的需要时,则应将空闲区进行拼接,构成一个较大的空闲区以满足所缺段的需要。当内存空闲区之和不能满足一个新调入段的需要时,可采用类似于请求分页存储管理中的页面置换算法,如 FIFO 算法、LRU 算法等,淘汰进程已在内存中的某个或几个段。

这里需要注意的是:与请求分页具有相同的分页长度不一样,需要调入段的长度可能大于被淘汰段的长度。这样,仅淘汰一段可能仍然不能满足调入段对内存的需求,此时将被淘汰段的长度与其相邻的空闲区之和一起进行考虑。若还不能满足要求,此时应再淘汰若干段,直至满足调入段的需求为止。另外,被淘汰的若干段可能分布在内存的不同区域,而新调入的段应放在一个连续的区域。为此,需采用拼接方法将分散的区域合并成一个较大的连续区域,满足新调入段对存储空间的需求。

(2)一条指令在执行期间可能发生多次缺段中断。发生缺段中断和处理缺段中断也是在指令执行期间进行的,这与缺页中断的性质是一样的。但是不会出现一条指令跨越两个段的情况,也不会出现被传送的一组信息跨越两个段的情况,因为分段是按信息的逻辑单位构成段的,而不像分页那样是按信息单位的大小划分成页的。

缺段中断处理流程如图 8-13 所示。

2. 缺段中断处理

在请求分段中,随着进程的执行,进程根据需要,随时可能申请调入新段,并置换已在内存的段。对缺段中断,主要涉及以下几个问题:

(1)内存空闲区的管理。系统可采用表格或链表方式管理内存的空闲区,以便进行分配和回收。内存的空闲区可按物理地址从低到高排列,也可按空闲区的大小从大到小或从小到大排列。

(2)分配和回收算法。每当进程请求分配新的存储空间时,可采用分区管理时所采用的几种算法:最先适应算法、最佳适应算法和最坏适应算法。当然,分区管理

第八章 虚拟存储器

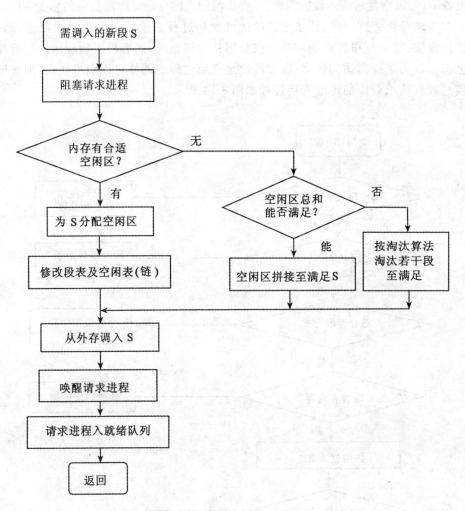

图 8-13　缺段中断处理流程

用到的内存回收方法同样适合于请求分段。

3. 动态地址变换

在请求分段存储管理系统中,当某进程开始执行时,操作系统首先把进程的段表始址存入段表地址寄存器,再由段表寄存器中的段表始址和虚地址中的段号 S 检索段表。若该段在内存,则判断其存取权限是否合法。如果存取权限合法,则从相应段表项中取出该段在内存的基(始)地址,将基地址与段内相对位移量 W 相加,形成访问内存的物理地址。

如果该段不在内存,则产生缺段中断,将 CPU 控制权交给内存分配程序。内存分配程序首先检查空闲表(链),找到满足长度的空闲区,装入所需要的段。如果内存中可用空闲区之和小于所要求的段长,则检查段表中的访问位。根据置换算法淘汰一段或多段,以满足新调入段的需要,并将该段调入内存。修改段表中的相关字段。

与请求分页管理一样,请求分段的地址变换过程必须访问内存两次以上,即,首先访问段表,经计算得到待访问指令或数据的物理地址,然后根据物理地址进行存取数据操作。为了提高访问速度,在分段地址变换过程中同样可以引进快表,加速地址变换过程。请求分段的地址变换过程如图 8-14 所示。

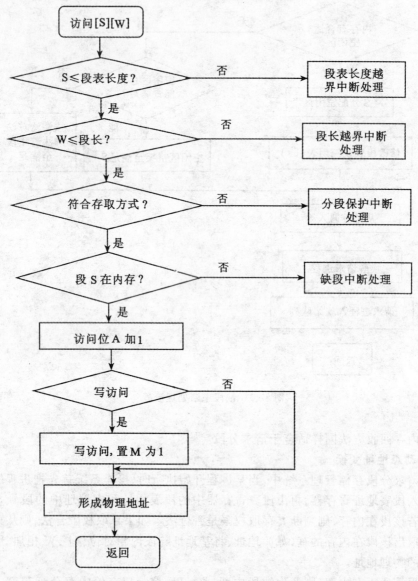

图 8-14　请求分段的地址变换过程

8.6.2 段的共享和保护

请求分段存储管理可以方便地实现内存信息的共享,并进行有效地保护,因为段是按逻辑意义划分的,可以按段名访问。在多道程序环境下,常常有许多子程序和应用程序是被多个用户使用的。特别是在多窗口系统广泛流行的今天,被共享的数据和程序,无论从数量上还是从大小上,都在急剧地增加,甚至超过了用户程序长度的许多倍。

1. 分段共享

为了实现分段共享,可在系统中建立一张共享段表,所有被共享的段及共享该段的所有进程均在共享段表中登录。共享段表的数据结构如图 8-15 所示。

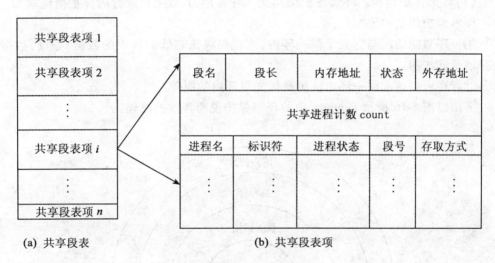

图 8-15　共享段表及其表项

下面对主要字段说明如下:

(1) 共享进程计数 count。count 字段是用来记录共享该段进程个数的。每当有一个新进程需共享该段时,count 加 1;反过来,若某进程不需要共享该段时,count 减 1。当 count 的值为 0 时,表示没有进程共享该段,此时应将该段所占的存储空间释放(回收)。

(2) 存取方式。这个字段是为进程而设置的,表示某进程对被共享段进行操作的方式(权限),如允许读、写等。

(3) 段号。表示被共享段在不同的进程中所使用的段号。

另外,一个正在被执行或处理的共享段,其他进程不能对该段程序的指令和数进行操作。

2. 分段保护

对分段而言，要实现对段的保护是比较容易的。下面介绍几种分段保护的方法。

(1) 越界检查。越界检查包括对段表和段长两个部分的检查。首先，将逻辑地址空间的段号与段表长度进行比较，如果段号大于段表长度，则产生地址越界中断；其次，检查段表中的段长与逻辑地址中的段内相对地址，若段内相对地址大于段长，系统就会产生越界保护中断。不过在允许段动态增长的系统中，段内相对地址可能会大于段长。

(2) 存取方式检查。在段表中设置"存取方式"字段用来标识该段所允许的操作，当对该段操作的方式与存取方式不一致时，便中止对该段的操作，达到保护的目的。

(3) 环形保护结构。环形保护结构是一种常用的、效果比较好的保护措施。

环形保护的基本原则是：

① 程序只能访问与它处于同一环内，或优先级比它低的环中的数据；否则，数据的存取是非法的。

② 程序可以请求同一环内或更高优先级环内的服务。

下面以图 8-16 所示 Pentium 中的环形保护说明其保护原理。

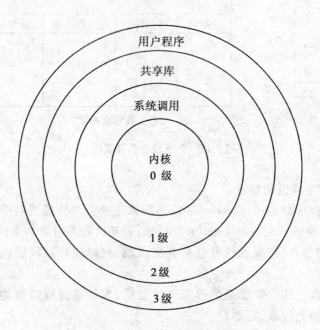

图 8-16 Pentium 中的环形保护结构

① 0 级是操作系统内核，保护级别最高，处理 I/O、存储器管理和其他关键的操作；

② 1级是系统调用处理程序,用户程序可以通过调用这里的过程执行系统调用,但是只有一些特定的和受保护的过程可以被调用;

③ 2级是库函数(共享库),可能是由很多正在运行的过程共享的,用户程序可以调用这些函数,由被调用的过程读取它们的数据,但是不能进行修改;

④ 3级是用户程序,受到的保护最少。

小　　结

虚拟存储器技术不仅允许执行进程的某些部分可以不在内存,而且还允许用户程序可以比物理存储器的容量大。这就从逻辑上扩充了主存容量。围绕上述目的,本章对虚拟存储器的基本原理、请求分页(段)存储管理、页面置换算法、页面分配算法,进行了一一介绍,并详尽地分析了请求分页系统的性能。

虚拟存储器的实质是将程序的访问地址和内存的可用地址分离开来,为用户提供一个大于实际物理内存的虚拟存储空间,其逻辑容量为内存与外存容量之和。

请求分页存储管理与虚拟存储器是密切相关的,它是实现虚拟存储管理的重要方法之一,也是对静态分页存储管理方法的改进。当进程运行时,若其所要访问的页面不在内存时需将它调入内存,如果内存中无空闲块,为了保证该进程能正常运行,系统必须从内存中调出一页程序或数据至外存的交换区。页面置换的算法主要有:最佳置换算法、先进先出(FIFO)置换算法、最近最久未使用(LRU)置换算法、时钟置换算法、页面缓冲置换算法。

本章介绍了另一种实现虚拟存储器的方法,就是请求分段存储管理。此时,允许程序员把存储器看成是由多个地址空间或段组成的,不必考虑主存空间的限制,从而方便地实现了内存信息的共享和对内存进行有效的保护,有利于对动态增长的数据结构的处理,同时也允许按段进行单独编译和修改。

习　题　八

8.1　什么是虚拟存储器?

8.2　在请求分页系统中,有哪些页面置换算法?各有什么优、缺点?

8.3　设某进程分得的内存空间的页面数为 M,进程所访问的页面序列的长度为 P,其中有 N 个页面是互不相同的。对任何页面置换算法,缺页中断次数的下限和上限各是多少?

8.4　对请求分段存储管理也可以采用类似于请求分页存储管理中的页面置换算法。试给出一种合理的段置换算法,并说明段的置换有哪些页面置换所没有的新问题。

8.5　考虑一个程序的内存访问序列:10,111,304,70,173,309,185,245,246,

434,548,364。

(1) 如果页面大小为 100,给出其页面走向序列;

(2) 若该程序的内存空间的大小为 200,分别给出采用 OPT,FIFO,LRU 置换算法的缺页。

8.6 考虑一个请求分页系统,测得如下的利用率数据:

CPU 的利用率:20%;分页的硬盘的利用率:99.7%;其他 I/O 设备利用率:5%。

下列措施中哪些可改善 CPU 的利用率?

(1) 使用速度更快的 CPU;

(2) 使用容量更大的分页硬盘;

(3) 减少系统内程序的道数;

(4) 增加系统内程序的道数;

(5) 使其他外部设备的速度更快。

8.7 考虑一个有快表的请求分页系统,设内存的读写周期为 1 微秒,内外存之间传送一个页面的平均时间为 5 毫秒,快表的命中率为 80%,页面失效率为 10%。求内存的有效存取周期。

8.8 考虑一个存储器管理系统,内存的读写周期为 1 微秒,磁盘的平均定位时间为 5 微秒,内外存信息传送率为 1 兆/秒。

(1) 设页面的大小为 p,页面失效率为 $x(0 \leq x \leq 1)$,给出计算有效存取时间的表达式。

(2) 设页面失效率与页面大小成反比:$x = e - P/500$,当有效存取时间最小时页面应为多大?

8.9 在一个请求分页系统中,设内存的读写周期为 1 微秒,现行进程的页表全部保存在快表中。如果内存中有空块可用,或者被置换的页在内存未改变过,则处理一次页面失效需 8 毫秒,否则需 20 毫秒。如果第一种情况占总失效的 70%,为了保证有效存取时间在 2 微秒以内,则最大可接受的页面失效率为多少?

8.10 有一种页面置换算法:为每一个内存物理块设置一个计数器用来记录与该块有联系(即曾经装入或正在该块的那些页面)的那些页面数,当需要一个页面时,总是把其计数器值最小的那个块的内容置换掉。

(1) 每个计数器的初值为多少?

(2) 计数器的值何时增加?

(3) 若某进程分得 4 个物理块,则对如下页面访问序列,求在上述算法下的页面中断次数:

1,2,3,4,5,3,4,1,6,7,8,9,7,8,9,5,4,5,4,2。

(4) 在上述情况下,使用 OPT 页面置换算法,求其页面中断次数。

8.11 产生抖动的原因是什么?系统如何检测抖动?系统如何解除抖动?

8.12 考虑一个请求分页系统,它使用一个分页盘,利用全局 LRU 置换算法和一种平均分给进程的分配策略(即若有 m 个页块和 n 个进程,则每一进程分得 m/n 个页块),程序的道数固定为 4 道,测得系统的 CPU 和分页盘的利用率为:

(1) CPU 的利用率为 13%,盘的利用率为 97%;

(2) CPU 的利用率为 87%,盘的利用率为 3%;

(3) CPU 的利用率为 13%,盘的利用率为 3%;

上述每一种情形可能会出现什么问题?能否用增加程序道数来增加 CPU 的利用率?分页是否有助于提高 CPU 的利用率?

8.13 试说明多级存储器与虚拟存储器的区别。

8.14 设一个作业共有 5 页(第 0~4 页),其中程序占 3 页(第 0~2 页),常数占 1 页(第 3 页),工作单元占 1 页(第 4 页)。现已有程序段分配在内存的 7,10,19 块中,而常数区和工作区尚未进入内存。请回答下述问题:

(1) 页表应包含哪些项目?并填写此页表。若工作区分配到内存的第 9 块,则页表应如何变化?

(2) 在运行中因需使用常数而发生中断,假定此时内存无空闲块可用,需要淘汰第 4 页,操作系统应如何处理?页表会发生什么变化?

8.15 某计算机系统提供 224 字的虚拟存储空间,该计算机有 218 字的物理存储区,虚拟存储器是通过分页方法实现的,且页面的大小为 256 个字。假定一用户产生了虚拟地址 1123456(八进制)。说明该系统如何产生对应的物理地址。

8.16 假定在分页系统中有一种置换策略周期性检查每一页面,若某一页面自上次检查起至此未被使用过,则淘汰它。与 LRU 置换算法相比,这种策略有什么优缺点?

第九章 设备管理

【学习目标】

了解计算机的 I/O 系统结构和 I/O 设备的特性及其管理方法；

熟悉各种设备的特性和分配方式、I/O 控制方式；

掌握设备管理的基本概念，设备的资源属性，即独占设备、共享设备和虚拟设备的概念，设备分配算法。

【学习重点、难点】

设备管理的基本概念（如设备管理的目的、任务和功能等），I/O 系统结构和 I/O 控制方式，设备的分配方式，虚拟设备技术，设备的资源属性，缓冲区的概念和功能，设备驱动程序，设备独立性，Spooling 系统。

在计算机系统中，除了 CPU 和内存之外，其他的大部分硬件设备称为外部设备。外部设备包括常用的输入输出设备、外存设备和终端设备等。这些设备种类繁多，特性各异，操作方式的差别也很大，从而使操作系统的设备管理变得十分复杂。

9.1 设备管理概述

现代计算机系统都配有种类繁多的 I/O 设备，在整个计算机系统的成本中占有相当大的比例。因此，设备管理是操作系统的一个重要组成部分。

9.1.1 设备分类

计算机设备种类繁多，从不同的角度出发，I/O 设备可分成若干种类型。下面列举几种常见的分类方法。

1. 按设备的从属关系分类

可将设备分为系统设备和用户设备两大类。系统设备是指在操作系统生成时已经登记在系统中的标准设备，如键盘、显示器、打印机等。用户设备是指操作系统生成时未登记在系统中的非标准设备，如鼠标、绘图仪、扫描仪等。

2. 按设备的使用特性分类

可将设备分为存储设备和 I/O 设备两大类。存储设备是计算机用来保存各种信息的设备,如磁盘、磁带等。I/O 设备是向 CPU 传输信息或输出经过 CPU 加工处理信息的设备,如键盘是输入设备、显示器和打印机是输出设备。

3. 按设备的共享属性分类

可将设备分为独占设备、共享设备和虚拟设备。

独占设备是指在一段时间内只允许一个用户进程使用的设备。系统一旦把这类设备分配给某个进程后,便由该进程独占,直至用完释放。多数低速 I/O 设备都属于独占设备,如打印机就是典型的独占设备。若几个用户进程共享一台打印机,则它们的输出结果可能交织在一起,难以识别。

共享设备是指在一段时间内允许多个进程使用的设备。如磁盘就是典型的共享设备,若干个进程可以交替地从磁盘上读写信息,当然在每一个时刻,一台设备只允许一个用户进程访问。

虚拟设备是指通过虚拟技术将一台独占设备改造成若干台逻辑设备,供若干个用户(进程)同时使用。通常把这种经过虚拟技术改造后的设备称为虚拟设备。虚拟设备实际上是不存在的。实现虚拟设备的关键技术是分时技术,即多用户(进程)通过分时方式使用同一台物理设备。宏观上是若干个进程在同时执行 I/O 操作,而微观上则是一台物理设备依次分时地为每个进程执行 I/O 操作,但给每个用户(进程)造成一种感觉好像是系统中有一台这类设备专门为他服务。目前 Spooling 技术使用广泛。

4. 按信息交换单位分类

可将设备分为块设备和字符设备。字符设备处理信息的基本单位是字符,如键盘、打印机和显示器是字符设备。块设备处理信息的基本单位是字符块。一般块的大小为 512B~4KB,如磁盘、磁带等是块设备。

9.1.2 设备管理的任务和功能

设备管理的基本任务是,按照用户的要求控制 I/O 设备操作,完成用户所希望的输入输出要求,以减轻用户编制程序的负担。现代操作系统中允许多个进程并发执行,但由于系统中的进程数远多于 I/O 设备数,必将引起进程对资源的争夺,因此,设备管理的另一个重要任务是,按照一定的算法把一个 I/O 设备分配给对该设备提出请求的进程,以保证系统有条不紊地工作。此外,现代大中型计算机系统一般都拥有种类繁多的 I/O 设备,这些设备所花费的投资往往要占整个系统的 50% 以上。因此,如何充分有效地发挥这些设备的作用,尽可能提高它们与 CPU 的并行操作程度是设备管理的第三个任务。

为了完成上述任务,设备管理应具备以下功能:

1. 设备分配。

按照设备类型和相应的分配算法,决定将 I/O 设备分配给哪一个要求使用该设备的进程。如果在 I/O 设备和 CPU 之间还有设备控制器和通道,则还需分配相应的控制器和通道,以保证 I/O 设备与 CPU 之间有传递信息的通路。凡未分配到所需设备的进程则应加入该设备的等待队列。

为了实现设备分配,系统中应设置一些数据结构,用于记录设备的状态。

2. 设备处理

设备处理功能是通过设备处理程序完成的,实现 CPU 和设备控制器之间的通信。进行 I/O 操作时,由 CPU 向设备控制器发出 I/O 指令,启动设备进行 I/O 操作。当 I/O 操作完成时能对设备发来的中断请求做出及时的响应和处理。

3. 缓冲管理

设置缓冲区的目的是为了缓解 CPU 与 I/O 速度不匹配和负荷不均衡的矛盾。缓冲管理程序负责完成缓冲区的分配和释放及有关的管理工作。

4. 设备独立性

设备独立性又称设备无关性,是指用户在编制程序时所使用的设备与实际使用的设备无关。其特点是在用户程序中仅使用逻辑设备名,而系统执行时使用物理设备名。

设备独立性有两种类型:

(1)独立于同类设备的具体设备号。如果系统中有若干台(套)相同的设备,只要有设备是完好的或是空闲的,则不论使用哪台物理设备均可。这种意义下的设备独立性使用户(或进程)不依赖于特定的设备完好或空闲与否。对系统而言,这有利于合理地分配和利用设备。例如,当应用程序(进程)以物理设备名请求使用某台具体的设备时,如果该设备已经分配给其他进程,或发生故障,或未开电源,而此时尽管有几台其他的相同设备空闲,则该进程仍会阻塞。如果进程采用逻辑设备名请求设备,系统可将同类设备中的任意一台分配给进程。

(2)独立于设备类型。如果程序要求输入信息,则不论从哪种类型的输入设备上输入都可以,对输出设备也是如此。例如,在调试程序时,可将程序的所有输出送显示终端显示;而程序调试完成后,如果需要打印,即更换了输出设备,则只需要将逻辑设备表中的显示终端改为打印机即可,而不必修改应用程序。

设备独立性可以提高用户程序的可适应性,使程序不局限于某个具体的物理设备,还可以改善资源利用率,方便用户。

9.1.3 设备控制器与 I/O 通道

1. 设备控制器

设备一般由机械和电子两部分组成,设备的电子部分通常称为设备控制器。设备控制器处于 CPU 与 I/O 设备之间,它接收从 CPU 发来的命令,并去控制 I/O 设备工作,操作系统大多与控制器打交道而不是设备本身,使处理机从繁杂的设备控制事务中解脱出来。设备控制器是一个可编址设备,当它仅控制一个设备时,它只有一个设备地址;控制器若连接2个、4个甚至8个相同的设备,则应具有多个设备地址,每一个地址对应一个设备。

设备控制器具有以下功能:

(1)接收和识别来自 CPU 的各种命令。CPU 向控制器发送的命令有多种,如读、写等,设备控制器应能够接收并识别这些命令。为此,设备控制器中应设置控制寄存器存放接收的命令及参数,并对所接收的命令进行译码。

(2)实现 CPU 与控制器、控制器与设备之间的数据交换。为了实现数据交换,应设置数据寄存器存放传输的数据。

(3)记录设备的状态供 CPU 查询。应设置状态寄存器记录设备状态,用其中的一位来反映设备的某种状态,如忙状态、闲状态等。

(4)识别控制器控制的每个设备的地址。系统中的每一个设备都有一个设备地址,设备控制器应能够识别它所控制的每个设备地址,以正确地实现信息的传输。

大多数设备控制器由设备控制器与处理机的接口、设备控制器与设备的接口及 I/O 逻辑三部分组成。设备控制器与处理机的接口实现 CPU 与设备控制器之间的通信;设备控制器与设备的接口实现设备与设备控制器之间的通信;I/O 逻辑用于实现对设备的控制,它负责对接收到的 I/O 命令进行译码,再根据所译出的命令对所选的设备进行控制。

2. I/O 通道

I/O 通道是指专门负责输入/输出工作的处理机。I/O 通道与处理机一样,有运算和控制逻辑,有自己的指令系统,也在程序控制下工作。通道的指令系统比较简单,一般只有数据传送指令、设备控制指令等。通道没有自己的内存,与 CPU 共享内存。通道所执行的程序称为通道程序。

根据信息交换方式的不同,可以将通道分成以下三种类型:

(1)字节多路通道。

字节多路通道按字节交换方式工作。它通常含有若干非分配型子通道,每个子通道连接一台 I/O 设备,这些子通道按时间片轮转方式共享主通道。当一个子通道控制其 I/O 设备交换完一个字节后,立即让出字节多路通道(主通道),以便让另一个子通道使用。字节多路通道一般用于连接中、低速 I/O 设备。一个字节多路通道可以连接多台中、低速设备。

(2)数据选择通道。

数据选择通道又称数组选择通道,它以成组方式进行数据传输,即每次传输一批数据,传输的速率很高。数据选择通道含有一个分配型子通道,在一段时间内只能执行一个通道程序,控制一台设备进行数据传送。当一个 I/O 请求操作完成后,再选择与通道相连的另一台设备。这样当某台设备占用了通道时,便一直由它独占,直至该设备传送完毕释放该通道为止。由此可见,这种通道的利用率很低,一般用于连接高速 I/O 设备。

（3）数据多路通道。

数据多路通道又称数组多路通道,它结合了数据选择通道传输速度高和字节多路通道能进行分时并行操作的优点,这使它既具有很高的数据传送速率,又能获得满意的通道利用率。数据多路通道以分时的方式执行几个通道程序,每执行一个通道程序的一条通道指令控制传送一组数据后,就转向另一个通道程序。这种通道广泛用于连接高、中速 I/O 设备。

通道方式的数据传送结构如图 9-1 所示。

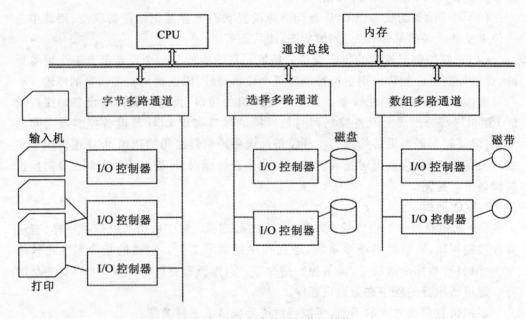

图 9-1　通道方式的数据传送结构

9.1.4　I/O 系统结构

在不同规模的计算机系统中,I/O 系统的结构也有所不同。通常可将 I/O 系统的结构分成微型机 I/O 系统结构和主机 I/O 系统结构两大类。

1. 微型机 I/O 系统结构

这类系统多数是总线型 I/O 系统结构,如图 9-2 所示。从图中可以看出,CPU 和内存直接连接到总线上,I/O 设备通过设备控制器连接到总线上。

2. 主机 I/O 系统结构

通常,为主机配置的 I/O 设备较多,如果所有设备的控制器都通过一条总线与 CPU 通信,则会使总线和 CPU 的负担过重。为此,在 I/O 系统中不采用单总线结构,而是增加了一级 I/O 通道,以实现对各设备控制器的控制,减轻 CPU 的负担。

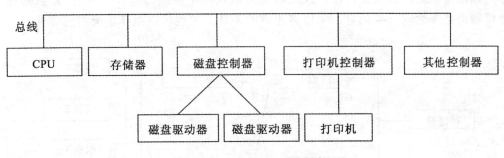

图 9-2 总线型 I/O 系统结构

在具有通道的计算机系统中,主存、通道、控制器和设备之间采用 4 级连接,实施 3 级控制,如图 9-3 所示。其中,一个 CPU 可以连接若干个通道,一个通道可以连接若干个控制器,一个控制器可以连接若干个设备。中央处理机执行 I/O 指令对通道实施控制,通道执行通道命令对控制器实施控制,控制器发出设备控制信号对设备实施控制,设备执行相应的输入/输出操作。

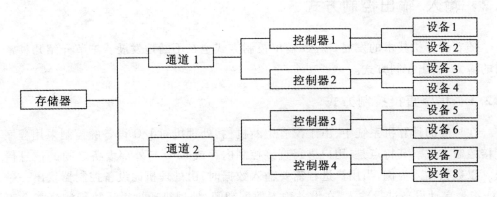

图 9-3 I/O 系统单通路

由于通道的价格较贵,致使计算机系统中通道的数量远比设备少。这样往往因通道数量不足产生"瓶颈"现象,影响整个系统的处理能力。为了使设备能得到充分的利用,在通道、控制器和设备的连接上,如果采用多通道的配置方案(如图 9-4 所示),则可以解决瓶颈问题,提高系统的可靠性。

从图 9-4 可以看出,I/O 设备 1,2,3,4 均有 4 条通道到达存储器。例如,

设备 1——控制器 1——通道 1
设备 1——控制器 1——通道 2
设备 1——控制器 2——通道 1
设备 1——控制器 2——通道 2

由此可见,在多通道 I/O 系统中,不会因某一通道或某一控制器被占用而阻塞存

储器和设备1之间的数据传输。仅当两个通道或两个控制器都被占用时,才阻塞存储器和设备1之间交换信息。采用多通道的I/O系统也可以提高系统的可靠性。

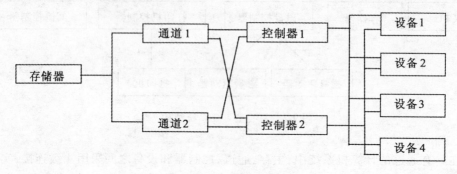

图9-4 多通道I/O系统

例如通道1出现了故障,仍可使用通道2来访问设备。

9.2 输入/输出控制方式

随着计算机技术的发展,输入/输出控制方式也在不断地发展。本节介绍几种常用的输入/输出控制方式。

9.2.1 程序直接控制方式

在早期的计算机系统中,由于没有中断机构,处理机对I/O设备的控制采用程序直接控制方式。其特点是:用户进程直接控制内存或CPU与外部设备之间的信息传送。以数据输入为例,当用户进程需要输入数据时,由处理机向设备控制器发出一条I/O指令启动设备进行输入,在设备输入数据期间,处理机通过循环执行测试指令不间断地检测设备状态寄存器的值。当状态寄存器的值显示设备输入完成时,处理机将数据寄存器中的数据取出,送入内存指定单元,然后再启动设备去读下一个数据。反之,当用户进程需要向设备输出数据时,也必须同样发启动命令启动设备输出并等待输出操作完成。

程序直接控制方式的工作过程非常简单,但CPU的利用率相当低。因为CPU执行指令的速度高出I/O设备几个数量级,所以在循环测试中CPU浪费了大量时间。

9.2.2 中断控制方式

为了减少程序直接控制方式中CPU的等待时间,提高CPU与设备的并行工作程度,现代计算机系统中广泛采用中断控制方式对I/O设备进行控制。这种方式要求 CPU 与设备(或控制器)之间有相应的中断请求线,而且在设备控制器的控制状态寄存器中有相应的中断允许位。现以数据输入为例,说明其操作步骤:

(1)首先,由 CPU 向设备控制器发出启动指令启动外设输入数据。该指令同时还将控制状态寄存器中的中断允许位打开,以便在需要时中断程序可以被调用执行。

(2)在进程发出指令启动设备之后,该进程放弃处理机,等待输入完成,进程调度程序调度其他就绪进程运行。

(3)当输入完成时,I/O 控制器通过中断请求线向 CPU 发出中断信号,CPU 接收到中断信号之后,转去执行设备中断处理程序。设备中断处理程序将输入数据寄存器中的数据传送到某一特定内存单元中,供要求输入的进程使用。

(4)在以后的某个时刻,进程调度程序选中提出请求并得到了数据的进程,该进程从约定的内存单元取出数据继续工作,然后再启动设备去读下一个数据。

与程序直接控制方式相比,中断控制方式大大提高了 CPU 的利用率,并且支持 CPU 与设备的并行工作。但这种控制方式仍然存在一些问题,如每台设备每输入/输出一个数据都要求中断 CPU,这样在一次数据传送过程中中断发生次数较多,从而耗费了大量的 CPU 时间。

9.2.3 DMA 控制方式

DMA 控制方式的基本思想是在外围设备和内存之间开辟直接的数据交换通路。在 DMA 控制方式中,I/O 控制器具有更强的功能。在它的控制下,设备和内存之间可以成批地进行数据交换,而不用 CPU 干预。这样既大大减轻了 CPU 的负担,也使 I/O 数据传送速度大大提高。这种方式一般用于块设备的数据传输。下面以数据输入为例,说明 DMA 的处理过程:

(1)当用户进程需要数据时,CPU 将准备存放输入数据的内存起始地址和要传送的字节数,分别送入 DMA 控制器中的内存地址寄存器和传送字节计数器中,并启动设备准备开始进行数据输入。

(2)发出数据请求的进程进入等待状态,进程调度程序调度其他进程投入运行。

(3)输入设备不断地挪用 CPU 工作周期,将数据寄存器中的数据源不断地写入内存,直到要求传送的数据全部传送完毕。

(4)DMA 控制器在传送完成时向 CPU 发送一中断信号,CPU 收到中断信号后转中断处理程序执行。

(5)中断处理结束后返回被中断的进程,或调度其他进程运行。

DMA 可以按多种方法配置,下面给出了一些可能的配置方法。

在图 9-5 中,所有模块共享同一个系统总线,DMA 模块担当起代理处理器的作用,使用程序控制 I/O 通过 DMA 模块在存储器和 I/O 之间交换数据。这种配置虽然成本较低,但效率不高,与程序控制 I/O 一样,每传送一个字需要两个总线周期(传送请求和传送数据)。

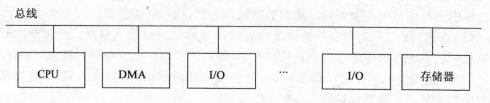

图 9-5 单总线,分离 DMA-I/O

通过把 DMA 和 I/O 功能集成起来,可以大大减少所需要的总线周期数目。如图 9-6 所示,除系统总线外,在 DMA 模块和一个或多个 I/O 模块之间建立一条路径。DMA 控制逻辑可以是 I/O 模块的一部分,也可以是一个单独模块,控制一个或多个模块。

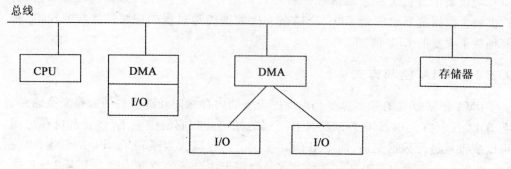

图 9-6 单总线,集成 DMA-I/O

更进一步,可以通过使用一个 I/O 总线将 I/O 模块和 DMA 模块连接起来,如图 9-7 所示。这样可以使 DMA 模块中的 I/O 端口数目减少到 1,并且提供了一种更容易进行扩展的配置。

在图 9-6 和图 9-7 中,DMA 模块与处理机、主存所共享的系统总线,仅仅用于 DMA 模块同主存交换数据以及同处理机交换控制信号。DMA 和 I/O 模块之间的数据交换是脱离系统总线完成的。

DMA 控制方式与中断控制方式的主要区别是:中断控制方式在每个数据传送完成后中断 CPU,而 DMA 控制方式则是在所要求传送的一批数据全部传送结束时中断 CPU;中断控制方式的数据传送是在中断处理时由 CPU 控制完成,而 DMA 控制方式则是在 DMA 控制器的控制下完成。然而,DMA 控制方式仍存在一定的局限性,如数据传送的方向、存放数据的内存起始地址及传送数据的长度等都由 CPU 控制,并且每台设备需要一个 DMA 控制器,当设备增加时,使用多个 DMA 控制器是不经济的。

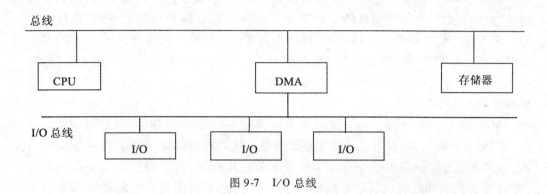

图 9-7　I/O 总线

9.2.4　通道控制方式

通道控制方式与 DMA 方式类似,也是一种以内存为中心,实现设备与内存直接交换数据的控制方式。与 DMA 方式相比,CPU 对通道的干预更少,而且可以做到一个通道控制多台设备,从而更进一步减轻了 CPU 的负担。

在通道控制方式中,CPU 只需发出启动指令,指出要求通道执行的操作和使用的 I/O 设备,该指令就可以启动通道并使该通道从内存中调出相应的通道程序执行。下面以数据输入为例,说明通道控制方式的处理过程:

(1) 当用户进程需要数据时,CPU 发启动指令指明要执行的 I/O 操作、所使用的设备和通道。

(2) 当对应通道接收到 CPU 发来的启动指令后,把存放在内存中的通道程序读出,设置对应的 I/O 控制器中的控制状态寄存器。

(3) 执行通道程序,控制设备将数据传送到内存中指定的区域。在设备进行输入的同时,CPU 可以去做其他的工作。

(4) 当数据传送结束时,设备控制器向 CPU 送一中断请求。CPU 收到中断信号后转中断处理程序执行,中断结束后返回被中断的程序。

9.3　缓冲技术

提高处理机与外设并行程度的另一项技术是缓冲技术。

9.3.1　缓冲的引入

虽然中断、DMA 和通道控制技术使系统中设备和设备、设备和 CPU 得以并行工作,但是,设备和 CPU 处理速度不匹配的问题是客观存在的。设备和 CPU 处理速度不匹配问题制约了计算机系统性能的进一步提高和系统的应用范围。

例如，当用户进程一边计算一边输出数据时，若系统中没有设置缓冲区，当进程输出数据时，必然会因打印机的打印速度大大低于 CPU 输出数据的速度，而使 CPU 停下来等待。如果设置一个缓冲区，则用户进程可以将数据先输出到缓冲区中，然后 CPU 继续执行程序，而打印机则可以从缓冲区中取出数据慢慢打印。因此，缓冲的引入缓和了 CPU 与设备速度不匹配的矛盾，提高了设备和 CPU 的并行操作程度、系统吞吐量和设备利用率。

另一方面，引入缓冲技术后可以减少设备对 CPU 的中断频率，放宽对中断响应时间的限制。例如，假设某设备在没有设置缓冲区之前每传输一个字节中断 CPU 一次，如果在设备控制器中增设一个 100 个字节的缓冲区，则设备控制器要等到存放 100 个字符的缓冲区装满以后才向 CPU 发一次中断，从而使设备控制器对 CPU 的中断频率降低至 1%。即使是使用 DMA 方式或通道方式控制数据的传送，如果不设置专用的内存区或专用缓冲区来存放数据，当出现进程存放数据的存储区太小或存放数据的内存始址计算困难等原因时，则会造成某个进程长期占有通道或 DMA 控制器及设备，从而产生瓶颈现象。

缓冲的实现方法有两种：一种是采用硬件缓冲器实现，例如 I/O 控制器中的数据缓冲寄存器，但由于成本太高，除一些关键部位外，一般情况下不采用硬件缓冲器。另一种实现方法是在内存中划出一块存储区，专门用来临时存放输入输出数据，这个区域称为软件缓冲区。软件缓冲技术是广泛应用的一种缓冲技术，它由缓冲区和对缓冲区的管理两部分组成。

根据系统设置的缓冲区个数和组成方式，可以将缓冲技术分为单缓冲、双缓冲、循环缓冲和缓冲池。

9.3.2 单 缓 冲

单缓冲是操作系统提供的一种最简单的缓冲形式，如图 9-8 所示。当用户进程发出一个 I/O 请求时，操作系统便在内存中为它分配一个缓冲区。由于只设置了一个缓冲区，设备和处理机交换数据时，应先把要交换的数据写入缓冲区，然后需要数据的设备或处理机从缓冲区取走数据，故设备与处理机对缓冲区的操作是串行的。

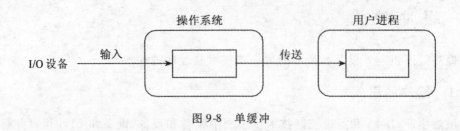

图 9-8 单缓冲

在块设备输入时，首先从磁盘把一块数据输入到缓冲区，然后由操作系统将缓区的数据传送到用户区,接下来,CPU对这一块数据进行计算。在块设备输出时,先将要输出的数据从用户区复制到缓冲区,然后再将缓冲区中的数据写到设备上。

在字符设备输入时,缓冲区用于暂存用户输入的一行数据。在输入期间,用户进程阻塞以等待一行数据输入完毕;在输出时,用户进程将一行数据送入缓冲区后继续执行计算。当用户进程已有第二行数据要输出时,若第一行数据尚未输出完毕,则用户进程被阻塞。

9.3.3 双 缓 冲

引入双缓冲(见图9-9)可以提高处理机与设备的并行操作程度。在块设备输入时,输入设备先将第一个缓冲区装满数据,在输入设备装填第二个缓冲区的同时,操作系统可以将第一个缓冲区中的数据传送到用户区供处理机进行计算;当第一个缓冲区中的数据处理完后,若第二个缓冲区已装填满,则处理机又可以处理第二个缓冲区中的数据,而输入设备又可装填第一个缓冲区。显然,双缓冲的使用进一步提高了处理机和输入设备并行操作的程度。只有当两个缓冲区都为空且进程还要提取数据时,该进程阻塞。反过来,只有当两个缓冲区都为满且输入进程还要输入数据时,则输入进程被阻塞。采用双缓冲时系统处理一块数据的时间可以粗略地估计为 $\max(c,t)$。如果 $c<t$,则可使块设备连续输入,如果 $c>t$,则可使处理机连续计算。

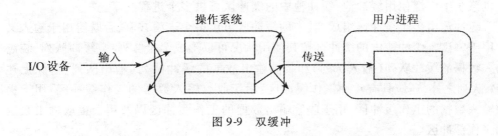

图 9-9 双缓冲

在字符设备输入时,若采用行输入方式和双缓冲,则用户在输入完第一行后,CPU执行第一行中的命令,而用户可以继续向第二个缓冲区中输入一行数据,因此用户进程一般不会阻塞。

9.3.4 循环缓冲

双缓冲方案在设备输入输出速度与处理机处理数据速度基本匹配时,能获得较好的效果。但它只是一种说明设备与设备、CPU和设备并行处理的简单模型,并不是能用于实际系统中的并行操作。这是因为系统中的设备种类较多,性能各异,双缓冲也很难匹配设备和处理机的速度。为此,引入了如图9-10所示的循环缓冲。

循环缓冲中包含多个大小相等的缓冲区,每个缓冲区中有一个链接指针指向下一个缓冲区,最后一个缓冲区的指针指向第一个缓冲区,这样多个缓冲区构成一个循

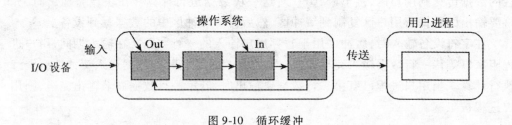

图 9-10 循环缓冲

环队列。循环缓冲用于输入/输出时,还需要有两个指针 in 和 out。对输入而言,首先要从设备接收数据到缓冲区中,in 指针指向可以输入数据的第一个空缓冲区;当运行进程需要数据时,从循环缓冲中取一个装满数据的缓冲区,并从此缓冲区中提取数据。out 指针指向可以提取数据的第一个满缓冲区。显然,对输出而言正好相反,进程将处理过的需要输出的数据送到空缓冲区中,而当设备空闲时,从满缓冲区中取出数据由设备输出。

9.3.5 缓 冲 池

循环缓冲一般适用于特定的 I/O 进程和计算进程,因而当系统中进程很多时,将会有许多这样的缓冲,这不仅要消耗大量的内存空间,而且其利用率也不高。目前计算机系统中广泛使用缓冲池,缓冲池中的缓冲区可供多个进程共享。

缓冲池由多个缓冲区组成,其中的缓冲区可供多个进程共享,且既能用于输入又能用于输出。缓冲池中的缓冲区按其使用状况可以形成 3 个队列:空缓冲队列、装满输入数据的缓冲队列(输入队列)和装满输出数据的缓冲队列(输出队列)。除上述 3 个队列之外,还应具有 4 种工作缓冲区:用于收容输入数据的工作缓冲区、用于提取输入数据的工作缓冲区、用于收容输出数据的工作缓冲区以及用于提取输出数据的工作缓冲区。

当输入进程需要输入数据时,便从空缓冲队列的队首摘下一个空缓冲区,把它作为收容输入工作缓冲区,然后把数据输入其中,装满后再将它挂到输入队列队尾。当计算进程需要输入数据时,便从输入队列取得一个缓冲区作为提取输入工作缓冲区,计算进程从中提取数据,数据用完后再将它挂到空缓冲队列尾。当计算进程需要输出数据时,便从空缓冲队列的队首取得一个空缓冲区,作为收容输出工作缓冲区,当其中装满输出数据后,再将它挂到输出队列尾。当要输出时,由输出进程从输出队列中取得一个装满输出数据的缓冲区,作为提取输出工作缓冲区,当数据提取完后,再将它挂到空缓冲队列的末尾。

9.4 设备分配

设备分配是设备管理的功能之一,当进程向系统提出 I/O 请求之后,设备分配程序将按照一定的分配策略为其分配所需的设备,同时还要分配相应的控制器和通道,以保证 CPU 与设备之间的通信。

9.4.1 设备分配中的数据结构

为了实现对 I/O 设备的管理和控制,需要对每台设备、通道、控制器的有关情况进行记录。设备分配依据的主要数据结构有设备控制表(DCT)、控制器控制表(COCT)、通道控制表(CHCT)和系统设备表(SDT),图 9-11 给出了这些表的数据结构。

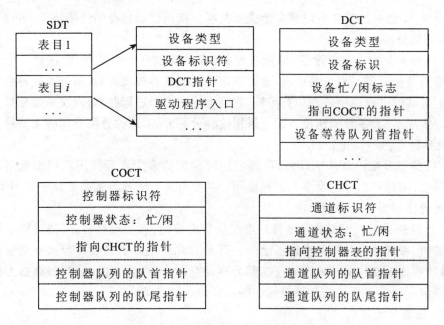

图 9-11 设备管理中的数据结构表

系统为每一设备配置一张设备控制表,用于记录设备的特性及与 I/O 控制器连接的情况。设备控制表中包括设备标识符、设备类型、设备状态、设备等待队列指针、设备控制器指针等。其中设备状态用来指示设备是忙还是闲,设备等待队列指针指向等待使用该设备的进程组成的等待队列,设备控制器指针指向与该设备相连接的设备控制器。

每个控制器都配有一张控制器控制表,它反映设备控制器的使用状态以及与通道的连接情况等。

每个通道都配有一张通道控制表。通道控制表包括通道标识符、通道状态、等待获得该通道的进程等待队列指针等。

整个系统建立一张系统设备表,它记录已连接到系统中的所有物理设备的情况,每个物理设备占一个表目。系统设备表的每个表目包括设备类型、设备标识符、设备控制表指针等。其中,设备控制表指针指向该设备对应的设备控制表。

9.4.2 设备分配策略

在计算机系统中,请求设备为其服务的进程数往往多于设备数,这样就出现了多个进程对某类设备的竞争问题。为了保证系统有条不紊地工作,系统在进行设备分配时,应考虑以下问题。

1. 设备的使用性质

在分配设备时,应考虑设备的使用性质。例如,有的设备在一段时间内只能给一个进程使用,而有的设备可以被多个进程共享。按照设备自身的使用特性,可以采用3种不同的分配方式。

(1)独享分配。独享设备(即独占设备)应采用独享分配方式,即在将一个设备分配给某进程后便一直由它独占,直至该进程完成或释放设备后,系统才能再将该设备分配给其他进程使用。例如打印机,它就不能由多个进程共享,而应采取独享分配方式。实际上,大多数低速设备适合采用这种分配方式,这种分配方式的主要缺点是I/O设备通常得不到充分利用。

(2)共享分配。对共享设备,可将它同时分配给多个进程使用。如磁盘是一种共享设备,因此可以分配给多个进程使用。共享分配方式显著提高了设备利用率,但对设备的访问需进行合理调度。

(3)虚拟分配。虚拟分配是针对虚拟设备而言的,其实现过程是,当进程申请独占设备时,系统给它分配共享设备上的一部分存储空间。当进程要与设备交换信息时,系统就把要交换的信息存放在这部分存储空间中,在适当的时候,将设备上的信息传输到存储空间中或将存储空间中的信息传送到设备。

2. 设备分配算法

设备分配除了与设备的使用特性有关外,还与系统所采用的分配算法有关。设备分配中主要采用先请求先服务和优先级高者优先两种算法。

(1)先请求先服务。当有多个进程对同一台设备提出I/O请求时,该算法根据这些进程发出请求的先后次序,将这些进程排成一个设备请求队列,设备分配程序总是把设备首先分配给队首进程。

(2)优先级高者优先。按照进程优先级的高低进行设备分配。当多个进程对同一台设备提出I/O请求时,哪个进程的优先级高,就先满足哪个进程的请求。对优先级相同的I/O请求,则按先请求先服务的算法排队。

3. 设备分配的安全性

所谓设备分配的安全性是指在设备分配中应保证不发生进程死锁。在进行设备分配时,可采用静态分配方式和动态分配方式。静态分配是在用户作业开始执行之前,由系统一次分配该作业所要求的全部设备、控制器和通道。这些设备、控制器和通道一旦分配,就一直为该作业所占用,直到该作业被撤销为止。静态分配方式不会出现进程死锁,但设备的使用效率低。

动态分配是在进程执行过程中根据执行需要进行设备分配。当进程需要设备时,通过系统调用命令向系统提出设备请求,由系统按照事先规定的策略给进程分配所需要的设备、控制器和通道,一旦使用完之后便立即释放。动态分配方式有利于提高设备的利用率,但如果分配算法使用不当,则有可能造成进程死锁。

在设备的动态分配方式中,也分为安全分配和不安全分配两种方式。在安全分配方式中,每当进程发出 I/O 请求后便立即进入阻塞状态,直到所提出的 I/O 请求完成才唤醒进程并释放设备。当采用这种分配策略时,一旦进程获得某种设备后便阻塞,使该进程不可能再请求其他设备,因而这种设备分配方式是安全的,但进程推进缓慢。

在不安全分配方式中,允许进程发出 I/O 请求后仍继续运行,且在进程需要时又可发出第二个 I/O 请求、第三个 I/O 请求……仅当进程所请求的设备已被另一个进程占用时才进入阻塞状态。这样,一个进程有可能同时操作多个设备,从而使进程推进迅速,但这种设备分配方式有可能产生进程死锁。

4. 与设备的无关性

进程在实际执行时使用的是物理设备,就像它在运行时使用内存的物理地址一样。但是在用户程序中应避免直接写上物理设备名称,而应写上该类设备的逻辑设备名称,正如编写程序时应避免直接使用内存的物理地址而使用逻辑地址一样。逻辑设备名称代表着一类物理设备,用户程序中使用逻辑设备名称,这可使进程在执行时使用该类设备中的任何一台物理设备。这有利于提高系统的可适应性和可扩展性以及改善资源的利用率。其实现方法是:利用进程连接表(PAT)将逻辑设备名称转换成物理设备名称。

在进行设备分配时,通常是先将系统所拥有的物理设备分配给要求该类型设备的进程,然后在进程提出 I/O 请求时,将逻辑设备名称填入 PAT 的该物理设备表目中,这时逻辑设备就已经连接到相应的物理设备上。

9.4.3 设备分配程序

1. 单通道 I/O 系统的设备分配

当某一进程提出 I/O 请求后,系统的设备分配程序可按下述步骤进行设备分配:
(1)分配设备。根据进程提出的物理设备名查找系统设备表,从中找到该设备的设备控制表。查看设备控制表中的设备状态字段。若该设备处于忙状态,则将进程插入设备等待队列;若设备空闲,便按照一定的算法来计算本次设备分配的安全性,若分配不会引起死锁则进行分配,否则仍将该进程插入设备等待队列。
(2)分配控制器。在系统把设备分配给请求 I/O 的进程后,再在设备控制表中找到与该设备相连的控制器的控制表,从该表的状态字段中可知该控制器是否忙碌。若控制器忙,则将进程插入该控制器的等待队列,否则将该控制器分配给进程。

(3)分配通道。若给进程分配了控制器,则应从控制器控制表中找到与该控制器连接的通道控制表,从该表的状态字段中可知该通道是否忙碌。若通道处于忙状态,则将进程插入该通道的等待队列,否则将该通道分配给进程。若分配了该通道,则此次设备分配成功,在将相应的设备、控制器、通道分配给进程后,便可以启动 I/O 设备实现 I/O 操作。

2. 多通道 I/O 系统的设备分配

为了提高系统的灵活性和可靠性,通常采用多通道的 I/O 系统结构。在这种系统结构中,一个设备可以与几个控制器相连,而一个控制器又可与几个通道相连,这使设备分配的过程较单通道的情况要复杂些。若某进程向系统提出 I/O 请求,要求为它分配一台 I/O 设备,则系统可选择该类设备中的任何一台设备分配给该进程,其步骤如下:

(1)根据进程所提供的设备类型,检索系统设备表,找到第一个该类设备的设备控制表,由其中的状态字段可知其忙闲情况。若设备忙,则检查第二个该类设备的设备控制表,仅当所有该类设备都处于忙状态时,才把进程插入到该类设备的等待队列中。只要有一个该类设备空闲,系统便可计算分配该设备的安全性。若分配不会引起死锁则进行分配,否则仍将该进程插入该类设备的等待队列。

(2)当系统把设备分配给进程后,便可以检查与此设备相连的第一个控制器的控制表,从中了解该控制器是否忙碌。若控制器忙,则再检查与设备连接的第二个控制器的控制表;若与此设备相连的所有控制器都忙,则表明无控制器可分配给该设备。只要该设备不是该类设备中的最后一个,便可退回到第一步,试图再找下一台空闲设备,否则仍将该进程插入控制器等待队列中。

(3)若给进程分配了控制器,则可以进一步检查与此控制器相连的第一个通道是否忙碌。若通道忙,再查看与此控制器相连的第二个通道,若与此控制器相连的全部通道都忙,表明无通道可分配给该控制器。只要该控制器不是与设备连接的最后一个控制器,便返回到第二步,试图再找出一个空闲的控制器,否则将该进程插入通道等待队列。若有空闲通道可用,则此次设备分配成功,在将相应的设备、控制器和通道分配给进程后,接着便可启动 I/O 设备,开始信息传送。

9.4.4 Spooling 系统

系统中独占设备的数量有限,往往不能满足系统中多个进程的需要,而成为系统中的"瓶颈"资源,使许多进程因等待它们而阻塞。另一方面,分配到独占设备的进程,在其整个运行期间,往往占有这些设备却并不是经常使用这些设备,因而使这些设备的利用率很低。为了克服这种缺点,人们常通过共享设备来虚拟独占设备,将独占设备改造成为共享设备,从而提高设备利用率和系统的效率,这种技术被称为 Spooling 技术。

Spooling 的意思是外部设备同时联机操作(技术、方法),又称为假脱机(操作、系统)输入/输出子系统,是操作系统中采用的一项将独占设备改造成共享设备的技术。Spooling系统是对脱机输入/输出工作的模拟,它必须有高速大容量且可随机存取的外存(如磁盘等)支持。在该系统中,用一道程序来模拟脱机输入时外围控制机的功能,把低速输入设备上的数据传送到高速磁盘上,再用另一道程序来模拟脱机输出时外围控制机的功能,把数据从磁盘上传送到低速输出设备上。这样,便可以在主机的直接控制下,实现脱机输入/输出功能。

Spooling系统的组成如图9-12所示,主要包括以下三部分:

1. 输入井和输出井

这是在磁盘上开辟出来的两个存储区域。输入井模拟脱机输入时的磁盘,用于收容I/O设备输入的数据。输出井模拟脱机输出时的磁盘,用于收容用户程序的输出数据。

2. 输入缓冲区和输出缓冲区

这是在内存中开辟的两个缓冲区。输入缓冲区用于暂存由输入设备送来的数据,以后再传送到输入井。输出缓冲区用于暂存从输入井送来的数据,以后再传送到输出设备。

3. 输入进程和输出进程

输入进程模拟脱机输入时的外围控制机,将用户要求的数据由输入设备输入到输入缓冲区,再送到输入井。当CPU需要输入数据时,直接从输入井读入内存。输出进程模拟脱机输出时的外围控制机,把用户要求输出的数据,先从内存送到输出井,待输出设备空闲时,再将输出井中的数据,经过输出缓冲区送到输出设备上。

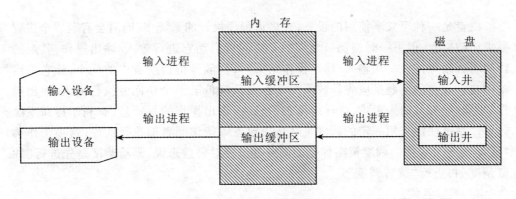

图9-12 Spooling系统的组成

9.5 驱动调度

对移动臂磁盘(见图9-13)执行输入/输出操作时必须确定信息在磁盘上的物理位置。所以任何一个对磁盘的访问请求,应给出访问磁盘的存储空间地址:柱面号、磁头号、扇区号。在执行输入/输出操作时把移动臂移动到指定的柱面,再等待指定的扇区旋转到磁头位置下,最后再让指定的磁头进行读/写,完成信息传送。如图9-14所示,执行一次输入/输出操作所花费的时间有3部分:

寻道时间——磁头在移动臂带动下移动到指定柱面所需时间。

延迟时间——指定扇区旋转到磁头位置所需时间。

传送时间——由磁头把扇区中的信息读到主存储器或把主存储器中信息写到扇区中所需的时间。

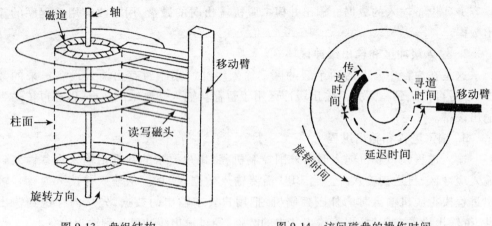

图 9-13 盘组结构　　　　　图 9-14 访问磁盘的操作时间

磁盘是一种可共享使用的设备,在多道程序设计的系统中,同时会有若干个进程要求访问磁盘,但每一时刻仍只允许一个访问者启动它进行输入/输出操作,其余的访问者必须等待。一次输入/输出操作结束后,释放等待访问者中的一个,让它去启动磁盘。现在的问题是应先释放哪一个?可从降低若干个访问者执行输入/输出操作的总时间为目的来考虑,这样就增加了输入/输出操作的吞吐量,有利于提高系统效率。系统往往采用一定的调度策略来决定各等待访问者的执行次序,这项工作称"驱动调度",采用的调度策略称驱动调度算法。对磁盘来说,驱动调度是先进行"移臂调度"再进行"旋转调度"。

9.5.1 移臂调度

1. 先来先服务(FCFS)算法

最简单的移臂调度算法是"先来先服务"算法。它按照输入/输出请求到达的顺序,逐一完成访问请求,它只考虑请求访问者的先后次序,而不考虑它们要访问的物理位置。此算法容易编程且特别清晰,但它不可能提供最好的(平均)服务。例如,考虑涉及柱面98,183,37,122,14,124,65,67的有序盘请求队列。如果移动臂当前在柱面53,它将首先从53移到98,然后到183,37,122,14,124,65,最后到67。移动臂总的移动量是 640 个柱面,见图 9-15。

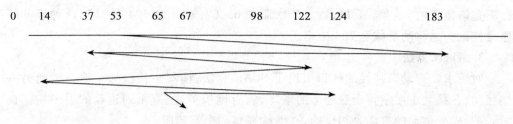

图 9-15 FCFS 算法示例

这个调度算法的问题是由 122 到 14 然后返回 124 的激烈摆动现象显露出来的。如果在 122 和 124 请求之前或之后服务对 37,14 磁道的请求,那么磁臂的移动量就可减少,这样每个请求的平均服务时间将减少,从而改善盘的吞吐量。

2. 最短查找时间优先(SSTF)算法

在移动臂去服务另一个请求之前,先对所有靠近当前柱面位置的请求进行服务是较合理的。SSTF 算法总是让寻找时间最短的那个请求先服务,而不管请求访问者到来的先后次序。

例如,对前述的请求队列,最靠近于初始移动臂位置 53 的请求在柱面 65,一旦移动臂位于 65 柱面,那么下一个最近请求是柱面 67。在该柱面上,离柱面 37 的距离为 30,而离柱面 98 的距离是 31,所以对柱面 37 的请求较靠近,因而成为下一个服务对象。再下一步,就为在磁道 14 的请求服务,然后是 98,122,124,最后是 183(见图 9-16)。这个调度方法导致只有 236 个磁道的总磁头移动,仅为 FCFS 所需动量的 1/3 多。这种方法极大地改善了盘平均服务时间。

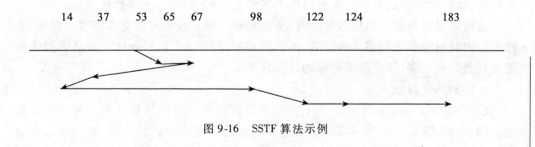

图 9-16 SSTF 算法示例

SSTF 实质上是一种 SJF(最短作业优先调度算法)调度形式,像 SJF 调度算法一样,它也可能导致一些请求的"饥饿"。记住,一个实际系统里,请求可在任何时间达到。假设一个队列里有两个请求 14,186,且当我们正在服务请求 14 时,一个靠近 14 的请求到达了,于是它成了下一个服务的对象,从而使得在 186 处的请求等待。在这一新请求被服务时,另一靠近 14 的请求又可能达到。理论上,可能出现靠近每一请求的连续请求流,致使在186磁道的请求无限等待下去。虽然SSTF算法极大地改善了盘平均服务时间,但它也不是最佳的。例如,可将磁头从53先移到37(尽管37现在不是最接近的),再移到14,然后依次服务65,67,98,122,124和183,这种服务顺序可使磁头总移动量减至208磁道。

3. SCAN 算法

对请求队列动态特性的认识引出了SCAN算法,读写头从盘的一端开始朝另一端移动,在移动中搜索每个磁道上的请求,若有则服务之,直至到达盘的另一端。在另一端,磁头移动的方向是相反的,并继续在移动中扫描服务。

在将SCAN算法应用到前述的例子98,183,37,122,14,124,65,67(磁头的开始位置在53)之前,需要知道磁头的移动方向及其所在位置。如果磁头朝0磁道方向移动,则在它向0磁道移动过程中,它应依次服务37,14上的请求,到达0磁道后磁头将反向移动,在移向盘的另一端的过程中它应依次为65,67,98,122,124和183处的请求服务(如图9-17所示)。在这个队列中,如果一个请求刚好出现在现行磁头的前面,它将几乎立刻被服务;如果它恰好落在当前磁头的后面,它就不得不等待直到磁头反向移动到它的面前。

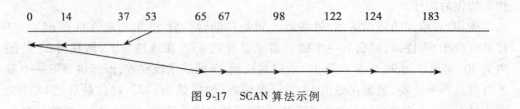

图9-17　SCAN算法示例

SCAN算法类似于下雪时人们在路上铲雪,从一端开始,向另一端移动雪铲。当我们移动时,新雪落在我们后面我们也不去管它,直至扫到尽头再折返铲它。

假设磁道上的请求是均匀分布的,考虑到达一端且反向时的请求密度。此时,在磁头后面只可能存在相当少的请求,因为这些磁道刚刚才被服务过。请求的最大密度应在盘的另一端,这些请求等待的时间最长。

4. C-SCAN 算法

C-SCAN(Circular-SCAN)是为了提供更均匀的等待时间而设计的一种SCAN算法。同SCAN算法一样,C-SCAN也将磁头从盘的一端移动到另一端,并在移动中对遇到的请求进行服务。所不同的是当它到达另一端时,它马上折回到盘的开始端,而不对返回路径上的任何请求服务。C-SCAN的本质是把盘作为一个圆状来处理,即其最后一个磁道紧接着第一个磁道(见图9-18)。

注意SCAN和C-SCAN总是将磁头从盘的一端移向另一端。实际上,两种算法都不能按这种方式实现,因为通常情况下,磁头在每个方向仅仅移动到最后请求位置(不是末端),一旦在当前方向没有请求了,磁头就反向。SCAN和C-SCAN的这些实现方式称为

LOOK 和 C-LOOK(朝某个方向移动之前先"搜索"请求)或称为电梯调度算法。

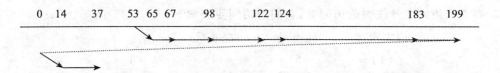

图 9-18　C-SCAN 磁盘调度

这么多的盘调度算法,我们怎样选择一个特定的算法呢?SSTF 算法十分通用且比较有吸引力;SCAN 和 C-SCAN 算法更适合于大负荷的磁盘系统。理论上定义一个最佳算法是可能的,但已经证明,每一最佳盘调度算法所需的计算都不可能比 SSTF 或 SCAN 节省。

然而,无论用任何调度算法,其性能都依赖于请求的数量和类型。特别地,如果队列中只有一个请求的情况,选用 FCFS 算法比较合适。

还应注意,盘服务的请求受文件分配方式的影响很大。访问连续结构文件的程序将产生盘上紧靠在一起的若干请求,从而磁头移动量不大,而访问串联或索引结构文件的程序磁头移动量较大。

磁盘调度算法应写成操作系统的一个独立模块。如果需要还应允许去掉或用不同算法置换它。最初,可以考虑选用 FCFS 或 SSTF 算法。

9.5.2　旋 转 调 度

当移动臂定位后,有多个访问者等待访问该柱面时,应怎样决定这些等待访问者的执行次序? 从减少输入/输出操作时间为目标考虑,显然应该优先选择延迟时间最短的访问者去执行,这种根据延迟时间来决定执行次序的调度称旋转调度。这些访问者可能要求访问同一磁道上的不同扇区,也可能要求访问不同磁道上的扇区。不管怎样,旋转调度总是让首先到达磁头位置下的扇区进行传送操作。图 9-19 是旋转调度示例,图中数字表示依次传送扇区信息的次序,而不是访问者的等待次序。

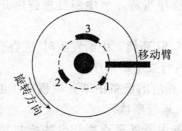

图 9-19　旋转调度示例

如果同时有几个访问者要访问不同磁道上相同位置的扇区,则这些扇区会同时到达磁头位置下,这时只能根据磁头号从中任意选择一个磁头进行读/写操作。例如,有 4 个访问 5 号柱面的访问者,它们的访问要求如下:

请求次序	柱面号	磁头号	扇区号
(1)	5	4	1
(2)	5	1	5
(3)	5	4	5
(4)	5	2	8

进行旋转调度后使得它们的执行次序是:(1),(2),(4),(3),或(1),(3),(4),(2)。其中第(2),(3)两个请求都是访问第 5 个扇区,当第 5 个扇区旋转到磁头位置下时,只有其中的一个请求可执行传送操作,而另一个请求必须等磁盘再一次把第 5 扇区旋转到磁头位置下时才能执行。

可见,当一次移臂调度定位到某一柱面后,还可能进行多次旋转调度,以减少若干个输入/输出操作所需的总时间。

9.6 软件的层次结构

I/O 软件设计的基本思想是将设备管理软件组织成一个层次结构。其中低层软件与硬件相关,用来屏蔽硬件的具体细节,而高层软件则为用户提供一个友好的、清晰而统一的接口。I/O 设备管理软件一般分为 4 层,分别是:中断处理程序、设备驱动程序、与设备无关的 I/O 软件(或设备独立性软件)和用户空间的软件。在下面的各小节中,将按自底向上的次序讨论每一层软件。

9.6.1 中断处理程序

当设备完成 I/O 操作时,便向 CPU 发送一个中断信号,CPU 响应中断后便转入中断处理程序。无论是哪种 I/O 设备,其中断处理程序的处理过程大体相同,其步骤如下:

(1)唤醒被阻塞的驱动程序进程。当中断处理程序开始执行时,必须唤醒被阻塞的驱动程序进程。

(2)保护被中断进程的 CPU 环境。中断发生时,应保存被中断进程的 CPU 现场信息,以便中断完成后继续执行被中断程序。

(3)分析中断原因,转入相应的设备中断处理程序。由 CPU 确定引起本次中断的设备,然后转相应的中断处理程序执行。

(4)进行中断处理中设备中断处理程序从设备控制器读出设备状态,以判断本次设备中断是正常结束还是异常结束。若为正常结束则设备驱动程序便可做结束处理;若为异常结束则根据发生异常的原因进行相应处理。

(5) 恢复被中断程序的现场。当中断处理完成后，便可恢复现场信息，使被中断的程序得以继续执行。

9.6.2 设备驱动程序

所有与设备相关的代码都放在设备驱动程序中，由于设备驱动程序与设备的性能密切相关，故应为每一类设备配置一个驱动程序或为一类密切相关的设备配置一个驱动程序。例如，系统支持若干不同品牌的终端，这些终端之间只有很细微的差别，则较好的思路是设计一个终端驱动程序；若系统支持的终端性能差别很大，如笨拙的硬拷贝终端与带有鼠标的智能位映像图形终端，则必须为它们分别设计不同的终端驱动程序。

设备驱动程序的任务是接收来自上层的与设备无关软件的抽象请求，将这些请求转换成设备控制器可以接收的具体命令，再将这些命令发送给设备控制器，并监督这些命令是否正确执行。如果请求到来时驱动程序是空闲的，它立即开始执行这个请求；若驱动程序正在执行一个请求，则它将新到来的请求插入到等待队列中。设备驱动程序是操作系统中惟一知道设备控制器中设置了多少个寄存器及这些寄存器有何用途的程序。

以磁盘为例，实现一个 I/O 请求的第一步是将这个抽象请求转换成具体的形式。对磁盘驱动程序来说，要计算请求块实际在磁盘的位置，检查驱动器的电机是否正在运转，确定磁头是否定位在正确的柱面上，简而言之，它必须决定需要控制器做哪些操作以及按照什么样的次序执行操作。

一旦明确应向控制器发送哪些命令，驱动程序将向控制器中的设备寄存器写入这些命令。某些控制器一次只能接收一条命令，而另一些控制器则可以接收一个命令表，然后自行控制命令的执行，不再求助于操作系统。

在设备驱动程序发出一条或多条命令后，系统有两种处理方式。多数情况下，设备驱动程序必须等待控制器完成操作，所以驱动程序阻塞自己，直到中断信号将其唤醒。而在有的情况下，操作很快完成，基本没有延迟，因而驱动程序不必阻塞。例如，某些终端的滚屏操作，只要把几个字节写入控制器的寄存器中即可，无需任何机械操作，整个操作几微秒就能完成。因此，设备驱动程序不必阻塞。

对前一种情况，被阻塞的驱动程序将由中断唤醒，而后一种情况是驱动程序根本没有进入睡眠状态。上述任何一种处理方式，在操作完成后，都必须检查是否有错。若一切正常，设备驱动程序负责将数据（如刚刚读的一块）传送到与设备无关的软件层。最后，驱动程序向其调用者返回一些用于错误报告的状态信息。若还有其他未完成的请求在排队，则选择一个启动执行。若队列中没有未完成的请求，则驱动程序被阻塞，等待下一个请求唤醒。

9.6.3 与设备无关的 I/O 软件

虽然 I/O 软件中的一部分(如设备驱动程序)是与设备相关的,但大部分软件是与设备无关的。至于设备驱动程序与设备无关软件之间的界限,则随操作系统的不同而异。具体划分原则取决于系统的设计者怎样权衡系统与设备的独立性、驱动程序的运行效率等诸多因素。对一些按照设备独立方式实现的功能,出于效率和其他方面的考虑,也可以由设备驱动程序实现。

与设备无关软件的基本任务是实现一般设备都需要的 I/O 功能,并向用户层软件提供一个统一的接口。与设备无关软件通常应实现的功能包括:设备驱动程序的统一接口、设备命名、设备保护、提供与设备无关的逻辑块、缓冲、块存储设备的空间分配、独占设备的分配和释放、错误处理等。

1. 设备命名

如何给文件和设备命名是操作系统中的一个主要问题。与设备无关软件负责把设备的符号名映射到相应的设备驱动程序上。例如,在 UNIX 系统中,像/dev/tty..这样的设备名,惟一确定了一个特殊文件的 i 节点,这个 i 节点包含了主设备号和次设备号。主设备号用于寻找对应的设备驱动程序,而次设备号提供了设备驱动程序的有关参数,用来确定要读写的具体的物理设备。

2. 设备保护

设备保护与设备命名机制密切相关。对设备进行必要的保护,防止无授权的应用或用户的非法使用,是设备保护的主要作用。那么,在操作系统中如何防止无授权的用户使用设备呢? 这取决于具体的系统实现。例如在 MS-DOS 中,操作系统根本没有对设备设计任何的保护机制;在大多数大型计算机系统中,用户进程对 I/O 设备的直接访问是完全禁止的;而 UNIX 系统则采用一种更灵活的保护方式,对系统中的 I/O 设备,使用存取权限来进行保护,系统管理员可以根据需要为每一个设备设置适当的存取权限。

3. 提供与设备无关的逻辑块

不同的磁盘可以采用不同的扇区尺寸,与设备无关软件的一个任务就是向较高层软件屏蔽这一事实并给上层提供大小统一的块尺寸。例如,可以将若干扇区合并成一个逻辑块。这样较高层软件只与抽象设备打交道,不考虑物理扇区的尺寸而使用等长的逻辑块。同样,一些字符设备(如调制解调器)一次传输一个字符的数据,而其他字符设备(如网卡)却一次传输更多的数据,这些差别也必须在这一层隐藏起来。

4. 缓冲

常见的块设备和字符设备,一般都使用缓冲区。对块设备,硬件一般一次读写一个完整的块,而用户进程是按任意单位读写数据的。如果用户进程只写了半块数据,则操作系统通常将数据保存在内部缓冲区,等到用户进程写完整块数据才将缓冲区的数据写到磁盘上。对字符设备,当用户进程输出数据的速度快于设备输出数据的速度时,也必须使用缓冲。

5. 存储设备的空间分配

在创建一个文件并向其中写入数据时,通常要为该文件分配新的存储块。为完成这一分配工作,操作系统需要为每个磁盘设置一张空闲磁盘块表或位示图,因查找一个空闲块的算法是与设备无关的,可以将其放在设备驱动程序上面与设备无关的软件层中处理。

6. 独占设备的分配和释放

有一些设备,如打印机,在任一时刻只能被单个进程使用,这就要求操作系统对设备的使用请求进行检查,并根据设备的可用状况决定是接收该请求还是拒绝该请求。一个简单的处理方法是,要求进程直接通过 OPEN 命令打开设备特殊文件来提出请求。若设备不能用,则 OPEN 命令失败。关闭这种独占设备的同时释放该设备。

7. 出错处理

一般来说,出错处理是由设备驱动程序完成的。大多数错误是与设备密切相关的,因此,应该在尽可能接近硬件的地方处理错误。例如,控制器发现一个读错误,它应该尽量进行处理,如果控制器处理不了,则交给驱动程序,只有驱动程序知道应如何处理(比如,重试、忽略或放弃),可能只需重读一次就可以解决问题。对一些暂时性的错误,如磁头被灰尘阻滞导致读错误,只需重复一次操作便可解决。但还有一些典型的错误不是由输入/输出设备的错误造成的。例如,磁盘块受损而不能再读,驱动程序将尝试重读一定次数,若仍有错误,则放弃重读。在许多情况下,低层软件可以自行处理错误而不被高层软件所感知。所以,只有在低层软件处理不了的情况下,才通知高层的与设备无关的软件。这样,如何处理这个错误就与设备无关了。如果在读一个用户文件时出现错误,操作系统会将错误信息报告给调用者。若在读一些关键的系统数据结构时出现错误,比如磁盘的空闲块表或位示图,操作系统则需打印错误信息,并向系统管理员报告相应错误,同时终止运行。

9.6.4 用户空间的软件

一般来说,大部分 I/O 软件包含在操作系统中,但是仍有一小部分是由与用户程序链接在一起的库函数,甚至是由运行于内核之外的程序构成的。通常的系统调用,包括 I/O 系统调用,是由库函数实现的。例如,一个用 C 语言编写的程序可以含有如下的系统调用:

countz write(fd,buffer,nbytes);

在该程序运行期间,库函数 write 将与该程序链接在一起,并包含在运行时的二进制程序代码中。显然,这一类库函数也是 I/O 系统的组成部分。

通常,这些库函数所做的工作主要是把系统调用时所用的参数放在合适的位置,也有一些库函数完成非常实际的工作。例如,格式化输入/输出就是由库函数实现的,C 语言中的一个例子是 printf,它以一个格式字符串作为输入,其中可能带有一些变量,然后调用 write 输出格式化后的一个 ASCII 码串。标准 I/O 库中包含许多涉及 I/O 的过程,它们是作为用户程序的一部分运行的。

并非所有的用户层 I/O 软件都由库函数组成,Spooling 系统是另一种用户空间 I/O 软件类型。

Spooling 系统是多道程序设计系统中处理独占 I/O 设备的一种方法。以打印机为例,打印机是一种独占设备,若一个进程采用打开其设备文件的方法提出申请,然后很长时间不使用,这样就导致其他进程都无法使用这台打印机。避免这种情况的方法是创建一个特殊的守护进程以及一个特殊目录,称为 Spooling 目录。当一个进程要打印一个文件时,首先生成完整的待打印文件并将其存放在 Spooling 目录下,然后由守护进程完成该目录下文件的打印工作,该进程是惟一一个拥有使用打印机特殊文件权限的进程。而且,通过保护特殊文件可以防止用户直接使用,有效地解决进程占有打印机而不使用的问题。

需要指出的是,Spooling 技术不仅适用于打印机这类输入/输出设备,而且还可应用到其他一些情况。例如,在网络上传输文件常使用网络守护进程,发送文件前用户先将文件放在一个特定目录下,然后由网络守护进程将其取出发送。这种文件传送方式的用途之一是 Internet 的电子邮件系统。Internet 通过网络将大量的计算机连在一起,当需要发送电子邮件时,用户使用发送程序(如 send),该程序接收要发送的信件并将其送入一个 Spooling 目录,待以后发送。整个电子邮件系统在操作系统之外运行。

图 9-20 总结了 I/O 软件的所有层次及每一层的主要功能。图中的箭头表示 I/O 控制流。例如,当用户程序试图从文件中读一个数据块时,需要通过操作系统来执行此操作。与设备无关的软件首先在高速缓存中查找此数据块,若未找到,则调用设备驱动程序向硬件发出相应的请求,用户进程随即阻塞直到数据块被读出。当磁盘操作完成时,硬件产生一个中断信号,并激活中断处理程序。中断处理程序则从设备获取所需的信息,然后唤醒睡眠的进程以结束此次 I/O 请求,使用户进程继续执行。

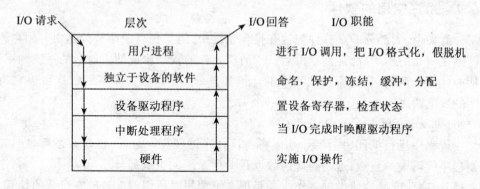

图 9-20 I/O 系统的层次结构及各层的主要功能

9.7　Windows 2000 I/O 系统结构和模型

Windows 2000 的 I/O 系统是 I/O 执行体的组件,存在于 NTOSKRNL.EXE 文件中。它接收 I/O 请求(来自用户态和核心态的调用程序),并且以不同的形式把它们传送到 I/O 设备。在用户态 I/O 函数和实际的 I/O 硬件之间有几个独立的系统组件,包括文件系统驱动程序、过滤驱动程序和低层设备驱动程序。

1. 系统的设计目标

(1) 在单处理机或多处理机系统中都可以快速进行 I/O 处理。

(2) 使用标准的 Windows 2000 安全机制保护共享资源。

(3) 满足 Win32,OS/2 和 POSIX 子系统指定的 I/O 服务的需要。

(4) 使设备驱动程序的开发尽可能地简单,并且允许用高级语言编写驱动程序。

(5) 根据用户的配置或系统中硬件设备的添加及删除,允许在系统中动态地添加或删除相应的设备驱动程序。

(6) 通过添加驱动程序透明地修改其他驱动程序或设备的操作方式。

(7) 为包括 FAT、CD-ROM 文件系统、统一磁盘格式(Universal Disk Format,UDF)文件系统和 Windows 2000 文件系统(NTFS)的多种可安排的文件系统提供支持。

(8) 允许整个系统或单个硬件设备进入或离开低功耗状态,这样可节约能源。

2. I/O 系统的组成和功能

Windows 2000 的 I/O 系统由一些执行体组件和设备驱动程序组成,如图 9-21 所示。

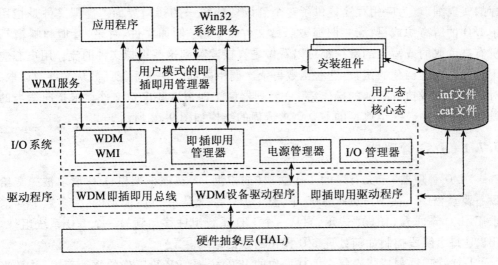

图 9-21　I/O 系统组件

（1）I/O 管理器：把应用程序和系统组件连接到各种虚拟的、逻辑的和物理的设备上，并且定义了一个支持设备驱动程序的基本框架。

（2）设备驱动程序：为某种类型的设备提供一个 I/O 接口，设备驱动程序从 I/O 管理器接收处理命令，当处理完毕后通知 I/O 管理器。设备驱动程序之间的协同工作也通过 I/O 管理器进行。

（3）即插即用（Plus and Play, PnP）管理器：通过与 I/O 管理器和总线驱动程序的协同工作来检测硬件资源的分配，并且检测相应硬件设备的添加和删除。

（4）电源管理器：通过与 I/O 管理器的协同工作来检测整个系统和单个硬件设备，完成不同电源状态的转换。

（5）WMI（Windows Management Instrumentation）支持例程：也叫做 Windows 驱动程序模型（Windows Drive Model, WDM）WMI 提供者，允许驱动程序使用这些例程作为媒介，与用户态运行的 WMI 服务通信。

（6）注册表：它是一个数据库，存储基本硬件设备的描述信息以及驱动程序的初始化和配置信息。

（7）硬件抽象层（HAL）：I/O 访问例程把设备驱动程序与多种多样的硬件平台隔离开来，使它们在给定的体系结构中是二进制可移植的，并在 Windows 2000 所支持的硬件体系结构中是源代码可移植的。

大部分 I/O 操作并不会涉及所有的组件，一个典型的 I/O 操作从应用程序调用一个与 I/O 操作有关的函数开始，通常会涉及 I/O 管理器、一个或多个设备驱动程序、硬件抽象层。

在 Windows 2000 中，所有的 I/O 操作都通过虚拟文件执行，隐藏了 I/O 操作目标的实现细节，为应用程序提供了一个到设备的统一的接口界面。虚拟文件是指用于 I/O 的所有源或目标，它们都被当做文件来处理（例如文件、目录、管道和邮箱），所有被读取的或写入的数据都可以看做是直接读写到这些虚拟文件的流。用户态应用程序调用文档化的函数，这些函数再依次调用内部 I/O 子系统函数从文件中读取、对文件写入或执行其他的操作。I/O 管理器动态地把这些虚拟文件请求指向适当的设备驱动程序。一个典型的 I/O 请求流程的结构如图 9-22 所示。

9.7.1　I/O 管理器

"I/O 管理器"定义有序的工作框架（或模型）。在该框架里，I/O 请求被提交给设备驱动程序。在 Windows 2000 中，整个 I/O 系统是由"包"驱动的，大多数 I/O 请求用"I/O 请求包（IRP）"表示，它从一个 I/O 系统组件移动到另一个 I/O 系统组件。IRP 是每个阶段控制如何处理 I/O 操作的数据结构。

I/O 管理器创建代表每个 I/O 操作的 IRP，传递 IRP 给正确的驱动程序，并且当此 I/O 操作完成后，处理这个数据包口，而驱动程序则接收 IRP，执行 IRP 指定的操作，并且在完成操作后把 IRP 送回 I/O 管理器或为下一步的处理而通过 I/O 管理器

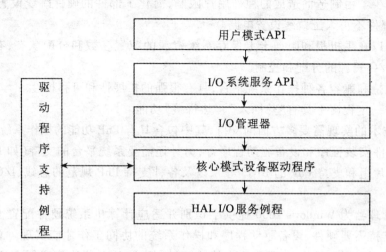

图 9-22 典型的 I/O 请求流程

把它送到另一个驱动程序。

除了创建并处理 IRP 以外，I/O 管理器还为不同的驱动程序提供了公共代码，驱动程序调用这些代码来执行它们的 I/O 处理。通过在 I/O 管理器中合并公共的任务，单个的驱动程序将变得更加简洁和紧凑。例如，I/O 管理器提供了一个允许某个驱动程序调用其他驱动程序的函数。它还管理用于 I/O 请求的缓冲区，为驱动程序提供超时支持，并记录操作系统中加载了哪些可安装的文件系统。这些支持例程均包含在 DDK 中。

I/O 管理器也提供灵活的 I/O 服务，允许环境子系统(如 Win 32 和 POSIX)执行它们各自的 I/O 函数。这些服务包括用于异步 I/O 的高级服务，它们允许开发者建立可升级的高性能的服务器应用程序。

驱动程序呈现统一的、模块化的接口，允许 I/O 管理器调用任何驱动程序而不要与它的结构和内部细节有关的任何特殊的知识。驱动程序也可以相互调用(通过 I/O 管理器)来完成 I/O 请求的、分层的、独立的处理。

9.7.2 即插即用管理器

即插即用是计算机系统 I/O 设备与部件配置的应用技术。由于一个系统可以配多种外部设备，设备也经常变动和更换，它们都要占有一定的系统资源，彼此间硬件和软件上可能会产生冲突。因此在系统中要正确地对它们进行配置和资源匹配；当设备撤除、添置或进行升级时，配置过程往往是一个困难的过程。为了改变这种状况，出现了即插即用(PnP)技术，它主要有以下特点：

(1) 支持 I/O 设备及部件的自动配置，使用户能够简单方便地利用系统扩充设备。

计算机操作系统

(2)减少了由制造商造成的种种用户限制,简化了部件的硬件跳线设置,使 I/O 附加卡和部件不再人工跳线设置电路。

(3)可以在主机板和附加卡上保存系统资源的配置参数和分配状态,有利于系统对整个 I/O 资源的分配和控制。

(4)支持和兼容各种操作系统平台,具有很强的扩展性和可移植性。

(5)在一定程度上具有"热插入"、"热拼接"功能。

PnP 技术的实现需要多方面的支持,其中包含具有 PnP 功能的操作系统、配置管理软件、软件安装程序和设备驱动程序等,另外还需要系统平台的支持(如 PnP 主机板、控制芯片组和支持 PnP 的 BIOS 等),以及各种支持 PnP 规范的总线、I/O 控制卡和部件。

PnP 管理器为 Windows 2000 提供了识别并适应计算机系统硬件配置变化的能力。PnP 支持需要硬件、设备驱动程序和操作系统的协同工作才能实现。总线上设备标识的有关工业标准是实现 PnP 支持的基础,例如,USB 标准定义了 USB 总线上识别 USB 设备的方式。

Windows 2000 的 PnP 管理器支持提供以下功能:

(1)自动识别所有已经安装的硬件设备。在系统启动的时候,一个进程会检测系统中硬件设备的添加或删除。

(2)通过一个名为资源仲裁的进程收集硬件资源需求来实现硬件资源的优化分配,满足系统中的每一个硬件设备的资源需求,还可以在启动后根据系统中硬件配置的变化对硬件资源重新分配。

(3)通过硬件标识选择应该加载的设备驱动程序。如果找到相应的设备驱动程序,则通过 I/O 管理器加载,否则启动相应的用户态进程请求用户指定相应的设备驱动程序。

(4)为检测硬件配置变化提供了应用程序和驱动程序的接口。因此在 Windows 2000 中,在硬件配置发生变化的时候,相应的应用程序和驱动程序也会得到通知。

Windows 2000 的目标是提供完全的 PnP 支持,但是具体的 PnP 支持程度要由硬件设备和相应驱动程序共同决定。如果某个硬件或驱动程序不支持 PnP,整个系统的 PnP 支持将受到影响。一个不支持 PnP 的驱动程序可能会影响其他设备的正常使用,一些比较早的设备和相应的驱动程序可能不支持 PnP。一般情况下,在 NT4 下可以正常工作的驱动程序在 Windows 2000 中也可以工作,但 PnP 不能通过这些驱动程序完成设备资源的动态配置。

为了支持 PnP,设备驱动程序必须支持 PnP 调度例程和添加设备的例程,总线驱动程序必须支持不同类型的 PnP 请求。在系统启动过程中,PnP 管理器向总线驱动程序询问得到不同设备的描述信息,包括设备标识、资源分配需求等,然后 PnP 管理器就加载相应的设备驱动程序并调用每一个设备驱动程序的添加设备例程。

设备驱动程序加载后已经做好了开始管理硬件设备的准备,但是并没有真正开始和硬件设备通信。设备驱动程序等待 PnP 管理器向其 PnP 调度例程发出启动设备的命令,启动设备命令中包含 PnP 管理器在资源仲裁后确定的设备的硬件资源分配信息,设备驱动程序收到启动设备命令后开始驱动相应设备,并使用所分配的硬件资源开始工作。

设备启动后,PnP 管理器可以向设备驱动程序发送其他的 PnP 命令,包括把设备从系统中重装,重新分配硬件资源等。把设备从系统中移开的 PnP 命令包括 queryremove,remove 等,重新分配硬件资源涉及的 PnP 命令有 querystop,stop,start device 等。不同的 PnP 命令会引起设备状态的改变。

9.7.3 电源管理器

同 Windows 2000 的 PnP 支持一样,电源管理也需要底层硬件的支持,底层的硬件需要符合 ACPI(Advanced Configuration and Power Interface)标准,因此支持电源管理的计算机系统的 BIOS 必须符合 ACPI 标准。1998 年底以来的 x86 计算机系统都符合 ACPI 标准。

ACPI 为系统和设备定义了不同的能耗状态,目前有 6 种,从 S0(正常工作)到 S5(完全关闭)。每一种状态都有如下指标:.

(1)电源消耗:计算机系统消耗的能源。

(2)软件运行恢复:计算机系统恢复到正常工作状态时软件能否恢复运行。

(3)硬件延迟:计算机系统恢复到正常工作状态的时间延迟。

计算机系统在 S1 到 S5 的状态之间互相转换,转换必须先通过状态 S0。S1～S5 的状态转换到 S0 称做唤醒,从 S0 转换到 S1～S5 称做睡眠。

设备也有相应的能耗状态。设备能耗状态和整个计算机系统是不同的。ACPI 定义的设备能耗分为 4 种状态:从 D0 到 D3。其中 D0 为正常工作,D3 为关闭,D1 和 D2 的意义可以由设备驱动程序自行定义,只要保证 D1 耗能低于 D2,D2 耗能低于 D3 即可。

Windows 2000 的电源管理策略由两部分组成:电源管理器和设备驱动程序。电源管理器是系统电源策略的所有者,因此整个系统的能耗状态转换由电源管理者决定,并调用相应设备的驱动程序完成。电源管理器根据以下因素决定当前相同的能耗状态:

(1)系统活动状况;

(2)系统电源状况;

(3)应用程序的关机、休眠请求;

(4)用户的操作,例如用户按电源按钮;

(5)控制面板的电源设置。

当电源管理器决定要转换能耗状态时,会向设备驱动程序相应的调度例程发送相应的电源管理命令。一个设备可能需要多个设备驱动程序,但是负责电源管理的设备驱动程序只有一个。设备驱动程序根据当前系统状态和设备的状态决定如何进行下一步操作。例如,当设备状态从 S0 切换到 S1 时,设备的能耗状态也从 D0 切换到 D1。

除了响应电源管理命令外,设备驱动程序也可以独立地控制设备的能耗状态。

设备驱动程序可以自己检测设备的闲置时间,也可以通过电源管理器检测。在使用电源管理器时,设备驱动程序通过调用函数 PoRegisterDevicForIdleDetecetion,将相应设备注册到电源管理器中,该函数告诉电源管理器检测设备闲置的超时参数以及发现设备闲置时应该把设备切换到何种能耗状态。驱动程序需要设置两个超时值:一个用于设置计算机节省电能,另一个用于计算机达到最优性能。调用了 PoRegisterDevicForIdleDetecetion 函数后,设备驱动程序需要通过函数 PoSetDevice-Busy 通知电源管理器设备何时被激活。

9.8 Windows 2000 磁盘管理

Windows 2000 在 Win NT Server 4.0 的高效文件服务基础上,加强或新增了分布式文件系统、用户配额、加密文件系统、磁盘碎片整理和索引服务等特性。Win NT 借鉴了 MS-DOS 的分区机制,让 MS-DOS 在一个物理盘上采用多个分区,也就是逻辑盘。扩展了 MS-DOS 分区的基本概念,支持企业级操作系统所需的一些存储管理的特征:跨磁盘管理和容错。

早期磁盘管理的缺点是对大多数磁盘设置的改变需要重启操作系统才能生效,Win NT 的注册表中为 MS-DOS 方式的分区(Windows 2000 中称为基本盘)保存了多分区磁盘的配置信息,每个卷有一个惟一的从 A~Z 的驱动器名。

9.8.1 磁盘存储类型

1. 分区

分区是盘上连续扇区的集合。简单卷被文件系统驱动程序作为一个独立单元管理,来自一个分区的所有扇区。多分区卷代表被文件系统驱动程序作为一个独立单元管理,来自多个分区的所有扇区。多分区卷具有简单卷所不支持的性能、可靠性和大小等特性。

基本分区:初始时一个磁盘被用做基本存储,新添加的磁盘也被用做基本磁盘,并且它和 Windows NT 4.0 兼容。基本盘可以包含最多 4 个基本分区或 3 个基本分区加一个扩展分区。

动态分区:与基本分区相比,卷集可被扩展到包括不连续的磁盘空间,一个磁盘上可创建的卷集个数没有限制,磁盘配置信息是存放在磁盘上的,而不是注册表或其他不利于更新的地方。磁盘配置信息同时也被复制到其他动态磁盘上。动态分区由逻辑磁盘管理子系统(LDM)负责。

LDM 的数据库存在于每个动态盘最后的 1MB 保留空间中,实现了一个 MS-DOS 的分区表,这是为了继承一些在 Windows 2000 下运行的磁盘管理工具,或是在双引导环境中让其他系统不至于认为动态盘还没有被分区。由于 LDM 分区在磁盘的 MS-DOS 分区表中并没有体现出来,所以被称为软分区,而 MS-DOS 分区被称为硬分区。

2. LDM 数据库结构

私有头:GUID、磁盘组的名字(该名字是由 DgO 和计算机的名字一起组成,例如 SusanDgO,意味着计算机的名字是 Susan)和一个指向数据库内容表的指针。为了保证可靠性,LDM 在磁盘的最后一个扇区保存了私有头的拷贝。

数据库内容表:有 16 个扇区大小,其中包含关于数据库布局的信息。

数据库记录区域:紧接着内容表,并将内容表后第一个扇区作为数据库记录头。这个扇区中存储了数据库记录区的信息,包括其所包含的记录个数、数据库相关的磁盘组的名字和 GUID、LDM 用于创建下一项的序列号。

数据库中的每一项可以是如下 4 种类型之一:分区、磁盘、组件、卷。LDM 把每一项与内部对象的标识符联系到一起。在最低的级别,分区项描述软分区,它是在一个盘上的连续区域。存储在分区项中的标识符把这个项与一个组件和一个磁盘项联系起来。磁盘项代表一个磁盘组中的动态盘,包括磁盘的 GUID。组件项像一条链子把一个或多个分区项和与分区相连的卷项联系起来。卷项存放这个卷的 GUID、卷的大小和状态、驱动器的名字。比一个数据库记录大的磁盘项占用多个记录的空间,分区项、组件项和卷项很少占用多个记录的空间。

LDM 需要 3 个项来描述一个简单卷:分区项、组件项和卷项。分区项描述系统分配给某个卷磁盘上的一个区域,组件项把一个分区项和一个卷项联系起来,卷项中包含 Windows 2000 内部用来识别卷的 GUID。多分区卷需要的项数多于 3 个。例如,一个条带卷包括最少两个分区项、一个组件项和一个卷项。惟一一种含有一个以上组件项的卷的类型是镜像卷。镜像卷含有两个组件项,每个只表示这个镜像的一半。LDM 为每个镜像卷使用两个组件项的目的是:当一个镜像破坏时 LDM 能够在组件一级将它们分割开来,并创建两个各含有一个组件项的卷。因为简单卷需要 3 个项,而 1MB 数据库空间大约可以容纳 8 000 个项,所以在 Windows 2000 中可以创建的卷数目的有效上界大约是 2 500 个。

事务处理日志区:是 LDM 数据库的最后部分。它包含的几个扇区在数据库信息改变时用来存储备份信息。这样确保在系统崩溃或断电时,LDM 能够利用日志把系统恢复到一个正确的状态。

9.8.2 驱动程序 Ntldr

Ntldr 为 Windows 引导最初使用的操作系统元件。系统卷中引导扇区中的代码负责执行 NtldroNtldr 从系统卷中读取 Boot.ini 文件,把计算机的引导选项显示给用户。Boot.ini 指定分区名为 multi(0)disk(0)rdisk(0)partition(1)的形式。Ntldr 把 Boot.ini 中用户指定的项转换为正确的引导分区,然后将 Windows 2000 系统文件(从注册表、Ntoskrnl.exe、引导驱动程序开始)装入内存,继续引导过程。

Windows 2000 的存储驱动程序是基于类的,而类实现所有存储设备共同的功能。

磁盘的类驱动程序使用 I/O 管理器的 IoReadPartitionTable 函数识别表示分区的设备对象。

9.8.3 多重分区管理

其他文件系统管理工具有 FtDisk 和 DMIO 负责识别文件系统驱动程序管理的卷,并将 I/O 直接从卷映射到组成卷的底层分区。对简单卷来说,通过把卷的偏移量加上卷在磁盘中的起始地址,卷管理器可以保证卷的偏移量被转换成盘的偏移量。对于多分区卷就复杂多了,因为组成卷的分区可以是不邻接的分区,甚至可以在不同的磁盘中。有一些多分区卷使用数据冗余技术,所以它们需要更多卷到磁盘的转换工作。

Windows 2000 提供了多种形式的分区,可以用于不同要求的环境。具体参见图 9-23 至图 9-25。

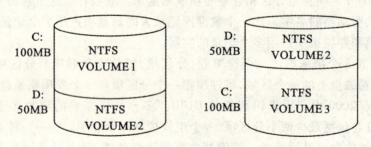

图 9-23 跨分区卷

简单卷:是包含在单一磁盘上的磁盘空间。

跨分区卷:是一个单独的逻辑卷,最多由在 1 个或多个磁盘上的 32 个空闲分区组成。跨分区卷可以用来把小的磁盘空闲区域,或者把两个或更多的小磁盘组成大的卷。卷管理器对 Windows 2000 的文件系统隐藏了磁盘物理配置信息。

条带卷(RAID-0 卷):由一系列分区组成的单独的逻辑卷,最多有 32 个分区并且每个盘一个分区,组合多个(2~32 个)磁盘上的 Free Space 到一个卷。条带卷中的一个分区不需要占据整个磁盘,惟一的限制是每个盘上的分区大小相同,数据能够被平均分配到每个磁盘上。图 9-25 是由分别在 3 个盘上的 3 个分区构成的条带卷。

镜像卷:单一卷的两份相同的拷贝,每一份在一个硬盘上。它提供容错能力,使

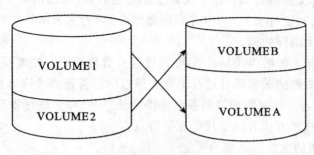

图 9-24 镜像卷

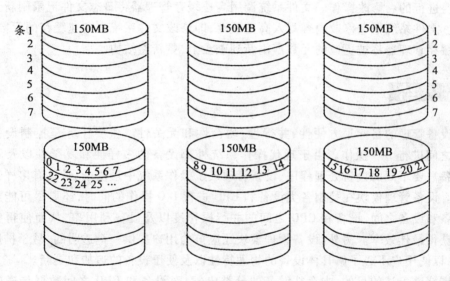

图 9-25 条带卷（RAID-0 卷）

一个磁盘上分区的内容被复制到另一个磁盘与它大小相等的分区中。镜像卷有时也被称为 RAID-1。镜像卷可以在主分区和镜像分区之间平衡 I/O 操作。两个读操作可以同时进行，所以理论上只用一半时间就可以完成。当修改一个文件时，必须写入镜像卷的两个分区，但是磁盘写操作可以异步进行，所以用户态程序的性能一般不会被这种额外的磁盘更新所影响。镜像卷是惟一一种支持系统卷和引导卷的多分区卷。

廉价冗余磁盘阵列 5 卷：相当于提供容错功能的 Striped Volume，要求至少 3 个硬盘，类似于 Win NT 4.0 中的 Stripe Set With Parity。

9.8.4 高速缓存

Windows 2000 采用单一集中式系统高速缓存。任何数据都能被高速缓存，无论它是用户数据流(文件内容和在这个文件上正在进行读/写的活动)还是文件系统的元数据(例如目录和文件头)。与内存管理器结合,因为它采用将文件视图映射到系统虚拟空间的方法访问数据。

高速缓存是基于流的 Windows 2000 高速缓存管理器用一种虚拟块缓存的方式,管理器对缓存中文件的某些部分进行追踪。通过内存管理器的特殊系统高速缓存例程将 256KB 大小的文件视图映射到系统虚拟地址空间,高速缓存管理器能够管理文件的这些部分。这种方式有以下几个主要特点:

(1)它使智能的文件预读成为可能。

(2)它允许 I/O 系统绕开文件系统访问已经在缓存中的数据(快速 I/O)。

Windows 2000 提供可恢复的文件系统支持。文件系统写一个日志文件记录,记录将要进行的卷修改操作。文件系统调用高速缓存管理器将日志文件记录刷新到磁盘上。文件系统把卷修改内容写入高速缓存,即修改文件系统在高速缓存的元数据。高速缓存管理器将被更改的元数据刷新到磁盘上,更新卷结构。

小　　结

设备管理的目标是方便性、并行性、均衡性和无关性。主要任务是控制设备和 CPU 之间进行 I/O 操作。由于现代操作系统外部设备的多样性和复杂性以及不同的设备需要不同的设备处理程序,设备管理成了操作系统中最复杂、最具有多样性的部分。设备管理模块在控制各类设备和 CPU 进行 I/O 操作的同时,还要尽可能地提高设备和设备之间、设备和 CPU 之间的并行操作度以及设备利用率,从而使得整个系统获得最佳效率。另外,设备管理模块还应该为用户提供一个透明的、易于扩展的接口,以使用户不必了解具体设备的物理特性以及便于设备的追加和更新。

围绕着上述的目的,本章从设备的分类出发,对设备和 CPU 之间数据传送的控制方式、中断和缓冲技术、设备分配原则和算法、I/O 控制过程以及设备驱动程序进行了介绍和讨论。

常用的设备和 CPU 之间的数据传送控制方式有 4 种,它们是程序直接控制方式、中断控制方式、DMA 方式和通道方式。程序直接控制方式和中断控制方式都只适用于简单的、外设很少的计算机系统,因为程序直接控制方式耗费大量的 CPU 时间以及无法检测发现设备或其他硬件产生的错误,而且设备和 CPU、设备和设备之间只能串行工作。中断控制方式虽然在某种程度上解决了上述问题,但由于中断次数多,因而 CPU 仍需花较多的时间处理中断,而且能够并行操作的设备台数也受到中断处理时间的限制,中断次数增多导致数据丢失。DMA 方式和通道方式较好地解决了上述问题。这两种方式采用了外设和内存直接交换数据的方式。只有在一段数据传送结束时,这两种方式才发出中断信号要求 CPU 做善后处理,从而大大减少了 CPU 的工作负担。DMA 方式和通道控制方式的区别是:DMA 方式要求 CPU 执行设备驱动程序启动设备,给出存放数据的内存始址以及操作方式和传送字节长度等;而通道控制方式则是在 CPU 发出 I/O 启动命令之后,由通道指令来完成这些工作。

中断及其处理是设备管理中的一个重要部分。本章在介绍中断基本概念的同时,对陷入和软中断也进行了相应的介绍和比较。另外,还介绍和描述了中断处理的基本过程。

缓冲是为了匹配设备和 CPU 的处理速度,为了进一步减少中断次数和解决 DMA 方式或通道方式时的瓶颈问题。缓冲有硬缓冲和软缓冲之分。我们还介绍了对缓冲池的管理和操作。由于缓冲区是临界资源,所以对缓冲区或缓冲队列的操作必须互斥。

I/O 控制过程是对整个 I/O 操作的控制,包括对用户进程 I/O 请求命令的处理,进行设备分配,缓冲区分配,启动通道指令程序或驱动程序进行真正 I/O 操作,以及分析中断原因和响应中断等。

为提高磁盘设备的利用率,设备管理中可以采用磁盘调度算法。常见的磁盘调度算法有:FCFS、SSTF、SCAN 和 C-SCAN 等。

本章还介绍了设备分配原则和算法。设备分配应保证设备有高的利用率和避免产生死锁。进程只有在得到了设备、I/O 控制器和通道(通道控制方式时)之后,才能进行 I/O 操作。另外,用户进程给出的 I/O 请求中包含逻辑设备号,设备管理程序必须将其变换成为实际的物理设备。I/O 请求命令中的其他参数将被用来编制通道指令程序或由设备开关表选择设备驱动程序。

本章最后介绍了 Windows 2000 系统的设备管理。

习 题 九

9.1　按信息交换的单位可以将设备分为哪几类?各有何特点?举例加以说明。

9.2　设备管理的基本功能是什么?为完成这些功能,设备管理软件应由哪些部分组成?

9.3　什么是设备独立性?引入设备独立性有什么好处?

9.4　什么是缓冲?为什么要引入缓冲?

9.5　什么是缓冲池?试说明缓冲池的工作情况。

9.6　什么是虚拟设备?如何进行虚拟分配?

9.7　什么是通道?通道有哪几种类型?

9.8　试说明单通道 I/O 系统中为进程分配一台设备的过程。

9.9　设备分配中为什么可能出现死锁?

9.10　有哪几种 I/O 控制方式?各有何特点?

9.11　什么是 Spooling 技术?Spooling 系统由哪几部分构成?

9.12　为什么打印机的输出文件在打印之前通常都假脱机输出在磁盘上?

9.13 什么是独占设备？独占设备如何分配？

9.14 试述 I/O 软件的层次结构,各层负责什么工作？

9.15 Windows 2000 中卷和分区有什么关系？Windows 2000 中管理的有哪些多重分区？

9.16 简述 Windows 2000 中高速缓存的作用。

第十章 文件管理

【学习目的】

熟悉文件、文件系统的概念,文件的结构,文件的访问方式,文件的分类。

熟悉文件目录的管理、文件的保密与保护方法。

熟悉文件的使用与控制。

了解文件的保护以及文件存储器空间管理。

【学习重点、难点】

文件系统的软件体系结构;

文件的物理结构、文件存储器的特性和存取方法;

文件的目录结构、文件共享机制。

10.1 文件系统的概念

10.1.1 文件和文件系统

1. 文件

文件是具有文件名的一组相关信息的集合。通常,文件由若干个记录组成。当组成记录的数据项为单个字符时,也可将文件看做字符流的集合。例如,每个职工记录由姓名、性别、出生年月、工资等数据项组成,所有职工记录组成一个文件。

文件表示的范围很广,系统一般将程序或数据作为文件来存储。例如,一个C++源程序、中间目标程序、可执行程序或一批数据等都可看做文件。在有的操作系统中,设备也被看做一种特殊的文件。这样,系统可以对设备和文件实施统一管理,这既简化了系统设计又方便了用户。

2. 文件系统的主要功能

文件系统是指操作系统中与管理文件有关的软件和数据的集合。其主要功能如下:

(1)实现按文件名存取文件信息。当用户要求保存已命名文件时,文件系统应根据一定的格式将用户的文件存放到存储设备中;当用户要使用文件时,系统根据用户所给的文件名能够在存储设备中找到所需文件,也就是说,完成从用户提供的文件名到文件存储设备物理地址映射。这种映射是由文件说明(如文件头)中所给出的有关信息决定的。对用户而言,不必了解文件的物理位置和查找方法,这一过程对用户是透明的。

(2)为用户提供统一、友好的接口。一般来说,用户是通过文件系统使用计算机的,因此,文件系统是操作系统的对外窗口,用户是通过文件系统提供的接口处理文件的。不同的操作系统提供不同类型的接口,不同的应用程序也可以使用不同的接口。常见的接口有:命令接口、程序接口和图形接口等。

(3)实施对文件和文件目录的管理。这是文件系统最基本的功能,它负责为用户建立、撤销、读写、修改、复制和删除文件,以及建立或删除文件目录。

(4)文件存储设备空间的分配和回收。当建立一个文件时,文件系统应根据文件的大小,为文件分配合适的存储空间;文件被删除时,应收回其存储空间。

(5)提供有关文件的共享和保护。

3. 文件系统的软件体系结构

图 10-1 给出了文件系统的软件体系结构,它包含 5 层:基本 I/O 控制层、基本文件系统层、基本 I/O 管理程序层、逻辑文件系统层和文件系统接口。不同的操作系统可能有不同的组成。

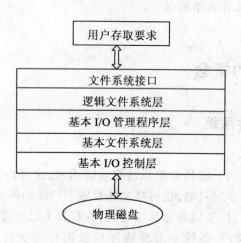

图 10-1 文件系统的软件体系结构

(1)基本 I/O 控制层:该层主要由磁盘(磁带)驱动程序组成(又称为设备驱动程序层),负责设备 I/O 操作及对设备发出的中断进行处理。

(2)基本文件系统层:又称为物理 I/O 层,这是与计算机系统外部环境相连的主要接口。该层负责处理内存和外存之间的数据块交换,它关心的是数据块在外存设备和在主存缓冲区中的位置,而无需了解所传送数据块的结构或内容。

(3)基本 I/O 管理程序层:又称为文件组织模块层,负责所有文件 I/O 的初始化和文件的终止。该层完成磁盘 I/O 有关的工作,包括选择文件所在的设备,进行文件逻辑块号到物理块号的映射,优化调度磁盘或磁带的性能,对文件空闲存储空间进行管理,指定 I/O 缓冲区。

(4)逻辑文件系统层:该层处理文件及记录的相关操作。例如允许用户利用符号文件名访问文件,实现对文件及记录的保护,实现目录操作等。

(5)文件系统接口层:它在应用、文件系统、保存数据的设备之间建立一个标准的接口,对不同的存取方法,能反映出不同的文件结构和不同的数据处理方法。

10.1.2 文件分类

为了便于管理和控制文件,通常将文件分为若干种类型。文件的分类方法有很多,这里介绍几种常用的文件分类方法。

1. 按用途分类

按用途可以将文件分为以下几类:

(1)系统文件:指由系统软件构成的文件。大多数系统文件允许用户调用执行,一般不允许用户去读或修改它。

(2)库文件:指由系统提供给用户使用的各种标准过程、函数和应用程序文件。这类文件允许用户调用执行,但不允许用户修改。

(3)用户文件:指用户委托文件系统保存的文件,如源程序、目标程序、原始数据等。这类文件只能由文件所有者或经所有者授权的用户使用。

2. 按保护级别分类

按保护级别可以将文件分为以下几类:

(1)只读文件:允许所有者或授权用户对文件进行读,但不允许写。

(2)读写文件:允许所有者或授权用户对文件进行读写,但禁止未核准用户读写。

(3)执行文件:允许核准用户调用执行,但不允许对它进行读写。

(4)不保护文件:不加任何访问限制的文件。

3. 按信息流向分类

按信息流向可以将文件分为以下几类:

(1)输入文件:如读卡机或键盘上的文件,只能读入,所以它们是输入文件。

(2)输出文件:如打印机上的文件,只能写出,所以它们是输出文件。

(3)输入/输出文件:如磁盘、磁带上的文件,既可以读又可以写,所以它们是输入/输出文件。

4. 按数据形式分类

按数据形式可以将文件分为以下几类:

(1)源文件:指由源程序和数据构成的文件。源文件一般由 ASCII 码或汉字组成。

(2) 目标文件:指源文件经过编译中间代码形成的文件。目标文件一般为二进制文件。

(3) 可执行文件:编译后经链接形成的可以运行的文件。

10.2 文件结构与存储设备

文件结构是指文件的组织形式。文件结构分为文件的逻辑结构和文件的物理结构。文件的逻辑结构是从用户观点出发所看到的文件组织形式,是用户可以直接处理的数据和结构。文件的物理结构是指文件在外存上的存储组织形式,它直接关系到存储空间的利用率。文件的逻辑结构与存储设备特性无关,但文件的物理结构与存储设备的特性密切相关。

10.2.1 文件的逻辑结构

文件的逻辑结构可以分为两种形式:一种是有结构的记录式文件,另一种是无结构的流式文件。

(1) 记录式文件。这是一种有结构的文件,它由一组相关记录组成,用户以记录为单位来组织信息。记录式文件又可以分为等长记录文件和变长记录文件。等长记录文件中的所有记录具有相同的长度,变长记录文件中各记录的长度不相等。

(2) 流式文件。这是一种无结构文件,它由字符系列组成,其内部信息不再划分结构。这可理解为字符是该文件的基本信息单位,也可以将流式文件看成是记录式文件的特例。

在 UNIX 系统中,所有文件都被看成流式文件,系统不对文件进行格式处理。

10.2.2 文件的物理结构

文件的物理结构是指一个文件在外存上的存储组织形式,它与存储介质的存储特性有关。由逻辑地址到物理地址的映射是和物理结构密切相关的,文件存储设备通常划分为大小相等的物理块,物理块是分配及传输信息的基本单位。物理块的大小与设备有关,但与逻辑记录的大小无关,因此一个物理块中可以存放若干个逻辑记录,一个逻辑记录也可以存放在若干物理块中。为了有效地利用外存设备和便于系统管理,一般也把文件信息划分为与物理存储块大小相等的逻辑块。

常见的文件物理结构有以下几种形式:

1. 顺序结构

顺序结构又称连续结构,是一种最简单的物理文件结构,它将一个逻辑文件的信息存放在外存的连续物理块中。以顺序结构存放的文件称为顺序文件或连续文件。

顺序文件的主要优点是实现简单,顺序存取时速度较快。当文件为定长记录文件时,还可以根据文件的起始地址、记录长度和所访问记录的序号进行随机访问。但因为文件存储要求连续的存储空间,因而会产生碎片,同时也不利于文件的动态扩充。这种结构常用于长度比较固定、变化较少的文件,如系统文件等。

2. 链接结构

链接结构又称串联结构,它将一个逻辑上连续的文件信息存放在外存的不连续(或连续)物理块中。为了使系统能方便地找到后续的文件信息,每一个物理块中设置一个指针,指向下一个物理块,从而使存放同一个文件的物理块链接起来。采用链接结构存放的文件称为链接文件或串联文件。

链接文件的优点是可以解决外存的碎片问题,因而提高了外存空间的利用率,同时文件的动态增长也很方便。但链接文件只能按照文件的指针链顺序访问,因而查找效率较低。链接结构一般只适合于逻辑上连续的文件,不能随机存取。另外,链接指针也需占用一定的存储器空间。

3. 索引结构

索引结构是将一个逻辑文件内容存在外存的若干个物理块中,并为每个文件建立一个索引表,表的每个目录项存放文件信息所在的逻辑块号和与之对应的物理块号,如图10-2所示。以索引结构存放的文件称为索引文件。

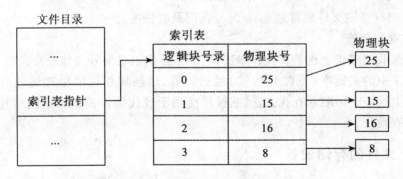

图 10-2 索引文件示意图

索引文件的优点是既适用于顺序存取,也便于进行随机存取,还易于文件的增删。使用索引表增加了存储空间的开销,另外,在存取文件时需要多次访问存储器,其中一次是访问索引表,另一次是根据索引表提供的物理块号访问文件信息。索引表的查找方法对文件系统的效率影响较大。

10.2.3 文件的存取方法

文件的存取方法是指读写文件存储设备上物理块的方法,通常有3类存取方法:顺序存取法、直接存取法和按键存取法。

1. 顺序存取法

顺序存取法是按照文件信息的逻辑顺序依次存取。在记录式文件中,顺序存取法反映为按记录的排列顺序来存取。如果当前存取的记录为 R_i,则下次要存取的记录自动地确定为 R_{i+1}。在流式文件中,顺序存取反映了当前读写指针的变化,即在存取完一段信息之后,读写指针自动加上这段信息的长度,以便指出下次存取的位置。

对于定长记录的顺序文件,如果知道了当前记录的地址,很容易确定下一个要存取记录的地址。例如,设置一个读指针 rptr,令它总是指向下一次要读出的记录首地址。记录存取后即对 rptr 进行相应修改,对于定长记录文件,rptr 修改为:

$$rptr = rptr + L$$

其中 L 为文件记录的长度。此时 rptr 指向下一次要读写的记录首地址。

2. 直接存取法

直接存取(又称随机存取)法允许按任意顺序存取文件中的任何一个物理记录,可以根据记录的编号来直接存取文件中的任意一个记录,或者移动指针到任一所需位置。在流式文件中,直接存取法必须事先通过命令把读写指针移到欲读写信息的开始处,然后再进行读写。

对于定长记录的顺序文件,若知道文件的起始地址和记录长度,则第 i 个记录($i = 0, 1, 2, \cdots$)的首地址为:

$$rptr = addr + i * L$$

其中 addr 是该文件的首地址,L 为一条记录的长度。

3. 按键存取法

按键存取法实质上也是直接存取法,它不是根据记录编号或地址来存取,而是根据文件记录中的关键字(通常称为键)经过计算,转换成相应的物理地址后进行存取。实际上这是一种散列查找方法,它被广泛用于现代操作系统和数据库管理系统中的数据查找。

10.2.4 文件的存储设备

文件的存储设备主要有磁带、磁盘、光盘等。由于存储设备的特性可以决定文件的存取方法,因此这里介绍以磁带为代表的顺序存储设备和以磁盘为代表的随机存储设备的特性,存储设备、存取方法与物理结构之间的关系以及磁盘调度算法。

1. 文件存储设备

磁带是一种典型的顺序存取设备,这种设备只有在前面的物理块被存取访问过之后,才能存取后续物理块的内容。由于磁带机的启动和停止都要花费一定的时间,因此在磁带的相邻物理块之间设计有一段间隙将它们隔开,如图 10-3 所示。

		磁带				
⋯	间隙	第 i 块	间隙	第 $i+1$ 块	间隙	⋯

图 10-3 磁带的结构

磁带的存取速度与信息密度(字符数/英寸)、磁带带速(英寸/秒)和块间间隙有关。如果带速高、信息密度大且块间的间隙(磁头启动和停止时间)小,则磁带存取速度高。反之,则磁带存取速度低。由于磁带读写时只有在第 i 块被存取之后,才能对第 $i+1$ 块进行存取操作,因此,某个特定物理块的存取访问时间与该物理块到磁头当前位置的距离有关。

磁盘是典型的随机存取设备,这种设备允许直接存取磁盘上的任一物理块。磁盘机一般具有若干共轴盘片,沿同一方向高速旋转。每个盘面对应一个磁头,磁臂可沿半径方向移动。磁盘上的一系列同心圆称为磁道,磁道沿径向又分成大小相等的多个扇区,与盘片中心等距离的所有磁道组成一个柱面。因此,磁盘上的每个物理块可用柱面号、磁头号(盘面号)和扇区号表示,图 10-4 给出了磁盘结构示意图。

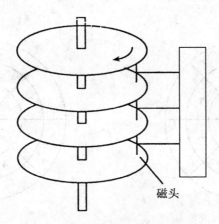

图 10-4 磁盘结构示意图

磁盘访问时间由 3 部分组成:寻道时间、旋转延迟时间和传输时间。寻道时间是指将磁头从当前位置移动到指定磁道所经历的时间,旋转延迟时间是指将指定扇区移动到磁头下方所经历的时间,传输时间是指从磁盘上读出数据或向磁盘写入数据所经历的时间。由于这 3 部分操作均涉及机械运动,故磁盘块的访问时间为几毫秒至几十毫秒之间,其中寻道时间所占的比例最大,约占整个访问时间的 70%。

2. 存储设备、存取方法和物理结构之间的关系

文件的物理结构与文件存储器的特性和存取方法密切相关。

由于磁带是一种顺序存取存储设备,若用它作为文件存储器,则适合采用顺序结构存放文件,相应的存取方法通常采用顺序存取法。在顺序存取时,当存取一个记录后,由于磁头正好移到下一个记录的位置,因而可以随即存取该记录,不再需要额外的寻找时间。采用其他文件结构或采用随机存取方式都不太合适,因为需要来回倒带,效率较低。

磁盘属于随机存取存储设备,前述的几种物理结构都可以采用。存取方法也可以多种多样。采用何种物理结构和存取方法要看系统的应用范围和文件的使用情况。如果采用顺序存取法，则前述的几种结构都可采用。但如果采用直接(随机)存取法，则索引文件效率最高，顺序文件效率居中，串联文件效率最低。

磁盘上的物理块可以按磁盘旋转的反方向依次排列编号，也可以采用交叉排列编号。在磁盘格式化时，数据块编号就考虑了交叉系数。图10-5中的(a)和(b)给出了这两种排列方法。第二种排列方法的优点是：磁头读完前面的物理块并加以处理后，刚好处于下一个物理块的位置，从而使操作系统能够连续读出数据块，发挥出硬件的最高速度。如果按第一种方法排列，则在前一个物理块读出处理后，下一个物理块已转过磁头，只好等到下次该物理块转到磁头下方时才能读取，操作系统为了保证将8个数据块按照从0到7的顺序读出，磁盘就需要旋转8周，大大降低了磁盘的存取速度。

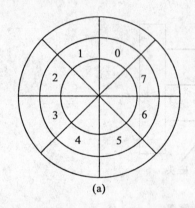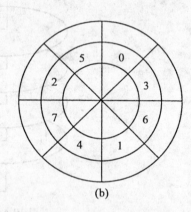

图 10-5　磁盘上物理块的排列

存储设备、存取方法和文件物理结构之间的关系如表10-1所示。

表 10-1　　　　存储设备、存取方法和文件物理结构之间的关系

存储设备	磁盘			磁带
文件物理结构	顺序结构	链接结构	索引结构	顺序结构
存取方法	顺序、直接	顺序	顺序、直接	顺序

3. 磁盘调度算法

磁盘可以被多个进程共享。当有多个进程都请求访问磁盘时，应采用适当的调度算法，以使各进程对磁盘的平均访问时间(主要是寻道时间)最短。下面介绍几种磁盘调度算法。

(1) 先来先服务(FCFS)算法。先来先服务算法是一种最简单的磁盘调度算法。

该算法按进程请求访问磁盘的先后次序进行调度。该算法的特点是简单、公平，但未对寻道进行优化，因而效率较低。

（2）最短寻道时间优先（SSTF）算法。该算法选择与当前磁头所在磁道距离最近的请求作为下一次服务的对象。该算法的寻道性能比 FCFS 好，但它不能保证平均寻道时间最短，并有可能使某些进程的请求长久得不到服务（这种现象称为"饥饿"）。

（3）扫描（SCAN）算法。SCAN 算法在磁头当前移动方向上选择与当前磁头所在磁道距离最近的请求作为下一次服务的对象。由于这种算法中磁头的移动跟电梯相似，故又称为电梯调度算法。SCAN 算法具有较好的寻道性能，又避免了饥饿现象，但它对两端的磁道请求不利。

（4）循环扫描（C-SCAN）算法。C-SCAN算法是对 SCAN 算法的改良，它规定磁头单向移动。例如，自里向外移动。当磁头移到最外磁道时立即又返回到最里面的磁道，如此循环进行扫描。该算法消除了对两端磁道请求的不公平。

先来先服务算法和最短寻道时间优先算法的调度情况如表 10-2 所示。

表 10-2　　先来先服务算法和最短寻道时间优先算法的调度情况

FCFS		SSTF	
（从磁道 20 处开始）		（从磁道 20 处开始）	
下一个被访问磁道	移动磁道数	下一个被访问磁道	移动磁道数
10	10	20	0
22	12	22	2
20	2	10	12
2	18	6	4
40	38	2	4
6	34	38	36
38	32	40	2
平均寻道长度 20.9		平均寻道长度 8.6	

例如，有一个磁盘请求序列，其磁道号为：10,22,20,2,40,6,38。假定磁头当前位于磁道 20 处，且磁头正向磁道号增加方向移动。表 10-2 给出了使用先来先服务算法和最短寻道时间优先算法的调度情况，表 10-3 给出了使用扫描算法和循环扫描

算法的调度情况。

表 10-3　扫描算法和循环扫描算法的调度情况

SCAN（从磁道 20 处开始,沿磁道号增加的方向）		C-SCAN（从磁道 20 处开始,沿磁道号增加的方向）	
下一个被访问磁道	移动磁道数	下一个被访问磁道	移动磁道数
20	0	20	0
22	2	22	2
38	16	38	16
40	2	40	2
10	30	2	38
6	4	6	4
2	4	10	4
平均寻道长度	8.3	平均寻道长度	9.4

10.3　文件存储空间的分配与管理

为了实现文件系统,必须解决文件存储空间的分配和回收问题,还应对文件存储空间进行有效管理。本节主要讨论文件存储空间的分配和空闲存储空间的管理方法。

10.3.1　文件存储空间的分配

一般来说,文件存储空间的分配常采用两种方式:静态分配与动态分配。静态分配是在文件建立时一次分配所需的全部空间;动态分配则是根据动态增长长度进行分配,甚至可以一次只分配一个物理块。在分配区域大小上,也可以采用不同方法。可以为文件分配一个完整的区域,也可以分配若干不连续区域。有些系统存储空间分配通常以块或簇(几个连续物理块称为簇,一般是固定大小)为单位。常用的文件存储空间分配方法有:连续分配、链接分配、索引分配。

1. 连续分配

连续分配是最简单的磁盘空间分配策略,该方法要求为文件分配连续的磁盘区域。在这种分配算法中,用户必须在分配前指明文件所需的存储空间大小。然后系统查找空闲区的管理表格,看是否有足够大的空闲区供其使用。如果有,就给文件分配所需的存储空间,如果没有,该文件就不能建立,用户进程必须等待。图 10-6 示出了磁盘空间的连续分配情况。

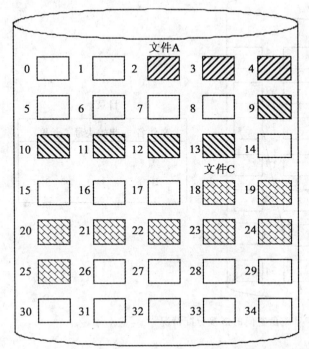

图 10-6　磁盘空间的连续分配

连续分配的优点是查找速度比其他方法的速度要快，目录中关于文件物理存储位置的信息也比较简单，只需要起始块号和文件大小。其主要缺点是容易产生碎片，需定期进行整理。

很显然，这种分配方法不适合文件随时间动态增长或减少的情况，也不适合用户事先不知道文件有多大的情况。

2. 链接分配

对文件长度需要动态增减或用户不知道文件大小的情况，往往采用链接分配。这种分配策略通常有以下两种方案。

（1）以扇区为单位的链接分配。按文件的要求分配若干个磁盘扇区，这些扇区在磁盘上可以不相连，属于同一个文件的各扇区按文件记录的逻辑顺序用指针链接起来。图 10-7 显示出了磁盘空间的链接分配情况。

当文件需要增长时，就为文件分配新的空闲扇区，并将其链接到文件链上。同样，当文件缩短时，就释放相应扇区。

链接分配的优点是消除了碎片问题。但是检索逻辑上连续的记录时，查寻时间较长，同时链接指针及其维护有一些开销。

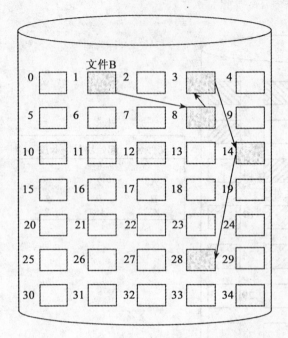

图 10-7　磁盘空间的链接分配情况

（2）以区段（或簇）为单位分配。这是一种广为使用的分配策略,其实质是连续分配和非连续分配的结合。通常,扇区是磁盘和内存信息交换的基本单位,所以常以扇区作为最小的分配单位。该分配策略不是以扇区为单位进行分配,而是以区段（或称簇）为单位进行分配。区段是由若干个（在特定系统中其数目是固定的）连续扇区组成的。文件所属的各区段可以用链接指针、索引表等方法来管理。当文件动态增加时,新增区段应尽量靠近文件的已有区段,以减少查寻时间。

此策略的优点是对辅存的管理效率较高,并减少了文件访问的查寻时间,所以被广为使用。

3. 索引分配

链接分配虽然解决了连续分配方式中存在的问题,但又出现了新的问题。首先,当要求随机访问文件时,需要按链接指针依次进行查找,这样查找效率较低。

在索引分配方法中,系统为每个文件分配一个索引块,其中存放索引表,索引表中的每个表项对应文件的一个物理块。图 10-8 显示了磁盘空间的索引分配情况。

索引分配不仅支持直接访问,而且不会产生碎片,同时也解决了文件长度受限制的问题。其缺点是由于索引块的分配增加了系统存储空间的开销。对索引分配方法,索引块的大小选择是一个很重要的问题。为了节省磁盘空间,希望索引块越小越好。但索引块太小无法支持大文件。另外,存取文件需要两次访问外存:首先要读取

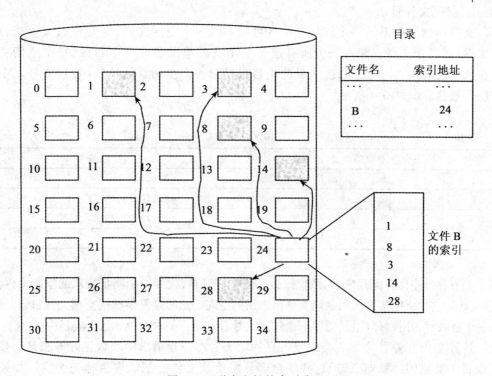

图 10-8　磁盘空间的索引分配

索引块,然后再访问具体的磁盘块。索引块太小会降低文件的存取速度。

为了更有效地使用索引表,避免访问索引文件时两次访问外存,可以在访问文件时,先将索引表取入内存,这样存取文件时只需访问外存一次。

当文件很大时,文件的索引表也会很大。如果索引表的大小超过了一个物理块,可以将索引表本身作为一个文件,再为其建立一个"索引表",这个"索引表"作为文件索引的索引,从而构成了二级索引。第一级索引表的表目指向第二级索引,第二级索引表的表目指向文件信息所在的物理块号。依此类推可再逐级建立索引,进而构成多级索引。

混合索引方式是指将多种分配方法相结合而形成的一种分配方式。例如,系统既采用直接地址,又采用一级索引分配方式、二级索引分配方式,甚至三级索引分配方式。这种混合分配方式已在 UNIX 系统中采用。

10.3.2　空闲存储空间的管理

为了实现存储空间管理,系统应记住空闲存储空间的情况,以便进行分配。下面介绍几种常用空闲存储空间的管理方法。

1. 空闲文件目录

文件存储设备上的一个连续空闲区可以看做一个空闲文件(又称空白文件或自由文件)。空闲文件目录方法为所有这些空闲文件单独建立一个目录,每个空闲文件在这个目录中占一个表目。表目的内容包括第一个空闲块的地址(物理块号)、空闲块的数目,如表10-4所示。

表 10-4　　　　　　　　　　空闲文件目录

序号	第一个空闲块的地址	空闲块数目	物理块号
1	5	3	(5,6,7)
2	13	5	(13,14,15,16,17)
3	20	6	(20,21,22,23,24,25)
4	…	…	…

当有存储空间分配请求时,系统扫描空闲文件目录,找到一个满足要求的空闲文件。用户撤销一个文件时,系统回收该文件所占用的空间。这时也需要扫描空闲文件目录,寻找一个空表目,并将释放空间的第一个物理块号及它所占的块数填到这个表目中。

这种空闲文件目录方法类似于内存的动态管理。当请求的块数正好等于某个目录表目中的空闲块数时,就把这些块全部分配给该文件并把该表目标记为空。如果该项中的块数多于请求的块数,则把多余的块号留在表中,并修改该表目中各项数据。同样,在释放过程中,如果被释放的物理块号与某一目录项中的物理块号相邻,还要进行空闲文件的合并。

仅当文件存储空间中只有少量空闲文件时,这种方法才有较高的效率。如果存储空间有大量小空闲文件,空闲文件目录项很多,将导致效率降低。该管理方法仅适用于连续文件。

2. 空闲块链

空闲块链方法将文件存储设备上的所有空闲块(又称自由块或空白块)链接在一起,并设置一个头指针指向空闲块链的第一个物理块。

当用户建立文件时,就按需要从链首依次取下几个空闲块分配给文件。撤销文件时,回收其存储空间,并将回收的空闲块依次链入空闲块链中。

这种方法的优点是实现简单,但工作效率低。因为每当增加或减少空闲块时,都要对空闲块链作调整,因而会有一定的系统开销。

一种改进的方法是将空闲块分成若干组,再用指针将组与组链接起来。这种管理空闲块的方法称为成组链接法。成组链接法在进行空闲块的分配与回收时要比空闲块链方法节省时间。

3. 位示图

这种方法是为文件存储设备建立一张位示图(也称位图),以反映整个存储空间的分配情况。在位示图中,每一个二进制位都对应一个物理块。某位为 1 时,表示对应的物理块已分配;若某位为 0,表示对应的物理块空闲,如图 10-9 所示。

```
    0  1  2  3  4  5  6  7  8  9  10 11 12 13 14 15
0   1  1  0  0  1  1  0  1  1  1  0  1  1  1  1  1
1   0  0  0  0  1  1  1  1  1  0  0  0  0  0  0  1
2   1  1  1  1  1  1  0  1  1  1  1  0  0  0  0  0
3
4                          ...
```

图 10-9 位示图

请求分配存储空间时,系统顺序扫描位示图并按需要从中找出一组值为 0 的二进制位,再经过简单的换算就可得到相应的盘块地址,然后将这些位置 1。回收存储空间时,只要将相应位清 0。

位示图的大小由磁盘空间的大小(物理块总数)确定,因为位示图仅用一个二进制位代表一个物理块,所以它通常比较小,可以保存在主存中,这就使存储空间的分配与回收较快。但这种方法实现时需要进行位与盘块号之间的转换。

10.4 文件目录管理

计算机系统中的文件种类繁多,数量庞大。为了有效管理文件,方便用户查找,应对它们加以适当的组织,一般可以通过目录实现。

10.4.1 文 件 目 录

从文件管理的角度看,文件由文件说明和文件体两部分组成。文件体即文件本身,而文件说明则是保存文件属性的数据结构,该结构称为文件控制块 FCB(File Control Block)。它包含的具体内容因操作系统而异,但至少应包括以下信息:

1. 文件名

标识一个文件的符号名。每个文件必须具有惟一的名字,这样用户可以按文件名进行文件操作。

2. 文件类型

如文本文件、二进制文件等。

3. 文件结构

说明文件的逻辑结构是记录式文件还是流式文件。若为记录式文件还需说明记录是否定长以及记录长度和记录个数,另外还需说明文件的物理结构类型。

4. 文件物理位置

指示文件在外存上的物理存储地址(如柱面、磁头、块数),存放文件的设备名、文件长度(字节、字或块数)等。文件物理地址的形式取决于物理结构,如连续文件应给出文件第一块的物理地址及所占块数,对链接文件只需给出第一块的物理地址,而索引文件则应给出索引表地址。

5. 存取控制信息

指示文件的存取权限。包括文件所有者的存取权限和其他用户的存取权限。

6. 管理信息

包括文件建立时间、最近访问时间以及当前文件使用状态等信息。

文件说明的集合称为文件目录。文件系统在每个文件建立时都要为它建立一个文件目录。文件目录用于文件描述和文件控制,实现按名存取和文件信息共享与保护。一般来说,文件目录应具有如下几个功能:

(1)实现"按名存取"。用户只需提供文件名就可以对文件进行操作。这是文件目录管理最基本的功能。

(2)提高检索速度。这需要设计合理的目录结构,也是系统一个很重要的设计目标。

(3)允许文件同名。为了便于用户按照自己的习惯来命名和使用文件,文件系统应该允许对不同文件使用相同名称。这时,文件系统可以通过不同工作目录来加以解决。

(4)允许文件共享。在多用户系统中,应该允许多个用户共享同一个文件,这样既可以节省存储空间,又可以方便用户共享资源。同时还需要相应的安全措施,以保证不同权限的用户只能取得相应的操作权限,防止越权发生。

文件系统将若干个文件目录组成一个独立的文件,这种仅由文件目录组成的文件称为目录文件。它是文件系统管理文件的手段,文件系统要求文件目录和目录文件占用空间少、存取方便。常用的文件目录结构有单级目录、二级目录和多级目录3种形式。

10.4.2 单级目录结构

单级目录结构(或称一级目录结构)是最简单的目录结构。在整个文件系统中,单级目录结构只建立一张目录表,每个文件占据其中的一个表目,如表10-5所示。

表 10-5　　　　　　　　　　　单级目录结构

文件名	物理地址	文件其他属性信息
abc	…	…

续表

文件名	物理地址	文件其他属性信息
report	…	…
Shang	…	…
…	…	…

当建立一个新文件时,首先应确定该文件名在目录中是否惟一,若不与已有的文件名发生冲突,则从目录表中找出一个空表目,将新文件的相关信息填入其中。在删除文件时,首先从目录表中找到该文件的目录项,从中找到该文件的物理地址,对文件占用的存储空间进行回收,然后再清除它所占用的目录项。当对文件进行访问时,系统首先根据文件名去查找目录表以确定该文件是否存在,如果文件存在,则找出文件的物理地址,进而完成对文件的操作。

单级目录结构的优点是易于实现,管理简单。但是存在以下缺点:

(1)不允许文件重名。单级目录下的文件,不允许和另一个文件有相同的名字。

(2)文件查找速度慢。对稍具规模的文件系统来说,由于拥有大量的目录项,致使查找一个指定的目录项可能花费较长时间。

10.4.3 二级目录结构

二级目录结构将文件目录分成主文件目录和用户文件目录两级。系统为每个用户建立一个单独的用户文件目录(User File Directory,UFD),其中的表项登记了该用户建立的所有文件及其说明信息。主目录(Master File Directory,MFD)记录系统中各个用户文件目录的情况,每个用户占一个表目,表目中包括用户名及相应用户目录所在的存储位置等。这样就形成了二级目录结构,如图10-10所示。

当用户要访问一个文件时,系统先根据用户名在主文件目录中查找该用户的文件目录,然后再根据文件名,在其用户文件目录中找出相应的目录项,从中得到该文件的物理地址,进而完成对文件的访问。

当用户想建立一个文件时,如果是新用户,系统将为其在主目录中分配一个表目,并为其分配存放用户文件目录的存储空间,同时在用户文件目录中为新文件分配一个表目,然后在表目中填入有关信息。

文件删除时,只需在用户文件目录中删除该文件的目录项。如果删除后该用户目录表为空,则表明该用户已脱离了系统,从而可以将主文件目录表中该用户的对应项删除。

二级目录可以解决文件重名问题,并可获得较快的查找速度。但二级目录结构缺乏灵活性,无法反映出复杂的文件组织形式。

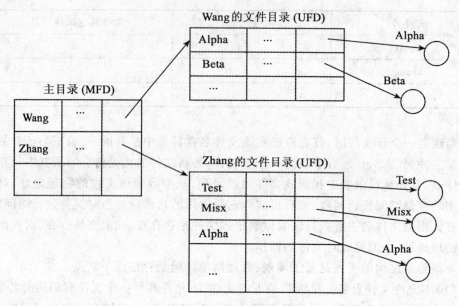

图 10-10 二级目录结构

10.4.4 多级目录结构

为了便于更灵活方便地组织管理和使用各类文件,将二级目录的层次关系加以推广,便形成了多级目录结构,又称为树形目录结构。

1. 多级目录结构

在多级目录结构中,第一级目录称为根目录(树根),目录树中的非叶节点均为目录文件(又称子目录),叶节点为数据文件。图 10-11 显示了多级目录结构。图中,矩形框表示目录文件,圆圈表示数据文件,文件旁标注的数字为系统赋予文件的惟一标识符,目录中的字母表示目录文件或信息文件的符号名。例如,在图 10-11 中,根目录中含有 3 个子目录 A,B,C,子目录 B 的内部又有 3 个子目录 G,H,I,其内部标识符分别为 12,13,14。每个子目录中包含若干个文件,如目录 13 中有 3 个文件,其内部标识符为 17,18,19,其符号名为 P,Q,R。

2. 文件路径名

在多级目录结构中,往往使用路径名来惟一地标识文件。文件的路径名是一个字符串,该字符串由从根目录出发到所找文件的通路上的所有目录名、数据文件名用分隔符连接起来而形成,从根目录出发的路径称为绝对路径。例如,图 10-11 中,文件 10 的路径名为/A/D/M/10,文件 18 的路径名为/B/H/Q/18。

3. 当前目录

当多级目录的层次较多时,如果每次都要使用完整的路径名来查找文件,会使用

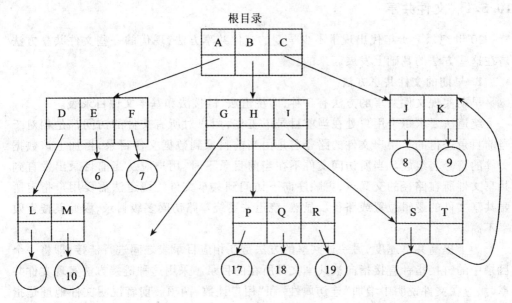

图 10-11 多级目录结构

户感到不便,进行目录搜索时系统本身也需要花费很多时间。为此需采取有效措施解决这一问题。

考虑到一个进程在一段时间内所访问的文件通常具有局部性,即局限在某一范围之内。因此,可在这一段时间内指定某个目录作为当前目录(或称工作目录),进程对各文件的访问都是相对于当前目录进行的,此时文件使用的路径名为相对路径,它由从当前目录出发到所找文件的通路上的所有目录名、文件名用分隔符连接起来而形成。系统允许文件路径往上走,并用".."表示给定目录(文件)的父目录,用"."表示给定目录本身。例如,假定系统的当前目录是目录文件 R,那么文件 18 的相对路径名为 ../Q/18,文件 10 的相对路径名为 ../../A/D/M/10。

在大多数系统中,每个进程都有自己的工作目录,并且根据需要可以任意更改。某个进程的退出不影响其他进程的当前工作目录。

10.5 文件共享及文件管理的安全性

实现文件共享是文件系统的重要功能。文件共享是指不同的用户可以使用同一个文件。文件共享可以节省存储空间,减少输入/输出操作,为用户间的合作提供便利。文件共享并不意味着用户可以不加限制地随意使用,相反,文件共享是有条件的。文件共享要解决两个问题:一是如何实现文件共享,二是对共享文件如何进行存取控制。

10.5.1 文件共享

20世纪六七十年代出现了不少早期的文件共享方法,现代的一些文件共享方法是在这些方法的基础上发展起来的。

1. 早期的文件共享方法

早期实现文件共享的方法有 3 种,即绕道法、链接法和基本文件目录表。

绕道法要求每个用户处在当前目录下工作,用户对所有文件的访问都是相对于当前目录进行的。用户文件的路径名是由当前目录到数据文件目录,再加上该数据文件的符号名组成。当所访问文件不在当前目录下时,用户应从当前目录出发直到共享文件所在路径的交叉点,再顺序向下访问到共享文件。绕道法需要用户指定所要共享文件的逻辑位置或路径。显然,绕道法要绕弯路访问多级目录,因此其搜索效率不高。

为了提高共享速度,另一种共享的方法是在相应目录表之间进行链接,即将一个目录中的链接指针直接指向被共享文件所在的目录。采用这种链接方法实现文件共享时,应在文件说明中增加"连访属性"和"用户计数"两项。前者说明文件地址是指向文件还是指向共享文件目录,后者说明共享文件用户数目。若要删除一个共享文件,必须判别是否有其他用户共享该文件,若有则只做减 1 操作,否则才可真正删除此共享文件。链接法仍然需要用户指定被共享的文件相对路径。

基本文件目录表方法把所有文件目录的内容分成两部分:一部分包括文件的结构信息、物理块号、存取控制和管理信息等,并由系统赋予惟一的内部标识符来标识;另一部分则由用户给出的符号名与系统赋给文件说明的内部标识符组成。以上两个部分分别称为符号文件目录表(SFD)和基本文件目录表(BFD)。SFD 中存放文件名和文件内部标识符,BFD 中存放除了文件名之外的文件说明信息和文件的内部标识符。这样组成的多级目录结构如图 10-12 所示。

在图 10-12 中,为了简单起见,未在 BFD 表项中列出结构信息、存取控制信息和管理控制信息等。

采用基本文件目录表方式可以较方便地实现文件共享。如果用户要共享某个文件,则只需在相应的目录文件中增加一个目录项,在其中填上一个符号名及被共享文件的标识符。例如在图 10-12 中,用户 Wang 和 Zhang 共享标识符为 6 的文件。对系统来说,标识符 6 指向同一个文件;而对 Wang 和 Zhang 两个用户来说,则对应于不同的文件名 Beta 和 Alpha。

2. 基于索引节点的共享方式

当几个用户在同一个项目里工作时,他们常常需要共享文件。为此,可以将共享文件链接到多个用户的目录中,如图 10-13 所示,其中 H 所指的文件现在也出现在 D 目录下,D 称为该共享文件的一个链接。此时,该文件系统本身是一个有向图,而不是一棵树。

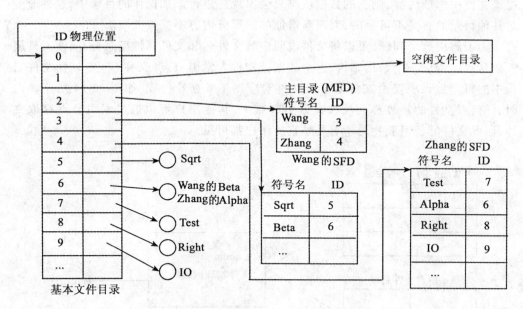

图 10-12　利用基本文件目录实现文件共享

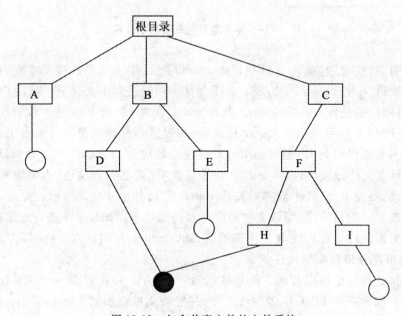

图 10-13　包含共享文件的文件系统

实现文件共享很方便,但也带来一些问题。如果目录中包含文件的物理地址,则在链接文件时,必须将文件的物理地址复制到 D 目录中去。但如果随后通过 D 或 H

往该文件中添加内容,则新的数据块将只会出现在进行添加操作的目录中,这种改变对其他目录而言是不可见的,因而新增加的这部分内容不能被共享。

为了解决这个问题,可以将文件说明中的文件名和文件属性信息分开,使文件属性信息单独构成一个数据结构,这个数据结构称为索引节点(又称 i 节点),而文件目录中的每个目录项仅由文件名及该文件对应的 i 节点号构成,如图 10-14 所示。此时,任何对文件的修改都会反映在索引节点中,其他用户可以通过索引节点存取文件,因此文件的任何变化对所有共享它的用户都可见。

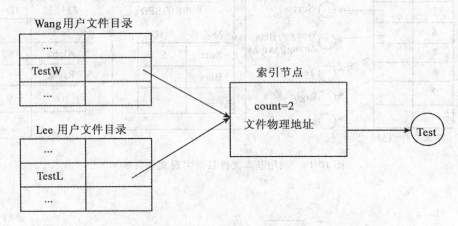

图 10-14 基于索引节点的共享方式

在索引节点中还应有一个链接计数 count 字段,用于表示链接到本索引节点的目录项的数目。当 count = 2 时,表示有两个目录项链接到本文件上。当用户 C 创建一个新文件时,他是该文件的所有者,此时 count 值为 1。当有用户 B 希望共享此文件时,应在用户 B 的目录中增加一个目录项,并设置指针指向该文件的索引节点,此时文件的所有者仍然是 C,但索引节点的链接计数应加 1(count = 2)。如果以后用户 C 不再需要该文件,此时系统只是删除 C 的目录项(若删除该文件,也将删除该文件的索引节点,则使 B 的指针悬空),并将 count 减 1,如图 10-15 所示。此时,只有 B 拥有指向该文件的目录项,而该文件的所有者仍然是 C。如果系统进行记账或配额,C 将继续为该文件付账直到 B 不再需要它,此时 count 为 0,该文件被删除。

3. 利用符号链接实现文件共享

利用符号链接也可以实现文件共享。例如,B 为了共享 C 的一个文件 F,这时,可以由系统创建一个 LINK 类型的新文件,并把新文件添加到 B 的目录中,以实现 B 的一个目录与文件 F 的链接。新文件中只包含被链接文件 F 的路径名。这种链接方式称为符号链接。当用户 B 要访问被链接的文件 F 时,操作系统发现要读的文件是 LINK 类型,则由操作系统根据新文件中的路径名去读该文件,从而实现了用户 B 对文件 F 的共享。

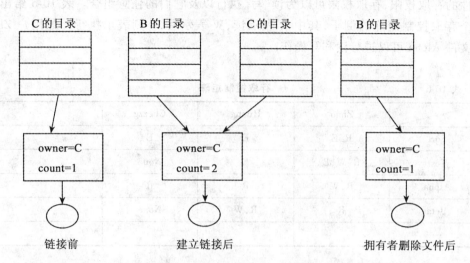

图 10-15 用户 B 链接前后的情况

在利用符号链接实现文件共享时,因为只有文件所有者拥有指向其索引节点的指针,故共享该文件的用户只有其路径名,而没有指向索引节点的指针。当文件所有者删除文件后,其他用户若试图通过符号链接访问该文件将导致失败,因为系统找不到该文件,于是将符号链删除。

符号链接的不足是需要额外的开销。当其他用户去读共享文件时,系统是根据给定的文件路径名逐个分量进行查找的,这些操作需要多次访问磁盘,另外,符号链接需要配置索引节点以及一个磁盘块用于存储路径,这使共享文件的访问开销很大,这些都需要一定的系统开销。

符号链接的优点是只要提供一个机器的网络地址以及文件在该机器上的驻留路,就可以链接全球任何地方机器上的文件。

上述两种链接共享方法都存在一个共同的问题,即每一个共享文件都具有多个文件名,也就是说,每增加一个链接,就增加一个文件名。

10.5.2 文 件 保 护

系统中的文件既存在保护问题,又存在保密问题。文件保护是指避免文件拥有者或其他用户因有意或无意的错误操作使文件遭到破坏。文件保密是指文件本身不得被未授权的用户访问。这两个问题都涉及用户对文件的访问权限,即文件的存取控制。在实现存取控制时,不同系统采用了不同的方法。下面介绍几种常用的存取控制方法。

1. 存取控制矩阵

存取控制矩阵是一个二维矩阵,其中一维列出使用该文件系统的全部用户;另一维列出系统中的全部文件。矩阵中的每一个元素用来表示某个(某组)用户对某个文件的存取权限，存取权限可以为读、写、执行以及它们的任意组合。表 10-6 给出了一个存取控制矩阵的例子，其中 R 表示读，W 表示写，E 则表示执行。如用户 Zhao 对文件 Alpha 可以进行读和写操作。

表 10-6　　　　　　　　　　　　　　存取控制矩阵

	Zhao	Huang	Chezzg	…
Sqrt	R,E	E	E	
Test	R,W,E	E	None	
Alpha	R,W	R	R	
Beta	R	R,W	None	
…				

当一个用户向文件系统提出存取请求时，由存取控制验证模块利用这个存取控制矩阵将本次请求和该用户对这个文件的存取权限进行比较，如果不匹配就拒绝执行。

存取控制矩阵法的优点是简单、清晰，其缺点是不够经济。存取控制矩阵通常放在内存，该矩阵本身可能会占据大量空间，而且其中还有很多空项，管理起来也较复杂。尤其是当文件系统很庞大时，更是如此。例如，若某系统有 500 个用户，他们共有 20 000 个文件，那么这个存取控制矩阵就有 500 × 20 000 = 10 000 000 个元素，它将占据相当大的存储空间。另外，查找这么大的表很费时，而且每增加或减少一个用户或文件都要修改这个矩阵。因此，存取控制矩阵法没有得到普遍应用。

2. 存取控制表

分析一下存取控制矩阵可以发现，某一个文件只与少数几个用户有关。也就是说存取控制矩阵是一个稀疏矩阵，因而可以简化，即减少不必要的登记项（用户名或文件名）。为此，可以按用户对文件的存取权限将用户分成若干组，同时规定每一组用户对文件的存取权限。这样，所有用户组存取权限的集合称为该文件的存取控制表，如表 10-7 所示。

表 10-7　　　　　　　　　　　　　文件 Alpha 的存取控制表

文件　　用户	Alpha
文件主	R,W,E
A 组	R,E
B 组	E
其他	None

显然，这种方法实际上是对存取控制矩阵的一种改进，它不像存取控制矩阵那样对整个系统中所有文件的访问权限进行集中控制，而是对系统中的每个文件设立一个存取控制表。由于文件的存取控制表项数较少，故可以把它放进文件目录中。当文件打开时，它的文件目录项被复制到内存，供存取控制验证模块检验存取的合法性。

3. 用户权限表

用户权限表是将一个用户或用户组所要存取的文件名集中存放在一个表中，其中每个表项指明该用户（组）对相应文件的存取权限，这种表称为用户权限表，如表10-8 所示。

表 10-8　　　　　　　　　用户权限表

文　件　＼　用　户	A 组
Sqrt	R,E
Test	R,E
Alpha	R
Beta	R

从表 10-8 可以看出，用户组 A 对文件 Sqrt, Test 可以读和执行，对文件 Alpha, Beta 只能读。通常，把所有用户权限表集中存放在一个特定的存储区中，且只允许存取控制验证模块访问这些权限表，这样就可以达到有效保护文件的目的。当用户对一个文件提出存取要求时，系统通过查找相应的权限表，就可以判定其存取的合法性。

4. 口令

上述 3 种方法都要建立相应的表格，这些表格本身需占据一定的存储空间，而且由于表格的长度不一，使得管理比较复杂。为此，又提出口令方法，即文件所有者为自己的每个文件规定一个口令，一方面进行口令登记，另一方面把口令告诉允许访问该文件的用户。文件的口令通常登记在该文件的目录中，或者登记在专门的口令文件中。当用户请求访问某文件时，首先要提供该文件的口令，经证实后再进行相应的访问。

采用口令方法的优点是，对每个需要保护的文件只需提供少量的保护信息，口令的管理也比较简单。但该方法也存在一些缺点，如口令的保密性不强，不易更改存取权限等。如果想让别的用户存取自己的文件，就必须把该文件的口令告诉他们。如果某个文件所有者希望拒绝某个持有口令的用户继续访问文件，他只好更改口令，而且还要通知所有能访问该文件的用户。因此,这种方法常用于识别用户,而存取权限则用其他方法实现。

5. 密码

防止文件泄密以及控制存取访问的另一种方法是密码。该方法是对需要保护的文件进行加密。这样,虽然所有用户均可以存取该文件,但是只有那些掌握了译码方法的用户才能读出正确的信息。

文件写入时的编码及读出时的译码都由系统存取控制验证模块承担。一种简单的编码方式是:利用代码键作为生成一串随机数的起始码,编码程序把这些随机数加到被编码文件的字节中去;译码时,也需使用代码键才能恢复数据。只有知道代码键的核准用户才可以正确地存取该文件。

在该方法中,由于代码键不存入系统,因而可以杜绝不诚实的系统程序员作弊,防止偷读或篡改他人文件。

密码技术具有保密性强、节省存储空间的优点,但编码和译码要花费一定的时间。

10.5.3 文件的转储和恢复

在计算机运行过程中可能出现各种意想不到的事故,为了能在各种意外情况下减少或避免文件系统遭到破坏时的损失,常用的简便方法是定期转储。转储的方法有两种:一种是全量转储,另一种是增量转储。

1. 全量转储

这种方法要求将文件存储器中的所有文件定期备份,转储到某存储介质上。一旦系统出现故障破坏了文件,就可以将最近一次转储的内容复制到文件系统中去,使系统得以恢复。这种方法虽然简单,但有如下缺点:

(1)在存储期间,应停止对文件系统进行其他操作,以免造成混乱。全量转储影响系统对文件的操作,因而不应转储正在打开进行写操作的文件。

(2)转储时间长。如果使用磁带,一次转储可能长达几十分钟,一般每周一次。这样可能导致恢复的文件系统可能与被破坏前的文件系统存在较大差别。

2. 增量转储

增量转储是一种部分文件的转储,即将上次转储以来修改过的文件和新增加的文件转储到某存储介质上。可以每隔一定时间进行一次增量转储。增量转储能使系统在遭到破坏后,可以恢复到以前某个状态,从而使所造成的损失减到最小。

在实际工作中,文件转储非常重要,可以避免造成前功尽弃或无法弥补的后果。在转储时,两种方法可配合使用,根据实际情况,确定全量转储的周期和增量转储的时间间隔。一旦系统发生故障,文件系统的恢复过程大致如下:

(1)从最近一次全量转储中装入全部系统文件,使系统得以重新启动,并在其控制下进行后续的恢复工作。

(2)从近到远从增量转储盘上恢复文件。可能同一个文件曾被转储过若干次,但只恢复最近一次转储的副本,其他则被略去。

10.6 文件的使用

为使用户能灵活方便地使用和控制文件,文件系统提供了一组进行文件操作的系统调用命令。最基本的文件操作命令有建立文件、删除文件、打开文件、关闭文件、读文件和写文件。

当用户想保存信息时,可用建立文件命令向系统提出建立文件的要求。建立新文件时,系统首先要为新文件分配必要的外存空间,并在文件系统的目录中为之建立一个目录项。目录项中应记录新文件的文件名及其在外存的地址等属性。

当一个文件不再使用时,可用删除命令将文件删除。在删除文件时,系统应先从目录中找到要删除文件的目录项,使之成为空闲目录项,然后回收该文件所占用的存储空间。

若文件暂时不用,应将其关闭。关闭文件的功能是撤销主存中有关该文件的目录信息,切断用户与该文件的联系;若在文件打开期间,该文件作过某种修改,则应将其写回。文件关闭之后,若要再次访问该文件,必须重新打开。

小 结

本章主要介绍了文件、文件系统的基本概念,阐述了文件结构及存取方法,另外还对文件的组织、文件共享、文件安全和保密作了介绍。

文件系统为用户按名存取文件提供了可能。为了实现按名存取,合理组织文件,提供文件共享以及保护文件安全,文件系统需要采用目录结构,对存储设备进行合理的组织、分配和管理,对存储在设备上的文件进行保护、保密和提供共享的手段。另外,文件系统在具有以上功能的前提下,还要提高检索文件或记录的效率、存储设备空间的利用率。为此,文件系统本身应具有合理的结构,同时对文件在物理上和逻辑上也进行合理的分类。逻辑文件是用户可见的抽象文件。文件的逻辑结构可分为字符流式无结构的连续文件、记录式有结构文件两大类。文件的物理结构是文件在存储设备上的组织形式,与存储介质的特性有很大关系,一般常用顺序结构、链式结构及索引结构3种方式。

具体到外部存储设备,常见的磁带设备只适合于顺序存取,而磁盘设备既可用于顺序存取,也适合于直接存取。为了提高磁盘设备的存取速度和空间利用率,可以采用适当的磁盘调度算法。在空间分配时,为了兼顾空间利用率和访问速度,可以采用连续分配、链接分配、索引分配几种方式。存储空间的管理方法有空白文件目录、空闲块链和位示图法,还可使用成组链法。

文件名与物理地址之间的转换通过文件目录来实现,有单级目录,二级目录和多级目录几种。二级目录和多级目录是为了解决文件的重名问题和提高搜索速度而提出的。多级目录构成文件树形结构。

对文件的存取控制必须考虑到文件共享、保护和保密等相关问题。存取控制可采用存取控制矩阵、存取控制表、口令和密码等方式进行,以确定用户权限。

文件的使用方法中最基本的操作有建立文件、删除文件、打开文件、关闭文件、读文件和写文件。应注意的是,建立新文件时,系统首先要为新文件分配必要的外存空间,并在文件系统的目录中为之建立一个目录项;当一个文件不再使用时应予以删除,使目录项成为空闲目录项,然后回收该文件所占用的存储空间;若文件暂时不用,应将其关闭;若在文件打开期间,该文件作过某种修改,则应将其写回;文件关闭之后,若要再次访问该文件,必须重新打开。

习 题 十

10.1 什么是文件?什么是文件系统?文件系统的主要功能是什么?

10.2 文件的逻辑结构有哪几种形式?

10.3 对文件的存取有哪几种基本方法?

10.4 什么是打开文件操作?什么是关闭文件操作?

10.5 文件目录的作用是什么?一个目录项中应包含哪些信息?

10.6 设某移动头磁盘有200道,编号为0~199,磁头当前正处在130道上,且正向0磁道方向移动,对于如下访问磁盘的请求序列(磁道号):30,134,78,163,54,139,求在 FCFS,SSTF(最短寻道时间优先)及 SCAN 调度算法下的磁头移动顺序及移动总量(以磁道数计)。

10.7 常用的文件存储空间分配方法有哪些?试加以说明。

10.8 什么是连续文件?假设一个文件由5个逻辑记录组成,每个逻辑记录的大小与磁盘块大小一致,均为1 024 字节。若第一个逻辑记录存放在第120号磁盘块上,试画出此连续文件的结构。

10.9 什么是文件共享?试简述文件共享的实现方法。

10.10 什么是全量转储?什么是增量转储?各有什么特点?

10.11 文件目录有哪几种组织方式?

10.12 常用的空闲文件存储空间管理方式有哪几种?各有何特点?

第十一章 Linux 操作系统

【学习目标】
学习 Linux 操作系统的原理及实现,从而进一步深入了解操作系统原理。

【学习重点、难点】Linux 操作系统的内存地址映射,内存分配、回收及换页,进程的创建、执行及调度,系统 V IPC 机制(信号量、消息队列及共享内存),中断处理过程,字符设备驱动程序,块设备驱动程序,EXT2 文件查找和分配,VFS。

    Linux 是一个诞生于网络、成长于网络且成熟于网络的奇特的操作系统。Linux 的源头可以追溯到 UNIX 家族。1969 年,贝尔实验室的研究人员 Ken Thompson 开始在一台空闲的 PDP-7 机器上实验其多用户、多任务的操作系统。不久 Dennis Richie 和其他两位同事加入了他的行列。他们与实验室中的其他同事一道开发出了最早期的 UNIX 版本。Richie 在早期的项目 MULTICS 中发挥了很大的作用。UNIX 其实是 MULTICS 的双关语。早期的 UNIX 是用汇编语言写的。第 3 版时采用了 C 语言。C 语言是 Richie 设计并编写的,用来作为编写操作系统的设计语言。用 C 改写过的 UNIX 使得 UNIX 可以被移植到 PDP-11/45 和 DIGITAL11/70 计算机上。UNIX 移植到 DIGITAL11/70 是一个历史性的转折,使得 UNIX 正式从实验室走向大型机计算环境。很快,绝大多数的计算机制造商都发布了其相应的 UNIX 版本。
    1991 年,芬兰大学生 Linus Torvalds 萌发了开发一个自由的 UNIX 操作系统的想法。当年,Linux 就诞生了。为了不让这个羽毛未丰的操作系统夭折,Linus 将自己的作品 Linux 通过 Internet 发布。从此一大批知名的、不知名的电脑黑客、编程人员加入到开发过程中来,Linux 逐渐成长起来。
    Linux 要求所有的源码必须公开,并且任何人均不得从 Linux 交易中获利。然而这种纯粹的自由软件的理想对 Linux 的普及和发展是不利的,于是 Linux 开始转向 GPL,成为 GNU 阵营中的主要一员。现在,Linux 凭借优秀的设计,不凡的性能,加上 IBM、INTEL、CA、CORE、ORACLE 等国际知名企业的大力支持,市场份额逐步扩大,逐渐成为主流操作系统之一。
    Linux 操作系统是一种全网络化的 32/64 位 UNIX 操作系统,支持多用户、多任务和多处理机,可与其他操作系统共存,可运行在多个平台上,支持几乎所有主流处理器,例如 Alpha AXP 处理器、Intel x86 系列处理器、Power PC 处理器等。

Linux 被广泛用于标准 Web(HTML)服务器、Web 应用服务器、电子邮件服务器、内部网服务器、软件开发、防火墙、文件和打印服务器、数据库服务器、电子交易应用……以上的应用清单还在不断地增长。

从技术上说,Linux 的优点有:

(1)提供了先进的网络支持,内置 TCP/IP;

(2)真正意义上的多任务、多用户操作系统;

(3)与 UNIX 系统在源代码级兼容,符合 IEEE POSIX 标准;

(4)系统核心能仿真 FPU;

(5)支持数十种文件系统格式;

(6)完全运行于保护模式,充分利用了 CPU 性能;

(7)开放源代码,用户可以自己对系统进行改进;

(8)采用先进的内存管理机制,更加有效地利用物理内存。

11.1 内存管理

内存管理是 Linux 操作系统最重要的功能之一。Linux 程序被设计为在内存中运行。

尽管现在计算机的内存已经数千倍于最初的 PC,但系统的实际内存从来都没有满足过需求。为解决这一矛盾,人们想了许多办法,其中虚拟内存是最成功的一个。虚拟内存让各进程共享系统内存空间,这样系统就似乎有了更多的内存。

相比于 CPU,内存属于低速的设备,而磁盘是比内存更加低速的设备,所以存储器的读写速度较低。但是如果采取某种策略将要读写的数据放在高速缓冲区中,则可以极大地提高存储器工作效率。

内存管理异常复杂,但是不管怎样,对所有程序而言,Linux 系统的内存管理是透明的。

11.1.1 虚拟内存

几乎任何时候系统中内存都是稀缺资源。系统把内存分成多个容易控制的页面,并把一些页面交换到硬盘上,系统中运行的软件常被认为在很多内存上运行,实际上只使用了部分物理内存,其余的内存用硬盘虚拟。这些内存统称为虚拟内存。

Linux 内存管理子系统利用虚拟内存提供下列功能:

1. 扩大地址空间

虚拟内存可以比实际内存大许多倍,具体大小取决于用于虚拟内存的硬盘容量。

2. 内存保护

系统中每个进程都有它自己的虚拟内存。这些虚拟内存之间彼此独立,互不影响。

虚拟内存机制还可以对部分内存进行写保护,以防止代码和数据被其他程序所篡改。

3. 内存映射

内存映射被用于将映像和数据文件映射到一个进程的虚拟地址空间中,也就是将文件内容连接到虚地址空间中。

4. 公平分配内存

内存管理子系统公平地分配内存给正在运行的各进程。

5. 虚拟内存共享

尽管虚拟内存允许进程有各自的虚拟地址空间,但有时进程间需要共享内存。例如,若干进程同时运行 Bash 命令,但内存中仅有一个运行的 Bash 拷贝供各进程共享。又如,若干进程可以共享动态函数库。共享内存也能作为一种进程间的通信机制(IPC)。多个进程可以通过共享内存来交换数据。Linux 支持 UNIX 系统 V IPC 的共享内存标准。

11.1.2 内存映射

当程序被执行时,它的内容必须被读入进程的虚拟内存。它调用的库函数也必须被读入虚拟内存。但是实际上程序并非被读入物理内存,而是被接到进程的虚拟内存。只有当程序的一部分被调用时,系统才将这部分映像读入内存。将映像连接到进程的虚地址空间叫做内存映射。

处理器使用流水线技术执行程序,并行地进行取指令、指令解码、执行指令的过程。由于在 Linux 虚拟内存系统中,所有地址都是虚地址而非物理地址,故处理器需要将指令(或数据)的虚地址翻译成物理地址。

为使该翻译的过程更容易,虚拟内存和物理内存被划分成大小相同的页。不同处理器的内存页大小可能不同。Alpha AXP 上的 Linux 系统内存页为 8KB 字节,Intel x86 上的 Linux 系统内存页为 4KB 字节。每一页都分配有连续的页号。

当一段可执行映像被映射入进程的虚拟内存时,会产生一组 vm_area_struct 数据结构,见图 11-1。vm_area_struct 数据结构用来描述一段虚拟内存区域的开始(start)、结束(end)、状态标志(flags)、索引节点(inode)、下一虚拟内存区域(next)、允许的操作(operations, ops)。Linux 支持很多标准的虚拟内存操作,这些操作是 Linux 对这段虚拟内存必须使用的一套例程。例如,当进程试图存取虚拟内存中某页,但该页并不在物理内存中时,这时应执行缺页(nopage)操作。Linux 使用缺页操作将一页可执行映像载入内存。

Linux 有 3 层页表,每一层保存有下一层页表所在的页号。如图 11-2 所示,虚地址包含 4 个域:前 3 个域记录虚地址在该层页表中的偏移量,即所在下层页表的页号,最后一个域记录页内偏移地址。每个运行 Linux 的硬件平台必须提供翻译宏以便内核可以检索页表,这样,内核不需要知道各硬件平台上页表记录的具体格式和排列方式。因此,虽然 Alpha AXP 有 3 层页表,而 Intel x86 处理器只有 2 层页表,但是运行的是同样的页表操作代码。

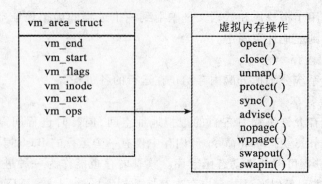

图 11-1　vm_area_struct 数据结构

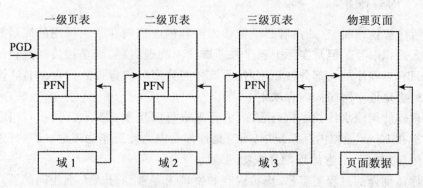

图 11-2　Linux 的 3 级页表

在很多情况下,需要为内存的一段区域设置存取限制。页表记录中也包含了存取控制信息。例如,可执行代码应为只读内存,改写可执行代码很容易导致程序错误,并危及系统安全。存取控制信息被保存在 PTE(Page Table Entry)中,并且不同处理器的 PTE 格式不同。图 11-3 显示的是 Alpha AXP 的 PTE。

虚拟内存比实际内存大很多,所以操作系统一定要小心有效地使用内存。节省内存的一个方法是只装载被当前执行程序使用的虚页。例如一个用来查询数据库的程序,并非所有数据库中的数据都需装载进内存,而只需要那些正在被访问的数据。如果正运行一条数据库搜索命令,那么就不必载入添加新记录的代码。当代码或数据被访问时才装载进内存,这叫做按需装载页。

每个进程都有各自的页表,页表中记录了各进程虚页和物理页之间的映射。页表中使用虚页号作为偏移量。

0	V(Valid,本页是否有效标记)
1	FOE(Fault on Execute,进程试图在本页执行指令时发生页错)
2	FOW(Fault on Write,进程试图在本页执行写操作时发生页错)
3	FOR(Fault on Read,进程试图在本页执行读操作时发生页错)
4	ASM(Address Space Match,地址空间匹配,清缓冲区时用到)
5	GH(Granularity Hint,虚拟内存与缓冲记录的映射关系)
6	
7	
8	KRE(Kernel Read Enable,核模式下允许读本页)
9	URE(User Read Enable,用户模式下允许读本页)
10	
11	
12	KWE(Kernel Write Enable,核模式下允许写本页)
13	UWE(User Write Enable,用户模式下允许写本页)
	...
	_PAGE_DIRTY(脏页标记,将被写到交换文件中)
	_PAGE_ACCESSED(是否曾经被访问标记)
	...
32	PFN(Page Frame Number,页面号)
	(在有效的 PTE 中,表示对应的物理页号)
63	(对无效的 PTE,若非零,则表示对应交换文件中的页号)

图 11-3　Alpha AXP 的 PTE

图 11-4 显示了两进程共享物理内存的第 2 页。对进程 A 而言,那是虚拟内存的第 2 页,对进程 B 而言,那是虚拟内存的第 4 页。这说明被共享的物理页对应的虚拟内存页号可以不相同。进程 A 虚拟内存的第 0 页对应物理内存的第 1 页,进程 B 虚拟内存的第 1 页对应物理内存的第 3 页。所以虚拟内存各页映射到物理内存中的顺序是随机的。

计算虚地址所对应的物理地址的公式为:

物理地址 = 虚地址对应物理页号 × 页大小 + 偏移量

假设页的大小是 4KB 字节,那么进程 A 的虚地址 0x17125 对应虚页 5,而进程 A 的虚页 5 对应物理页 5,因此可计算出进程 A 的虚地址 0x9125 对应的物理地址为 0x13125。

但是某些虚页可能在交换文件中,而不在物理内存中,如进程 A 的虚页 1,3,4,故系统不能通过进程 A 的页表解析这些虚页中的地址,只能通知操作系统处理,这种情况称为页错。不同处理器处理页错的方法可能不同。

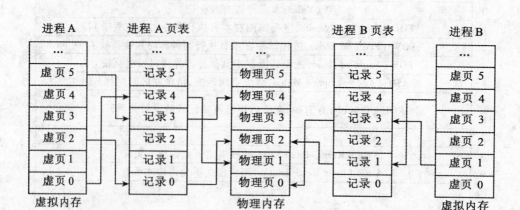

图 11-4 内存地址映射

11.1.3 页的分配和回收

系统对页有许多操作。例如,当一段映像被装载进内存时,操作系统需要分配页。当映像执行完成并且被卸掉时,这些页将被释放。页的另外一个用途是保存内核特定的数据结构,例如页表。页的分配和回收机制是维持虚拟内存系统效率的关键。

系统中所有物理内存页由 mem_map 数据结构描述,men_map 由一列 mem_map_t 组成。在初始化时,每个 mem_map_t 描述系统中的一个内存页面。mem_map_t 包含下列重要域:

count(用户计数器,若大于 1,则该页被多进程共享)

Age(页的年龄,关系到页是不是被丢弃或交换)

map_nr(对应的物理页号)

系统使用 free_area 向量保存页面的信息,从而寻找或释放页。注意各 free_area 元组保存页面信息的能力是递增的,每个元组使用指针指向一个空页块双向队列,第 0 个元组指向一个单页面块队列,第 n 个元组指向一个 2^n 页面块队列。free_area 元组用 map 指针指向一个记录各页块分配情况的位图。

图 11-5 显示的是 free_area 的结构,第 0 元组记录有一个空页,从第 1 页开始。第 2 单元记录有 2 个 4 页的空块,第 1 块从第 3 页开始,第 2 块从第 10 页开始。

Linux 使用伙伴算法来有效地分配和回收页块。算法寻找所需大小的页块时,它先搜索 free_area 数据结构中那种页块的队列。如果所需大小的页块队列为空,就在下一元组中寻找。继续此过程直到 free_area 中所有元组都被找过了或发现了一空页块。如果找到的空页块比所需的大,它必须先被分割成合适的大小。

例如,在图 11-5 中,如果需要 2 页块,那么第一个空的 4 页块(从第 3 页起)将被

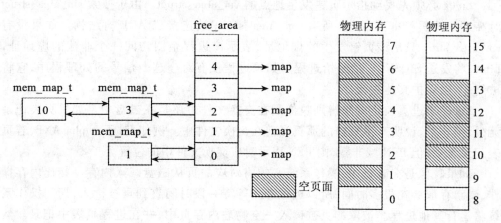

图 11-5　free_area 向量

分成两半。从第 3 页开始的 2 页块被返回给请求者,从第 5 页开始的 2 页块被放到 free_area 的空 2 页块队列中。

页分配时容易将大块连续的内存分成很多小块。页的回收代码需尽可能将小块的空内存重新组合成大块的。事实上,页块的大小对内存的重新组合很重要。

当一页块被释放时,系统会检查它旁边的以及一样大小的页块,看它们是否是空的。如果是,它们将被拼成一个大的整块。每次当两块内存被拼成了更大的空块时,系统尝试将它们与其他空块继续组合,以得到更大的空间。这样得到的空页块可以满足更大内存需求。

例如,在图 11-5 中,如果物理内存第 0 页被释放,那它将与第 1 页结合,并被放到 free_area 的空 2 页块的队列中。

11.1.4　按需换页

把操作系统运行在虚拟内存中是不明智之举,如果操作系统还要为自己保存页表,那将是一场噩梦。因此,很多种处理器同时支持虚拟地址模式和物理地址模式。物理地址模式不需要页表,处理器不必做任何地址翻译。Linux 内核被直接连在物理地址空间中运行,但是大多数程序还是不得不运行在虚拟内存中。

Linux 使用按需装载页来读入可执行进程的映像。一个命令被执行时,包含它的文件被打开,它的内容被映射入进程的虚拟内存。该操作需修改描述该进程内存映像的数据结构。然而,只有映像的第一部分被实际载入物理内存,余下部分被留在硬盘上。当一部分可执行映像被映射入进程虚拟内存后,它就可以开始执行了。可是这时只有映像的开始部分被实际读入内存,它将不断访问不在内存中的部分。当进程存取一个无效页表记录的虚地址时,那么处理器将产生页错,并移交 Linux 系统处理。

Linux 必须先找到指示页错发生地点的 vm_area_struct。由于搜索 vm_area_struct 对高效处理页错非常关键,所有 vm_area_struct 被连接成 AVL 树结构。如果没有 vm_area_struct 只是该页错发生的虚地址,表示该进程企图访问一个非法的虚地址,Linux 将发送 SIGSEGV 信号给进程。如果进程没有对应这个信号的处理程序,它将被终止,以保护其他进程。

Linux 通过页表记录来辨别映像是在交换文件中还是在磁盘中。如果页表记录无效,但非空,说明产生页错的那页当前在交换文件中。例如,对于 Alpha AXP,若页表记录无效,但 PFN 域非零,则 PFN 表示对应交换文件中的位置。

如果映像是在磁盘中,操作系统必须将对应的页从磁盘载入内存。相比内存操作,硬盘存取会花很多时间,所以进程必须等待一段时间直到页被读入,期间操作系统将运行其他进程。被取的页被读入一空物理内存页中,并在进程页表中记录。然后,进程从产生页错的机器指令重新启动。现在处理器能将虚地址翻译成物理地址,因此进程能够继续运行下去。

如果映像是在交换文件中,操作系统会在发生页错地址的 vm_area_struct 中寻找移入函数并且调用它将页从交换文件中读回内存。例如,因为系统 V 的页格式与一般的页不同,所以系统 V 中移出的页需要特殊处理,这时就需要调用它们的移入函数。然而,某页可能没有对应的移入函数,在这种情况下,Linux 将认为它是一普通的页,而不需要做任何特别处理。系统将分配内存中的一空页并从交换文件中把该页读回来,交换文件中的地址信息是从无效的页表记录中取回的。

如果引起页错的不是写操作,那么该页将被留在交换缓存中,它的页表记录不会被标为"可写"。如果后来该页被写了,那么会产生另一个页错,这时,页被标成"脏页",并被从交换缓存中删去。如果该页没有被修改过,而它又需要被换出,Linux 将不会再把该页写到交换文件中,因为它已经在那儿了。

如果引起页错的是写操作,页将被从交换缓存中删除,它的页表记录将被标成"脏的"和"可写的"。

11.1.5 页的交换和释放

Linux 使用进程的内存映像表来决定哪块映像该被载入内存。如果进程要装载一虚页进物理内存时得不到空页,操作系统必须从内存中丢弃别的页。

如果从内存中被丢弃的页是从映像或数据文件中来的,并且映像和数据文件没被修改过,那该页不需再被保存,可以直接丢掉。如果进程下次需要该页,它可以重新从映像或数据文件中读入内存。

但如果该页已被修改了,即为脏页,操作系统必须保存该页的内容以便它以后能再被访问。当脏页从内存中移出时,它们被作为特殊的交换文件保存。相对于处理器和内存的速度,交换文件的存取时间是很长的,所以操作系统必须权衡是否需要把页写到硬盘上,或是保留在内存中以备后用。

如果页面交换算法的效率不高,那么就会发生系统失效。在这种情况下,换页情况频频发生,操作系统忙于文件存取而不能执行真正的工作。例如,图 11-5 中,如果内存第 2 页不断被访问,那它就不应该被交换到硬盘上。进程当前正在使用的页的集合叫做工作集。使用高效的交换算法能保证所有进程的工作集都在内存中。

Linux 使用最近最少使用算法来公平选择从内存中被丢弃的页。这个算法中,当页被存取时,它的年龄就变化了。页越多被存取,便越新、越年轻;越少被存取就越旧、越老。旧页通常被选择丢弃。

11.1.6 缓 存

按照上面的理论模型,可以实现一个工作的系统,但不会特别高效。操作系统和处理器的设计者都在努力提高系统性能。除提高处理器和内存的速度外,最好的途径是把有用的信息和数据保存在缓存中。Linux 就使用了很多缓存来提高系统性能。

1. 缓冲区

缓冲区包含块设备驱动程序使用的数据缓冲区。这些缓冲区有固定的大小(例如 512 个字节),记录从一台块设备读或写的信息。一台块设备只能存取整块数据。所有的硬盘都是块设备。

缓冲区通过设备标识符和块号索引来迅速发现所需数据。块设备只能通过缓冲区进行存取操作。如果数据在缓冲区中,那么它就不需要再从块设备中读取,这样存取速度更快。

2. 页缓存

页缓存可以加快硬盘上映像和数据的存取。页缓存被用来缓存文件的一页,存取操作通过文件名和偏移量来实现。当页从硬盘被读进内存时,它们被缓存在页缓存中。

3. 交换缓存

脏页被保存在交换文件中。只要某页在被写进交换文件以后没有再被修改,下次该页被换出内存时,可以直接扔掉。对一个进行许多页面交换的系统,这将节省许多不必要的并且昂贵的硬盘操作。

4. 硬件缓存

处理器中有一经常用到的硬件缓存——页表记录的缓存。通常情况下,处理器并不总是直接读页表,而是用页表缓存保留用过的记录。这些被叫做转换旁观缓存(Translation Look-aside Buffer,TLB),用来保存系统中多个进程页表的拷贝。

当翻译地址时,处理器先试图找到一条匹配的 TLB 记录。如果发现了一个,则直接把虚地址翻译成物理地址,并且对数据进行存取操作,否则将发信号给操作系统,报告有一个 TLB 疏漏,操作系统会用一种特别机制处理异常,同时为映射的地址产生一条新的 TLB 记录。当异常被解决后,处理器将尝试再翻译那个虚地址。现在该虚地址在 TLB 中有一条有效记录,因此这次翻译一定会成功。

硬件缓存的缺点是 Linux 必须花费更多的时间和空间来维护这些缓存,而且一旦缓存发生错误,系统将崩溃。

11.1.7 页缓存

Linux 系统读取文件至页缓存中,目的是加快从硬盘上存取文件的速度。页缓存是一个 hash 表,其元组包含一个指向 mem_map_t 双向链表的指针。mem_map_t 节点用于记录文件的 VFS 索引号及其在文件中的偏移量。

当从映像文件中读一页时,例如,按需装载一页回内存时,读操作将通过页缓存。如果页在缓存中,返回一个指向其 mem_map_t 的指针给处理页错的代码,否则该页必须从磁盘中读入内存。

如果可能,Linux 将开始读文件的下一页。向前多读一页意味着如果进程是连续地访问文件,那么下一页应已经在内存中。

页缓存中的内容将随着文件的存取而越来越多。当它们不再被任何进程使用时,这些页将被从缓存中移出。当 Linux 的空闲内存变得很少时,Linux 将减小页缓存的大小。

11.1.8 缓存页面的交换和释放

当空内存变得很少时,Linux 内存管理系统必须释放一些页。该任务由内核交换程序完成。内核交换程序是一种特殊的进程,是一个核线程。核线程是没有虚拟内存的进程,在物理地址空间以核模式运行。内核交换程序把页交换到系统的交换文件中,保证系统有足够的内存从而内存管理系统可以高效工作。

内核交换程序由内核初始化进程启动,并周期性地运行。内核交换程序检查系统中的空页数是否变得太少。内核交换程序统计了将要写往交换文件的页数。每有一页等待写入交换文件,计数器加 1,当操作结束,计数器减 1。交换程序使用两个变量(free_pages_high 和 free_pages_low)来决定是否应该释放一些页。free_pages_low 和 free_pages_high 在系统开始时被设置,并且与系统内存的页数有关。只要系统的空页数大于 free_pages_high,则内核交换程序不做任何事情。如果系统的空页数小于 free_pages_high 或甚至小于 free_pages_low,则核交换驻留程序将尝试 3 种方法以减少系统使用的页数:

(1)减少缓冲区和页缓存的大小;

(2)换出系统 V 的共享页;

(3)换出并释放一些页。

如果系统的空页数小于 free_pages_low,核交换程序在它下次运行以前,将尝试释放 6 页,否则它将尝试释放 3 页。上面的方法将依次被使用直到有足够的页被释放。核交换程序将记住最近一次它是用什么方法释放内存的,下一次运行时将优先使用这个方法。

在系统有足够的空页后，交换程序将休息直到下个运行周期。如果上次空页数小于 free_pages_low，它只休息一半时间，直到空页数多于 free_pages_low，核交换程序才恢复休息的时间。

1. 减少页缓存和缓冲区的大小

在页缓存和缓冲区中保存的页是缓存页面释放的最佳候选。页缓存保存着内存映像文件，很可能包括了许多没用的页。同样，缓冲区中保存的读写物理设备的数据，也很可能包含许多不需要的数据。当系统的内存页快用完时，从这些缓存丢弃页是相对容易的（不同于从内存交换页），因为它们不需要写物理设备。丢弃这些页除了使访问设备和内存的速度减慢一些以外，没有其他的副作用，并且这样对各进程公平，对各进程的影响相同。

内核交换程序试图减少缓存时，先检查在 mem_map 中的页块，看是否有页可以从内存中释放。如果内核交换程序经常做交换操作，也就是系统空页数已经非常少了，它会先检查大一些的块。页块会被轮流检查，每次减少缓存时检查一组不同的页块。像钟的分针一样轮流检查 mem_map 中的页，这被称做时钟算法。

注意检查页是否在页缓存或缓冲区中时不能释放共享页，并且一页不能同时存在于两个缓存中。如果页不在任何一个缓存中，则检查 mem_map 中的下一页。

页被缓存在缓冲区中是为更有效地分配和回收缓存。缩小内存代码将尝试释放被检查页中的缓冲区。

如果所有的缓冲区都被释放了，那么它们对应的内存也就都被释放了。如果检查到页在 Linux 页缓存中，它将被从页缓存中移出并释放。

当足够的页被释放后，内核交换程序将等到下一个周期再运行。因为释放的页都是进程的虚拟内存部分，所以没有页表记录需要更新。如果没有释放足够的页，那么交换程序将试着释放一些共享页。

2. 交换出系统 V 的共享页

系统 V 共享内存用于进程间通信。系统 V 的共享区域被描述成一个 shmid_ds 数据结构。这包含一个指向一组 vm_area_struct 数据结构的指针，每个 vm_area_struct 对应共享该区域的一个进程。vm_area_struct 数据结构描述了系统 V 共享内存在各进程的虚拟内存中的分布情况。vm_area_struct 由 vm_next_shared 和 vm_prev_shared 指针相互连接。每个 shmid_ds 数据结构还包括一组页表记录，描述共享页对应的内存页面号。

内核交换程序也使用时钟算法来换出系统 V 的共享页。内核交换程序记录最近一次换出的共享页号到 shmid_ds 索引和共享内存页表记录索引中去，保证公平对待系统 V 的所有共享页。

由于共享页的物理页号在多个共享进程中有记录，内核交换程序必须修改这些页表，显示页已不在内存中了，而被保存在交换文件中。内核交换程序顺着 vm_area_struct 的指针找到每个换出的共享页在各进程中的页表记录。如果共享内存页表记录有效,交换程序将把它改成无效,标记为在交换文件中,再将对应该页的计数器减1。

当所有共享进程的页表修改过后,页的计数器变成0,那么该页就可以被写入交换文件了,shmid_ds 中各页表记录的值将变为交换文件中的地址,在交换文件中的页的记录包括其对应交换文件的索引和偏移量。当该页要被重新读回内存时,这些信息将被使用。

3. 换出及释放页

交换程序检查系统中每一个进程,看它们是不是好的候选。好的候选是那些能被换出的进程或那些能从内存中换出并释放若干页的进程。只有当这些页不能从其他地方得到时,它们才会被写进交换文件。

许多映像的内容是可以从映像文件中读出的。例如,一段映像的可执行指令决不会被修改,所以不用被写进交换文件。这些页能被直接释放。当它们再被进程调用时,它们将被从可执行映像中重新读入内存。

一旦确定了换出的进程,交换程序将检查它所有的页表记录,找出不是共享或被锁的区域。Linux 并不换出它所选择进程的所有可交换页;相反它仅移出其中的一小部分。如果页在内存中被锁住了,它们就不能被换出或释放。

Linux 交换算法使用页的年龄。每页有一个计数器,告诉交换程序是否应将它移出。当它们闲置时,页会变老、变旧;当被访问时,页变年轻、变新。交换程序仅仅移出旧页。缺省状态下,当一页被分配时,起始年龄是3,每次它被访问,它的年龄从3增加直到最大值20。每次内核交换程序运行时,它把所有页的年龄数减1。这些缺省操作都能被改变,它们被存储在 swap_control 数据结构中。

如果页是旧的(年龄=0),交换程序将它移出内存。脏页也可以被移出。Linux 用 PTE 中的特定位来标示(见图11-3)。然而,并非所有的脏页必须被写进交换文件。进程的每个虚拟内存区域都可以有它们自己的交换操作,这个特定的操作将被调用。否则,交换程序将分配一页交换文件,并将该页写入磁盘。

页对应的页表记录将被改为无效,但包含了它在交换文件中的信息,它将指出是哪个交换文件,并且偏移量是多少。无论采取什么交换方法,原来的物理页将被放回 free_area。干净的页可以直接被释放并放回 free_area 以备后用。

如果有足够的页被换出或释放,交换程序就又开始休息。下一次它运行时,它将检查系统中的下一个进程。这样,交换程序对每个进程都移出几页,直到系统内存恢复正常,这比移出一整个进程要公平。

11.1.9 交换缓存

当将页移入交换文件中时,并非所有情况 Linux 都需进行写操作。有时一页既在交换文件中,又在内存中。这种情况是由于该页本来被移到了交换文件中,后又因为被调用,重又被读入内存。只要在内存中的页没有被修改过,则在交换文件中的拷页仍然有效。

Linux 使用交换缓存来记录这些页。交换缓存是一张页表记录的表,每条记录对应一页。每条页表记录描述被换出的页在哪个交换文件中及其在文件中的位置。如果交换缓存记录非零,表示在交换文件中的对应页没有被修改过,如果页被修改了,它的记录将从交换缓存中移出。

当 Linux 需要移出一页内存到交换文件中时,它先查询交换缓存,如果该页有一个有效的记录,它就不需要把页写到交换文件中,因为自从它上次从交换文件中读出后,在内存中就没有被修改过。

交换缓存中的记录描述已被移到交换文件中的页。它们被标为无效,但是告诉了 Linux 该页在哪个交换文件以及在交换文件的哪一页。

11.2 进　　程

在操作系统中,进程是任务的执行者。程序只是存储在盘上的可执行映像里的机器指令和数据的集合,是被动的实体。进程可以被看做正在运行的计算机程序。

进程是一个动态实体,随着处理器执行着机器指令而不断变化。除了程序中的指令和数据之外,进程中还包括了程序计数器、CPU 的所有寄存器、堆栈。当前正在执行的程序,也就是进程,含有微处理器当前的所有活动。Linux 是一个多道操作系统,进程各司其职,如果某个进程崩溃,不会导致系统中其他进程崩溃。每个进程在独立的虚拟地址空间中运行,除非通过核心提供的安全机制,否则不能和别的进程相互作用。

进程在其生命周期内要使用许多系统资源,它要用 CPU 运行指令,用物理内存存储指令和数据;它会打开并使用文件,直接或间接使用物理设备。Linux 必须了解进程使用资源的情况以便合理地管理系统中的所有进程。假如让某个进程独占大部分系统物理内存或者 CPU,对其他的进程就不公平。

系统中最重要的资源是 CPU,通常只有一个。作为一个多道操作系统,Linux 的目标是让系统中的每个 CPU 上面始终有一个进程在执行,以充分利用 CPU。如果进程数多于 CPU 数(通常总是这样),多余的进程必须等待有 CPU 空闲下来才能运行。

多道处理的想法很简单:让进程一直执行直到它必须等待,通常是等待使用一些系统资源。当它可以使用这个资源时,可以再让它运行。在单道操作系统中,例如 DOS,CPU 在进程等待资源的时候将无所事事,白白浪费时间。在多道操作系统中,内存中同时存在许多进程。每当一个进程必须等待,操作系统就把 CPU 分配给别的需要运行的进程。系统中专门有一个调度器负责选出下一个要运行的进程。Linux 使用调度策略来保证调度的公平。

Linux 支持很多不同的可执行的文件格式,例如 ELF,还有 Java,这些格式被透明地管理。

11.2.1 Linux 进程

Linux 系统为了管理进程,用 task_struct 数据结构表示每个进程(任务和进程在 Linux 中是可以互换使用的术语)。task(任务)向量是一个指向 task_struct 的指针数组。

这样就意味着系统中的最大进程数受到 task(任务)向量长度的限制,缺省为 512 个元组。当创建新进程时,新的 task_struct 从系统存储器中被分配出来并被加入任务向量。为了便于查找,用 current 指针指向当前的进程。

除了普通进程,Linux 还支持实时进程。所谓实时是指这些进程必须能够快速响应外部的事件。调度器会区别对待实时进程和普通进程。task_struct 大而复杂,包括多个功能区域。

1. 状态(State)

进程执行时会根据不同的情形改变状态。Linux 进程有下列状态:

(1) 运行态(Running)

进程或者是正在运行(运行态),或者是准备运行的。

(2) 等待态(Waiting)

进程正在等一个事件或一个资源。Linux 中的等待态有两种类型:可中断的(interruptible)和不可中断的(uninterruptible)。可中断的等待进程能被信号打断,而不可中断的等待进程在任何情形下都不能被中断。

(3) 停止态(Stopped)

进程能够被某些信号中止运行。调试中的进程就处于停止态。

(4) 僵死态(Zombie)

停止态进程由于某些原因仍然在任务向量中占有一个 task_struct,即处于僵死态。

2. 调度信息(Scheduling Information)

调度程序需要调度信息以便决定系统中哪个进程最需要运行。

3. 标识符(Identifiers)

每个进程有一个进程标识符,但进程标识符不是任务向量的索引。每个进程都有用户标识符和组用来控制进程对系统中文件和设备的访问。

4. 进程间通信(Inter-Process Communication, IPC)

Linux 支持 UNIX 经典 IPC 机制中的信号、管道和信号量,并且支持系统 V 的共享内存、信号量和消息队列。

5. 连接(Links)

Linux 系统没有进程与别的进程完全无关。除了初始化进程之外,每个进程都有一个父进程。新进程通过已有进程拷贝或者克隆得来。代表进程的每个 task_struct 中都有指针指向它的父进程、兄弟进程及子进程。另外,系统中有一个以初始化进程的 task_struct 构为根的双向链表,把所有进程都链接在里面。通过这张表,Linux 核心可以方便地查看系统中的所有进程信息。

6. 时钟和计时器(Times and Timers)

在进程的生命周期内,系统核心记录进程的创建时间并随时记录进程消耗的 CPU 时间。每个时钟滴答周期,核心就更新当前进程在系统态和用户态所花的 CPU 时间。Linux 也支持进程特定的间隔计时器,进程通过系统调用设置计时器,当计时器所设置的时间间隔已到,核心就会给进程发送一个信号。这些计时器可以是一次性的或周期性的时钟触发器。

7. 文件系统(File System)

进程可以打开和关闭文件。进程的 task_struct 中包含了指向打开的文件的描述符的指针,还有两个指向 VFS 索引节点的指针。第一个指针指向进程的根目录,第二个指向进程的当前目录或者叫 pwd 目录。VFS 索引节点(见 11.5 文件系统)能够惟一描述文件系统中的一个文件或目录,它也是文件系统提供的访问文件的统一接口。VFS 索引节点中有一个域用来记录有多少个进程指向它们。

8. 虚拟内存(Virtual Memory)

大多数进程有一些虚拟内存(核心线程和监控程序除外),Linux 核心必须跟踪虚拟内存与物理内存的映射关系。

9. 处理器特定的上下文(Processor Specific Context)

进程可以被看做是系统当前各种状态的集合。进程运行时要使用处理器的寄存器、堆栈等,这就是所谓的进程上下文。当进程被挂起时,这个进程的 CPU 特定的上下文必须被保存到这个进程的 task_struct 中。当进程重新启动时,它就从这里恢复它的上下文。

11.2.2 标 识 符

Linux 使用用户标识符和组标识符来检查进程对系统中文件或者映像的访问权限。Linux 系统中的文件都有所有者和权限,这些权限描述了系统中的用户对文件的访问许可。基本权限有读、写和执行,它们被分派到 3 类用户:文件的所有者、某个组的所有进程或者系统中所有进程。每一类用户可以有不同的权限。例如,一个文件可以允许它的所有者读写,允许文件所在的组读,但不允许系统中的其他进程访问。

Linux 系统中文件的权限分配到组,而不是分配到某个用户或进程。例如,可以为一个软件项目中的所有用户创建一个组,并且只允许这个组中的用户能够读写项目的源程序。进程能属于若干组(缺省最多能够属于 32 个组)。task_struct 中有一个 groups(组)向量用来记录这些组。只要进程所属的组中有一个具有访问权限,这个进程就有权访问那个文件。

每个进程的 task_struct 中有 4 对用户和组的标识符:

1. uid, gid

进程所有者的用户标识符和组标识符。

2. 有效 uid 和 gid

有一些程序在执行的时候会把 uid 和 gid 改变为它们自己特定的某个 uid 和 gid，这些程序被称为设置 uid 程序。这是限制系统服务权限的一种方法，尤其在实现为别的用户服务的网络精灵程序等类似的服务时很有用。有效 uid 和 gid 来自程序的映像文件本身，和启动它的用户无关。核心在检查权限的时候会使用有效 uid 和 gid。

3. 文件系统 uid 和 gid

这两个标识符通常与有效的 uid 和 gid 一样，当检查文件系统存取权限时会用上。这两个标识符是为了建立网络文件系统(Network File System,NFS)而使用的，因为用户模式的 NFS 服务器需要像一个特别的程序一样来访问文件。在这种情况下，只有文件系统 uid 和 gid 被改变。这样可以防止恶意的用户向 NFS 服务器发送 Kill 信号。Kill 信号会被一个特殊的有效 uid 和 gid 发送到进程。

4. 储备 uid 和 gid

这是 POSIX 标准中要求的两个标识符。程序通过系统调用来改变 uid 和 gid 的时候必须要用它们来保存真实的 uid 和 gid。

11.2.3 调　　度

进程执行时总是在用户态和系统态之间频繁切换。不同的硬件如何实现对这两种模式的支持不一定相同，但是都有一种安全机制保证从用户态进入系统态然后再回到用户态。用户态进程的权限比系统态要小。每当进程进行系统调用的时候就会从用户态切换到系统态，然后继续运行。进入系统态之后，核心代码开始执行，为这个进程服务。在 Linux 系统中，进程不能从当前正在运行的进程那里强占 CPU。当执行的进程需要等待某个系统事件的时候，它就让出 CPU。例如，进程可能等待从一个文件中读出一个字符。这个等待在系统调用内部，处于系统态。这时，等待事件的进程将被核心暂停，然后选择运行其他进程。

进程总是经常进行系统调用，所以会经常等待。尽管如此，如果进程愿意，它还是可以长时间地不做系统调用从而不合理地占用 CPU 的处理时间。因此，Linux 系统要使用抢先式的调度。在这种情况下，每个进程被允许运行一小段时间，比如 200 毫秒。如果时间到了，核心就会暂停当前的进程，选择别的进程来运行。这一小段时间就是所谓的时间片。

负责在系统中所有可以运行的进程中选择最该运行的进程的核心部分是调度器。可运行的进程指这个进程在等待 CPU 来执行。

Linux 使用基于优先级的简单调度算法在系统当前的进程之间选择。当选择运行新进程时，操作系统保存当前进程的状态、处理器专用寄存器以及存放在 task_ struct 的其他上下文。然后操作系统恢复新进程的状态,把系统控制交给这个进程,进程开始运行。调度器为了能够公平地分配 CPU 时间,在每个进程的 task_struct 中保存了下列信息:

(1) policy(策略):在这个进程上使用的调度策略。Linux 进程有两种类型:普通进程和实时进程。实时进程比其他所有进程的优先级都要高。如果有实时进程可以运行,它将总是优先运行。实时进程有两种调度策略——轮转式和先进先出式。在轮转式调度下,每个可运行的实时进程轮流运行;在先进先出式调度下,每个可运行的实时进程依次运行,次序就是它们进入运行队列时的顺序,而且不会变化。

(2) priority(优先级):进程的优先级。它也是这个进程被允许运行的时间的总量。通过系统调用和 nice 命令能够改变进程的优先级。

(3) rt_priority(实时优先级):实时进程的优先级高于其他类型的进程。实时优先级允许调度器给每个实时进程以相对优先级。实时进程的优先级可以通过系统调用来改变。

(4) counter(计数器):进程被允许运行的时间总量。进程第一次运行时,计数器被设定为优先级的大小,以后每次滴答时间计数器的值都会减小。

核心内若干地方会运行调度器。把当前的进程放入等待队列后会运行调度器;在系统调用结束即将返回到用户态的时候,也可能会运行。另一个需要运行调度器的原因是系统计时器把当前进程的计数器减小到了零。

调度器运行时,需要做的事情有:
(1) 核心工作:调度器运行下层处理机,并处理调度器的任务队列。
(2) 处理当前进程:在选择其他进程运行之前,必须处理当前进程。
如果当前进程的调度策略是轮转式,它就被放到运行队列的末尾。
被中断剥夺运行的可中断进程在系统响应完中断后变为运行态继续运行。
如果当前的进程运行超时了,那么它的状态变为运行态。
如果当前的进程就是运行态,它将保持这个状态。
不处于运行态并且不可中断的进程被移出运行队列。这意味着当调度器要寻找最需要运行的进程时,不再会考虑它们。

(3) 进程选择:调度器查找整个运行队列来选择最需要运行的进程。如果有实时进程,它们就会获得比普通进程更高的权值。正常进程的权值是它的计数器的值(或者优先级),实时进程的权值是计数器加 1 000。这样如果系统中有处于可运行状态的实时进程,它们就会比普通的可运行进程先执行。当前进程执行一段时间后,计数器的值会逐渐减小,最终它将让位给同样优先级的进程,然后被放到运行队列的最后。如果多个进程的优先级相同,优先选择在运行队列中位置靠前的进程。在有许多优先级相同的进程的平衡系统中,它们会被轮流运行。这就是称为轮转式的调度方案。然而,如果进程需要等待资源,进程的运行顺序就会发生变化。

(4) 交换进程:如果最需要运行的进程不是当前进程,当前进程就必须暂停,新的进程将取而代之。进程运行时需要使用 CPU 的寄存器和系统的物理内存。例如，进程通过寄存器传递参数来调用例程，并且可能把返回地址放在内存堆栈中。因此，当调度器运行时，它在当前进程的上下文中。这时，CPU 处于特权态下，也即核心态，但是正在运行的仍然是当前进程。如果要暂停它，就必须把它的上下文保存进它的 task_struct 中。然后，新进程的机器状态必须被装载。不同 CPU 的具体做法不同，但是通常有一些硬件辅助来做这件事。

进程上下文的切换在调度器运行结束时进行。所切换的上下文是与被调度进程有关的硬件环境当时的一个快照。

如果先前进程或新的当前进程使用虚拟内存，系统页表需要更新。同样地，这和特定的机器体系结构相关。例如，Alpha AXP 使用转换对照表或者缓冲页表，必须刷新那些属于先前进程的条目。

（5）多处理机系统中的调度：将来多处理机系统会越来越普遍，Linux 系统是一个对称多处理（Symmetric Multi Processing，SMP）操作系统，能使系统的多个 CPU 平衡工作，调度器负责平衡调度。

多处理机系统中，理想的情况是所有处理器均忙于运行。每当一个 CPU 的当前进程用尽它的时间片或必须等一个系统资源，就会单独运行调度程序。在单处理器系统中，idle（空闲）进程是在任务向量中的第一个任务，在 SMP 系统中每个 CPU 都有一个空闲进程，这样在 SMP 系统存在多个空闲进程。另外，每个 CPU 有一个当前进程，因此 SMP 系统必须追踪每个 CPU 上的当前进程和空闲进程。

SMP 系统中每个进程的 task_struct 包含它当前运行所在的 CPU 的编号以及上次运行所在的 CPU 的编号。虽然进程可以每次在不同的 CPU 上面运行，但 Linux 可以使用 processor_mask 来限制进程可以使用的 CPU。如果 processor_mask 的第 N 位被设置，这个进程就能在第 N 个 CPU 上运行。当调度器选择新进程，它不会选择 processor_mask 中和当前的 CPU 对应位被清除的进程。调度器会优先考虑上次在这个 CPU 上面运行的进程，因为使进程在不同的处理器之间移动通常会带来一定的性能损失。

11.2.4 文　　件

图 11-6 表明系统中的每个进程有 2 个数据结构描述文件系统相关信息。

第一，fs_struct，包含指针指向进程的 VFS 索引节点和它的 umask。umask 是创建新文件时使用的缺省模式，可以用系统调用改变。

第二，files_struct，包含进程当前正在使用的所有文件的信息。然后从标准输入读入并且写到标准输出。任何错误消息应该输出到标准错误。这些可以是文件、输入/输出终端或一台真实的设备，但是程序都把它们当做文件。每个文件有它自己的描述符，files_struct 中包含 256 个指向 file 数据结构的指针，每个文件结构描述进程打开的一个文件。f_mode 描述文件的创建模式：只读、读写或者只写。f_pos 记录下一个读或写操作的位置。f_inode 指向描述该文件的 VFS 索引节点,而 f_ops 是一个指向例程地址的向量的指针,每个例程实现一个文件操作,例如,一个写数据的例程。这种对界面的抽象非常有用,允许 Linux 系统支持各种各样的文件类型,Linux 中的管道就是用这个机制实现的。

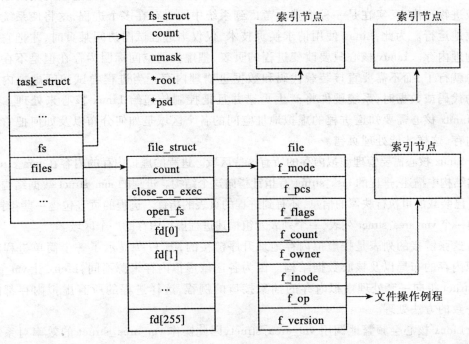

图 11-6　进程的文件

每打开一个文件,在 file_struct 的一个空闲文件指针被用来指向新文件结构。Linux 进程启动的时候,会有 3 个文件描述符已经打开,它们是标准输入、标准输出和标准错误,通常都是从父进程中继承来的。所有的文件访问都要使用系统调用,它们使用或者返回文件描述符。文件描述符被当做进程 fd 向量的索引,所以标准输入、标准输出和标准错误的文件描述符分别是 0,1 和 2。文件的每次访问都要使用文件操作例程和 VFS 索引节点。

11.2.5　虚 拟 内 存

进程的虚拟内存包含从许多来源来的可执行的代码和数据。

首先,程序映像被装载。映像文件包含装载可执行的代码以及有关的程序数据到进程的虚拟内存所需的全部信息。

其次,进程运行时能分配虚拟内存,比如说保留它正在读的文件的内容。新分配的虚拟内存要和进程已有虚拟内存连接才能使用。

再次，Linux 支持能同时被若干运行的进程使用的共享库。共享库的代码和数据必须被连接到共享该库的多个进程的虚拟地址空间。

在任何给定的时间段内，进程不会使用在它的虚拟内存中包含的所有代码和全部数据。它可以包含仅仅在某些状况下被使用的代码，例如在初始化期间或一个特别的事件发生时的代码。它可能仅仅使用了共享库的一些例程。把这些无用的东西装载进物理内存，实在是一种浪费。考虑到系统中同时存在多个进程，这将使系统很低效地运行。为此，Linux 使用请求换页技术，仅仅当进程试图访问某页时，才把它装入物理内存。Linux 核心只要改变进程的页表，把虚拟的空间标明为存在但是不在内存中就行了，而不需要直接装载代码和数据进物理内存。当进程尝试访问虚拟内存中的代码或数据时，系统硬件将产生页错并且把控制传递给 Linux 核心来处理。因此，Linux 核心需要知道进程的虚拟地址空间的各个区域是如何分布以及如何把它装入内存，这样才能处理页错。

Linux 核心需要管理虚拟内存的所有这些区域。进程的虚拟内存的内容在 mm_struct 数据结构中描述，进程的 task_struct 有指针指向这个结构。进程的 mm_struct 数据结构也包含已装载的可执行映像的信息，还有到进程的页表的指针。进程的页表包含一些指针，指向一个 vm_area_struct 列表，一个列表元组描述进程虚拟内存的一个区域。

这张链接的列表是按虚拟内存地址升序链接的，图 11-7 显示了一个简单进程的虚拟内存的布局以及核心数据结构。因为各区域虚拟内存来源不同，Linux 让 vm_area_struct 指向一套处理虚拟内存的抽象接口的例程，这样进程的所有虚拟内存都能用一致的方法处理。

Linux 核心会频繁地调用 vm_area_struct，因此操作 vm_area_struct 的效率对系统性能影响很大。为了加快存取，Linux 另外把 vm_area_struct 数据结构排列成一棵平衡树。这棵树上，每个 vm_area_struct（或索引节点）有一左一右两个指针指到邻近的 vm_area_struct 结构。左指针指向的索引节点虚拟地址小于右指针指向的索引节点的虚拟地址。寻找索引节点时，Linux 从树根开始，根据每个索引节点的左右指针指向地址的大小关系决定到何处去找，直到找到为止。当然，把一个新的 vm_area_struct 插入到平衡树中要花一些额外的处理时间。

当进程分配虚拟内存时，Linux 实际上不为进程保留物理内存。相反，它创建新的 vm_area_struct 描述虚拟内存，再连接到进程的虚拟内存列表。当进程试图在位于新虚拟内存块的虚地址进行写操作时，系统将发生页错。处理器将试图进行虚拟地址译码，但是因为没有任何内存页表表目对应这个地址，它将失败并引发页错异常，然后让 Linux 核心来处理。Linux 检查引用的虚拟地址是否在当前进程的虚拟地址空间。如果是，Linux 创造适当的 PTEs 并且为这个进程分配一页物理内存。代码或数据可能需要从文件系统或从交换硬盘拷贝到那个物理页。然后进程在引起了页错的地址处被重启，并且这次因为存储器物理上存在，因此它可以继续运行。

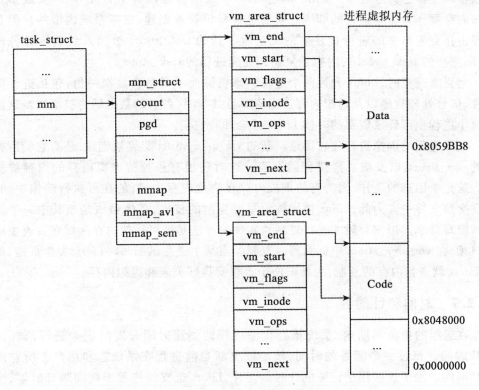

图 11-7 进程的虚拟内存

11.2.6 创建进程

当系统启动时以核心态运行,从某种意义上说,只有一个初始化进程在运行。像所有的进程一样,初始进程的机器状态由堆栈、寄存器等表示。当系统的其他进程被创建并运行时,这些机器状态将在初始进程的 task_struct 数据结构被保存。系统初始化结束时,初始进程启动一个核心线程然后进入一个空闲循环。当没有别的事情做时,调度器将运行这个空闲进程。空闲进程的 task_struct 是惟一一个不被动态分配的,当构造核心的时候,它就静态地在核心里面定义,称为 init_task。

init 核心线程或进程的进程标识符为 1,是系统的第一个真正的进程。它做一些系统初始化设置工作,然后运行系统初始化程序。这个程序是/etc/init,/bin/init 或者/sbin/init,与实际系统有关。init 程序使用/etc/inittab 作为脚本文件来创建系统中的新进程。这些新进程可能还要再创建新进程。例如,当用户试图登录时,getty 进程可能会创建 login 进程。所有这些进程都是 init 核心线程的后代。

新进程通过克隆旧进程或克隆当前进程来创建。系统通过系统调用(派生或克隆)创建进程,克隆过程在核心态由系统核心来完成。在系统调用结束时,新进程就可以被调度器选择运行了。新的 task_struct 在系统物理内存中分配,用一页或多页物理内存页作为克隆进程的堆栈。新的进程标识符被创建,它在系统内惟一。但是有理由让克隆出来的进程记住它的父进程。新的 task_struct 被加入到系统任务向量,旧进程的 task_struct 的内容被复制到克隆进程的 task_struct。

当克隆进程时,Linux 允许两个进程共享资源而不是各自复制一份,包括进程的文件、信号处理程序以及虚拟内存。当资源被共享时,各自的数据域将被增加。这样当两个进程全部释放资源的时候 Linux 才会回收它们。

克隆进程的虚拟内存比较困难。新的 vm_area_struct 集要被创建,还有它们所拥有的 mm_struct,以及被克隆进程的页表。这时还没有进程的虚拟内存的内容被复制。这是个困难的工作,因为有的虚拟内存在物理内存中,有的在可执行映像中,有的在交换文件中。为此,Linux 使用称为写时复制的技术,具体做法是当其中一个进程试图写共享虚拟内存时才进行复制。实现的方法是把可写的内存区域在页表中标为只读,在 vm_area_struct 中标为写时复制。当某个进程试图写时,就会发生页错,此时 Linux 就进行内存的复制,为新旧两个进程安排好页表和虚拟内存。

11.2.7 时间和计时器

在进程的生命周期内,系统核心记录进程的创建时间并随时记录进程消耗的 CPU 时间。每过一个滴答的时间,核心就更新当前进程在系统态和用户态所花的 CPU 时间。除了这些用于记账的计时器之外,Linux 也支持进程专用间隔计时器,当计时器所设置的时间间隔一到,核心就会给进程发送信号。有 3 种间隔计时器:

1. Real(实时计时器)

计时器实时地走动。当计时器到时,进程会收到一个 SIGALRM 信号。

2. Virtual(虚拟计时器)

当进程正在运行时计时器才走。如果到时,这个计时器会发送一个 SIGVTALRM 信号给进程。

3. Profile(配置计时器)

当进程正在运行时或者当系统代表进程在执行时,这个计时器就走动,它会发送 SIGPROF 信号。

Linux 系统把间隔计时器的信息存放在进程的 task_struc 中。通过系统调用能够添加、启动、停止计时器,以及读取计时器的当前时间。

每当系统时钟的一次滴答到来,当前进程的所有间隔计时器的计数值就被减少,如果时间间隔已到,就会发送指定的信号给进程。

实时间隔计时器有点特别。Linux 在核心中使用了计时器机制来处理它。每个进程有自己的 timer_list(计时器列表),当实时间隔计时器运行时,系统的计时器列表中把它排入了队列。当计时器的时间间隔一到,负责处理计时器事件的下层处理机会把它从队列中删除,然后调用间隔计时器的处理代码。这段处理代码产生 SI-

GALRM 信号并且重启间隔计时器,然后又把它加入系统计时器队列。

11.2.8 执 行 程 序

Linux 系统中的程序和命令通常是由一个命令解释器来执行的。一个命令解释器是一个用户进程,一般称为 shell,因为它就像是系统的命令解释程序,能够被用户直接感受到。

Linux 系统中有许多命令解释器,最流行的一些是 sh,bash 和 tcsh。除了一些内部命令之外,例如 cd 和 pwd,命令还可以是可执行的二进制文件。对每个输入的命令,命令解释器在进程的搜索路径中查找匹配的可执行的映像文件,搜索路径由 PATH 环境变量定义。如果找到了匹配的文件,它就被装载执行。

命令解释器使用派生机制克隆自己。新的子进程用所找到的可执行二进制映像文件的内容替换自己原先的内容,也就是命令解释器自身。通常命令解释器等待命令完成,也就是等待子进程退出。如果把子进程放到后台运行,则不需要命令处理器等待。使用 Control + Z 组合键,会导致一个 SIGSTOP 信号被送给子进程,让它停止运行。使用 shell 命令 bg 把它放到后台,命令解释器向它发送一个 SIGCONT 信号让它恢复运行,直到运行结束或者它需要和终端交互。

可执行文件有许多格式,包括脚本文件。脚本文件必须被识别出来并且用适当的解释器来处理。例如/bin/sh 解释 shell 脚本。可执行的目标文件中包含可执行的代码和数据,以及其他的信息以便操作系统能够装载并运行。Linux 系统中使用的最多的目标文件格式是 ELF。但是理论上,Linux 灵活到几乎能处理任何格式的目标文件。

Linux 支持的二进制格式文件不是在构建进系统核心,就是作为模块被装载。系统核心维持了一个注册二进制格式的列表(见图 11-8),在需要执行文件时,系统会依次尝试文件的格式,直到找到可以使文件执行的格式。

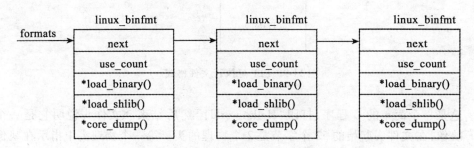

图 11-8 注册二进制格式的列表

最常见的 Linux 二进制代码格式是 a.out 和 ELF。

1. 可执行链接格式（Executable and Linkable Format, ELF）

ELF 目标文件格式，由 UNIX 系统实验室所设计，是 Linux 系统中最常用的格式。虽然同其他的目标文件格式比较，ELF 在性能上略有损失，但 ELF 更灵活。ELF 可执行文件中包含可执行的代码、数据以及一些说明程序装载过程的表。静态链接的映像可以用链接器或链接编辑器生成一个包含运行时所需的全部代码和数据的单个映像。映像中还说明了映像在内存中的布局，以及第一条指令在映像中的地址。

图 11-9 显示了一个静态链接的 ELF 可执行映像的内部布局。

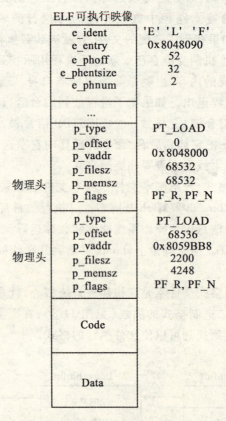

图 11-9 ELF 可执行文件格式

这是一个简单的 C 程序，打印"Hello, world!"然后结束。文件头说明它是一个 ELF 映像，在文件头起始的 52 个字节是 2 个物理的头。第一个物理头中指示在映像中的可执行代码。代码起始于虚地址 0x8048000，有 65 532 个字节。映像的入口点，也就是程序的第一条指令，不在映像的开始，而是在虚地址 0x8048090（e_entry）处。代码紧跟在物理头之后。这个物理头说明程序的数据要装在虚地址 0x8059BB8 处。数据是可读可写的。预初始化的数据大小为 2 200 个字节，由执行代码初始化的数据大小为 2 048 个字节,总共占用 4 248 字节内存。

当 Linux 装载 ELF 可执行文件映像到进程的虚拟地址空间时,实际上没有真正装载映像。操作系统设置虚拟内存数据结构、进程的 vm_area_struct 树和它的页表。当程序执行时,页错将导致程序的代码和数据被装进物理内存,而程序中没用到的部分决不会被装载进物理内存。当 ELF 二进制格式装载器检查认为一个映像确实是一个 ELF 可执行映像后,它就从进程的虚拟内存中刷新当前的可执行映像。刷新导致旧的虚拟内存数据结构被废弃,进程的页表被重新设置。它也清除所有的处理器信号,关闭已经打开的文件。刷新过后,进程就可以用新的可执行映像了。不管可执行的映像是什么格式的,进程的 mm_struct 中需要设置同样的信息。读入 ELF 可执行映像的物理头时得到指向映像的代码和数据的开始和结束的指针,它们所说明的程序段被映射到进程的虚拟地址空间。此时,vm_area_struct 被设置,进程的页表也被修改。mm_struct 中还包含指针指向传递给程序的参数以及进程的环境变量。

与静态链接映像相反,动态连接映像没有包含运行所必需的全部代码和数据。动态连接映像的部分代码和数据存放在共享库中,当映像执行的时候,动态链接器使用共享库表将它们链接好。Linux 使用若干动态的链接器,例如存放在/lib 目录下的 ld.so.1,libc.so.1 和 ld-linux.so.1。共享库中包含公用的代码,例如编程语言的子程序。如果没有动态连接,所有的程序需要把库中的这些代码各自复制一份,这样会需要多得多的硬盘空间和虚拟内存。有了动态链接,每个被引用到的子程序都在 ELF 映像的表中保存了信息,动态链接器根据这个信息知道怎样找到库中的代码并把它链接到程序的内存空间。

2. 脚本文件

脚本文件是需要一个解释器来运行的可执行文件。Linux 中使用各式各样的解释器,例如 wish,perl 和命令处理程序(例如 tcsh)。Linux 使用标准的 UNIX 习惯,在脚本文件的第一行中包含解释器的名字。因此,一个典型的脚本文件将这样开头:#!/usr/bin/wish。

为了找到脚本指定的解释器,脚本二进制代码装载器试图打开在脚本文件的第一行中指明的可执行的文件。如果能打开它,就让这个文件,也就是解释器,来执行这个脚本。脚本文件的名字成为第一参数并且所有其他的参数向后移动一个位置,原来第一参数成为新的第二参数,依此类推。装入解释器的方法和 Linux 中装入一个可执行文件的方法是一样的。Linux 试用每一种注册二进制格式直到某个格式能够成功为止。

11.3 进程通信机制

进程之间、进程与核心之间互相通信,以协调它们的活动。Linux 支持一系列进程间通信(Inter-Process Communication,IPC)机制,信号(signal)和管道(pipe)是其中的两种,此外还支持系统 V IPC 机制。系统 V 是 UNIX 的一个版本,系统 V IPC 机制因其首先引入而得名。

11.3.1 信　　号

信号是 UNIX 系统最早使用的进程间通信方法之一。它们用来对一个或多个进程发送异步事件。信号可以由键盘中断产生,也可以由进程试图读取虚拟存储器中不存在的位置而引发。另外,信号也可以用于命令解释程序向它们的子进程发送作业控制命令。

系统核心可以产生一组预先定义的信号,具有一定权限的进程也可以产生。用 Kill 命令可以查看系统的信号集。

进程可以选择忽略产生的大部分信号,除了两个特殊的信号:使进程停止运行的 SIGSTOP 和使进程退出的 SIGKILL。对其他的信号,进程可以任意选择处理的方法。进程可以阻塞信号,或者由自己的代码处理信号,或者交由系统核心来处理信号。如果是系统核心处理信号,它将进行这个信号要求的缺省处理。例如,进程收到 SIGFPE(浮点溢出)信号时,缺省处理是内核转储并退出。信号之间没有天然的相对优先关系。如果两个信号同时为同一个进程产生,它们可以以任意顺序交给进程处理。进程也没有任何方法区别自己收到的是一个还是 42 个 SIGCONT 信号。

Linux 用存储在进程 task_struct 中的信息实现信号。所支持的信号数受到字长的限制,32 位处理器可有 32 个信号,64 位处理器可有 64 个信号。当前待收信号保存在 signal 域中,blocked 域中为阻塞信号的掩码。除了 SIGSTOP 和 SIGKILL 之外,一切信号都能够被阻塞。如果一个被阻塞的信号产生,除非解除其阻塞,否则它不会被处理。

Linux 持有每一个进程如何处理每一个可能的信号的信息,放在每个进程的 task_struct 指向的一组 sigaction 数据结构中。在 sigaction 中,要么含有信号处理例程的地址,要么放置标志告诉系统:进程希望忽略这个信号,或者进程希望核心处理这个信号。进程通过系统调用来修改信号处理方法,这些系统调用对相应信号的 sigaction 或者 blocked 进行修改。并不是任何一个进程都能够发信号给所有进程,只有核心和超级用户进程才有此权力。普通进程只能发送信号给具有相同 uid 和 gid 的进程,或者同一个进程组中的进程。设置 task_struct 中 signal 域的相应比特位就可以产生信号。调度程序给运行候选进程发出调度运行信号,如果该进程没有阻塞信号,并且处于可中断的等待状态,那么它会被唤醒,转变为运行态,并进入运行队列。

如果缺省处理是需要的,那么 Linux 能够优化信号的处理。例如,如果产生了信号 SIGWINCH(X-Window 改变焦点),而缺省处理程序正在使用,那么什么也不会做。

信号在产生后要等到进程重新运行才发送给进程。每当一个进程从系统调用中退出,它的 signal 和 blocked 域都被检查,如果发现未被阻塞的信号,则将送给进程。

这看起来似乎不太可靠,但是事实上每个进程总是在不断进行系统调用,例如把字符写到终端。进程也可以选择等待信号,于是它处于挂起状态,直到信号到达。Linux 的信号处理代码通过查看 sigaction 结构以便决定处理方法。如果信号的处理被设置为缺省,那么系统核心将负责处理它。SIGSTOP 信号的缺省处理是停止当前进程的运行并且使用调度程序选择下一个运行的进程。进程也可以选择指定自己的处理代码。该代码为一个当信号产生时可调用的例程,sigaction 保存有这个例程的地址。系统核心必须调用进程的信号处理例程,具体实现与处理器相关,但是无论如何 CPU 必须注意到当前进程正处于核心态运行,并且即将返回用户态。通过堆栈和寄存器的操作能解决这个问题。进程的程序计数器被设置到信号处理例程的地址,调用参数通过调用栈或是寄存器传递。当进程得以继续时,看来似乎信号处理例程是被正常调用的。

Linux 兼容 POSIX,进程能够在信号处理例程调用时指定哪些信号被阻塞,即在信号处理例程中改变 blocked 掩码。例程结束时,blocked 掩码必须被恢复原有值。所以 Linux 增加了一个清理进程,该进程负责把原始 blocked 掩码恢复到接收信号进程的调用栈的顶端。某些情况下,信号处理例程需要用堆栈方式调用,以便保证每个例程退出时,立刻调用下一个例程,直至清理例程被调用。对此,Linux 需要进行优化。

11.3.2 管　　道

普通 Linux 命令解释程序允许重定向。例如 $ ls|pr|lpr 把 ls 命令的输出文件名通过管道作为 pr 命令的标准输入,后者对之进行分页,最后 pr 的标准输出又通过管道作为 lpr 的标准输入,lpr 把结果打在缺省打印机上。所以,管道就是连接一个进程的标准输出到另外一个进程的标准输入的单向字节流。进程无法知道这个重定向,仍然正常工作。负责在进程之间建立临时管道的是命令解释程序。在 Linux 中,管道是通过两个指向同一个虚拟文件系统索引节点的 file 结构来实现的,索引节点本身则指向内存中的一个物理页。每个 file 数据结构含有指向不同的文件操作例程向量的指针,一个用于写管道,另一个用于读管道。这就隐藏了与读写普通文件的一般系统调用之间的区别。当写进程在写管道时,字节被拷到共享数据页上,而当读进程在读管道时,字节被从共享数据页上拷出来。Linux 必须对共享数据页的存取进行同步,它使用锁、等待队列和信号来保证读写进程之间的交互。

写进程使用标准写库函数写管道。这些库函数都传递文件描述符,而文件描述符是进程的 file 集合的索引,每一个代表一个打开的文件或者一个打开的管道。Linux 系统调用使用描述这个管道的 file 指向的例程。那个写例程使用表示管道的索引节点中保存的信息来管理写要求。

如果有足够的空间供所有的字节写入管道,只要管道没有被读进程锁住,Linux 将会为写进程锁住管道,并且把所有的待写字节从进程的地址空间拷到共享数据页

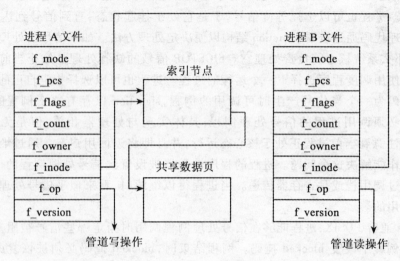

图 11-10 管道

中。如果管道被读进程锁住,或者没有足够的数据空间,那么将使当前进程睡眠在管道索引节点的等待队列,调用调度程序运行另外一个进程。进程的状态是可中断的,所以它能收到信号,能在写数据空间变得足够或是管道被解锁之后被写进程唤醒。写完数据之后,管道的索引节点被解锁,睡眠在索引节点等待队列的读进程将被唤醒。从管道读数据与写数据非常类似。

如果允许进程做非阻塞式读数据,而没有数据可读或者管道被锁住,将返回一个错误,这样系统可以持续运行。另一种方法是等在管道索引节点的等待队列里直到写进程完成工作。当两个进程都完成了管道上的工作,管道索引节点将被与共享数据页一起丢弃。

Linux 也支持命名管道,即人们熟知的 FIFO(先进先出)管道,因为管道的工作方式是先进先出的。最早写入这种管道的数据也最早被读出。与一般管道不同的是,FIFO 管道不是临时对象,而是文件系统中的实体,可以用 mkfifo 命令创建出来。只要进程有足够的存取权限,就能自由地使用 FIFO 管道。打开 FIFO 管道的方式和打开普通管道的方式也稍有不同。管道是一次性产生的,而 FIFO 是已经存在的,由用户负责它的打开和关闭。Linux 必须处理一些错误,比如读进程在写进程打开 FIFO 管道之前先打开了它,或者读进程去读一个没有被写入数据的 FIFO 管道。除此之外,FIFO 管道与普通管道完全相同,因为它们采用的数据结构和操作是一致的。

11.3.3 系统 V IPC 机制

Linux 支持系统 V 的 3 种 IPC 机制:Message Queue(消息队列)、Semaphore(信号)和 Shared Memory(共享内存)。这些系统 V IPC 机制都使用相同的认证方法。进程只能通过系统调用向核心传送一个惟一的参考标识,才能存取这些资源。类似于文件存取的权限控制,由对象的创造者通过系统调用来设置系统 V IPC 对象的存取权限。在上述 3 种机制之中,对象的引用标识被用做资源表的索引。当然,这不是一个直接索引,产生索引还需要进行一些操作。

所有表示系统 V IPC 对象的 Linux 数据结构都包含一个 ipc_perm 结构,该结构包含了进程所有者和创造者的用户标识及组标识、IPC 对象的存取模式以及 IPC 对象的主索引。IPC 对象的主索引是用于定位对象引用标识的一种方法。支持两类主索引:公共主索引和私有主索引。如果主索引是公共的,那么系统中的任何进程,只要有足够的存取权限,都能找到 IPC 对象的引用标识。系统 V IPC 对象绝对不能用主索引来引用,而只能用引用标识来引用(见图 11-11)。

1. 消息队列

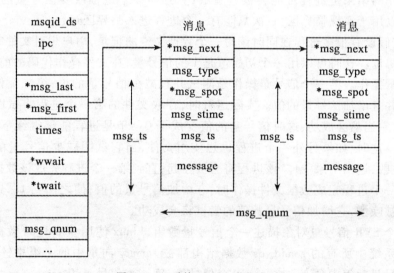

图 11-11　系统 V IPC 消息队列

消息队列允许一个或者多个进程读写消息。Linux 维护一个 msgque 向量,其中每一个元组指向一个完整地描述消息队列的 msqid_ds 数据结构。当创建一个消息队列时,从系统内存中分配出一个新的 msqid_ds,插入 msgque 向量之中。

每一个 msqid_ds 包含了一个 ipc_perm 和指向队列中消息的一组指针。另外,Linux 保存有队列修改时间,例如最后一次写队列的时间等。msqid_ds 也包含两个等待队列,一个用于队列的写进程,另一个用于队列的读进程。每当进程试图写消息到写队列中时,它的有效用户标识和组标识将与队列的 ipc_perm 数据结构中的存取模式进行比较。如果进程能够写队列,那么消息将被从进程的地址空间中拷到一个 msg 数据结构中,并且把该数据结构放到消息队列的尾部。根据应用进程之间的约定,每个消息用一个类型标记出来,这里的类型划分是与应用有关的。然而,由于

Linux 限制了能向队列中写的消息的长度和数量,队列中剩余的空间可能不足以容纳这次要写的消息。这时,进程将被加入消息队列的写等待队列之中,调用调度程序来选择一个新的进程运行。当有消息从队列中读出时,写等待队列中的进程将被唤醒。

读消息队列也类似。同样,需要检查进程对写队列的存取权限。读进程可以选择读取队列中的第一个任意类型的消息,或者选择读指定类型的消息。如果没有消息满足读进程的标准,那么它将被加入消息队列的读等待队列,然后运行调度程序。当一个新消息写入队列时,进程将被唤醒,重新运行。

2. 信号量

最简单类型的信号量是内存中一个可以被一个或者多个进程测试并设置的内存地址。对进程而言,测试并设置操作是不可中断的,或者说是原子的。测试并设置操作的结果是信号量当前值加上了所设置的数值,这个数值可以是正的或负的。测试并设置操作的结果是进程可能会被迫睡眠,直到另一个进程改变信号量的值为止。信号量可以用于实现临界区:一次只能有一个进程进入临界区运行。

例如,假设有很多进程在同时读写一个数据文件的记录,用户想对文件的存取进行严格的协调。这时可以用一个初始值是 1 的信号量,在文件操作代码的前后,放上两个信号量操作。第一个信号量操作是测试并且减少信号量的值,第二个信号量操作是测试并且增加信号量的值。实际运行时,存取文件的第一个进程将试图减少信号量的值,它当然会成功,这时信号量的值变成了 0。于是进程能够继续下去,使用数据文件。这时,如果另外一个进程也想使用文件,当它试图减少信号量的值的时候,它会失败,返回结果 −1。该进程将会被挂起,直到第一个进程完成该数据文件的操作。第一个进程完成数据文件操作时,它增加信号量的值,使之回到 1。这时等待进程可以被唤醒,它增加信号量数值的尝试将会成功。

每一个 SVR 信号量对象描述一个信号量数组,Linux 使用 semid_ds 数据结构来代表之。系统中所有的 semid_ds 数据结构都被 semary 向量中的一组指针所指引。每一个信号量数组中含有 sem_nsems 个信号量,每一个信号量用 sem_base 指向的一个 sem 数据结构描述。所有有权操作信号量数组的进程可以通过系统调用来对它们进行操作。系统调用可以指定很多操作,每个操作用 3 个输入来描述:信号量索引、操作值和一组标志。信号量索引是信号量数组中的索引,操作值是将被加到信号量当前值上的数值。首先,Linux 测试是否所有的操作都能成功。操作能够成功当且仅当操作值加到当前值上之后结果大于 0,或者操作值与当前值都是 0。如果其中的任何信号量操作失败,Linux 将挂起进程,除非操作标志要求系统调用是非阻塞的。如果需要挂起进程,Linux 将保存信号量操作的状态,并把当前进程送入等待队列。实现的方法是创立并填写一个 sem_queue 数据结构,放在信号量对象的等待队列之中,并调用调度程序运行另外一个进程。

如果所有的信号量操作都成功并且当前进程不需要被挂起,那么 Linux 继续对信号量数组进行操作。现在 Linux 必须检查所有等待的、挂起的进程能否进行它们

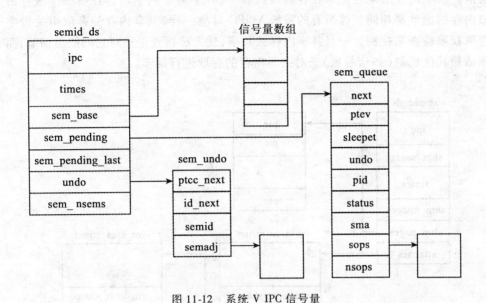

图 11-12　系统 V IPC 信号量

的操作,它依次查看队列中每一个 sem_pending(待决信号量),测试这些操作这一次是否会成功。如果成功,则从队列中删除 sem_queue,进行信号量操作,并唤醒睡眠进程,使它在调度程序下一次运行时具备候选资格。Linux 从头检查等待队列,直到发现无法再进行任何信号量操作,也不可能有更多进程被唤醒。

信号量还有一个死锁的问题。当进程进入临界区改变信号量的数值之后,却由于失效或者被中止而无法离开临界区,就会发生死锁。Linux 防止死锁的方法是维护信号量数组的调整量列表,利用调整量把信号量恢复到操作之前的原有状态。调整量放在 sem_undo 数据结构里,同时在信号量数组的 semid_ds 中和进程的 task_struct 中排队。

每一个信号量操作都要求有一个调整量。Linux 为每个进程对每个信号量数组的操作最多保存一个 sem_undo。如果需要的进程没有 sem_undo,则在需要时创建一个。

新的 sem_undo 同时排在进程的 task_struct 和信号量数组的 semid_ds 之中。当对信号量数组进行操作时,用进程的 sem_undo 的调整量序列中的信号量减去操作值。所以,如果操作值是 2,调整量就要减 2。进程被删除时,Linux 处理它的 sem_undo,对信号量进行调整。如果删除一组信号量,它们的 sem_undo 仍然排在进程的 task_struct 之中,但是信号量数组的标识被置为无效,这种情况下,信号量清除代码就只有丢弃 sem_undo 了。

3. 共享内存

共享内存允许一个或者多个进程通过同时出现在它们的虚地址空间内的内存进

行通信。共享内存的地址记录在各进程页表中,并不需要共享内存在每一个进程的虚拟内存的地址都相同。像所有的系统 V IPC 对象一样,共享内存的存取由关键字和存取权限检查来控制。一旦共享内存被共享,就无法检查进程对它的使用细节,而必须依赖其他机制(如信号量)来对共享内存的存取进行同步。

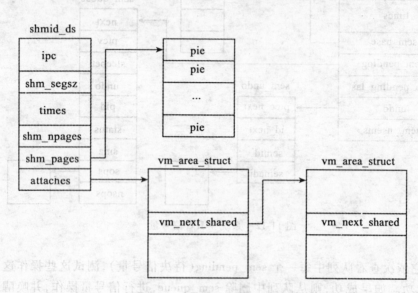

图 11-13　系统 V IPC 共享内存

　　每一个新建的共享内存区域用 shmid_ds 标识,并且保存在 shm_segs 向量中。shmid_ds 描述了共享内存区域的大小、使用共享内存区域的进程的数量、有关共享内存映射到进程的虚拟内存的细节信息。共享内存的创建者控制共享内存的存取权限并决定关键字是公共的还是私有的。如果创建者具有足够的存取权限,它可以把共享内存锁定在物理内存之中。

　　进程通过系统调用共享内存,并生成 vm_area_struct 描述共享内存相关信息。进程可以在它的虚拟内存中选定一块空间作为共享内存,也可以任由 Linux 选择一块足够大的空间。shmid_ds 指向 vm_area_struct 列表,vm_area_struct 由 vm_next_shared 和 vm_prev_shared 指针链接。虚拟内存并不在被选用时创建,而是在进程第一次试图存取时创建。

　　进程第一次存取共享虚拟内存的页面时会发生页错。Linux 处理页错时会找到描述该虚拟内存的 vm_area_struct,其中包含了指向处理这类共享虚拟内存的例程的指针。共享内存页错处理代码查看该 shmid_ds 列出的页面对应的页表条目的表,确定此页是否存在。如果不存在,就分配一个物理页面,在页表中为它创建一个条目,该条目同时放入 shmid_ds 之中。当下一个试图存取该内存的进程产生页错时,共享内存错误处理代码将使用这个新创建的物理页面。所以,第一次存取共享内存页面使得它被创建,此后其他进程的存取将它加入相应进程的虚拟地址空间。

当进程不再使用共享内存时,就将共享内存从该进程的虚拟内存中分离出去。只要还有其他进程还在使用该内存,分离共享内存就只会影响进程本身。分离共享内存使 shmid_ds 的 vm_area_struct 被删除并释放,并修改进程页表使共享内存域失效。当没有进程使用共享内存时,共享内存的物理内存页面被释放,同时还释放 shmid_ds。如果共享内存没有锁定在物理内存,处理就更复杂一些。这时,共享内存的页面在内存使用频繁时被换出到系统的交换文件上。

11.4 设备驱动程序

操作系统的目的之一就是隐藏各种硬件设备的使用细节,使系统中的硬件设备对用户而言是透明的。例如,不管底层是什么样的物理设备,虚拟文件系统提供一个一致的、安装好的文件系统。

CPU 不是系统中惟一的智能设备,所有物理外设都有其硬件控制器。每一个子硬件控制器都有其控制和状态寄存器,用来启动和停止一个设备,以及设备初始化和检测故障。Linux 核心中管理系统硬件控制器的代码称为设备驱动程序。Linux 核心的设备驱动程序基本上是共享库,其中一些用来处理底层硬件的例程常驻内存。Linux 的设备驱动程序用来处理硬件的多样性。

11.4.1 Linux 设备驱动程序的特点

操作系统的基本功能之一是对设备处理的抽象处理。所有的物理设备被当做标准文件处理,可以被打开、关闭、读或写,就像用系统调用处理文件一样。系统中每一个设备都对应一个专用设备文件,例如,系统中的第一个 IDE 硬盘的设备文件名是/dev/hda。块设备(如硬盘)和字符设备的专用设备文件通常是通过 mknod 命令用主设备号和次设备号来描述和创建。

由同一设备驱动程序所管理的所有设备拥有相同的主设备号,互不相同的次设备号。例如,每个 IDE 硬盘主设备的每个分区都有不同的次设备号。Linux 将系统调用中传递过来的专用设备文件名映射到相应的设备驱动程序和系统表中,如字符设备表,chrdevs。

Linux 支持 3 种硬件设备类型:字符设备、块设备和网络设备。字符设备的读写不需要缓冲,例如系统的串行接口/dev/cua0 和/dev/cua1。块设备的读和写只能以块的单位来进行,块的大小一般是 512 字节或 1 024 字节。块设备的读写是通过缓冲并且可以被随机存取,随机存取意味着可以定位块设备的任意块并进行读取。块设备的存取可以通过其专用设备文件,但更经常的是通过文件系统。只有块设备支持文件系统的安装。网络设备的存取通过 BSD 套接字和网络子系统实现。

Linux 支持许多不同的设备驱动程序。它们都具备一些共同的属性:

(1) 核心态。

设备驱动程序是系统核心的一部分,就像核心中其他代码一样。如果不正确运行,会严重地毁坏系统。一个不好的驱动程序可能使系统崩溃,并可能导致文件系统丢失数据。

(2) 核心接口。

设备驱动程序必须提供一个标准的接口给 Linux 核心或相应的子系统。例如,终端驱动程序提供一个文件 I/O 接口给 Linux 核心;SCSI 子系统提供缓冲机制,SCSI 设备驱动程序提供一个 SCSI 设备接口给 SCSI 子系统,SCSI 设备接口提供文件 I/O。

(3) 核心机制和服务。

设备驱动程序利用标准的核心服务,如分配内存,发送中断,等待运行队列等。

(4) 可装卸。

大多数的 Linux 设备驱动程序在需要时作为核心模块装载,在不再被使用时卸载。这使得核心的自适应性非常好,系统的资源可以有效地被利用。

(5) 可配置。

Linux 设备驱动程序可以构造进系统核心。系统核心编译时,可以对系统的设备驱动程序进行配置。

(6) 动态的。

系统启动时,每一个设备驱动程序进行初始化,寻找其控制设备。即使核心中一个设备驱动程序所对应的控制设备不存在,也只是多了一些无用的驱动程序,占用一些系统内存,对系统本身无碍。

11.4.2 轮询与中断

设备每次接受一个命令,为了完成这个命令,设备驱动程序有两种选择:轮询或中断。

轮询意味着频繁地读设备的状态寄存器直到状态寄存器值的变化显示该设备已经完成请求。如果该设备驱动程序是系统核心的一部分,上述行为将是一种灾难性的,因为系统核心什么都不能做,直到设备完成服务。一个替代的方法是使用一个系统计时器,设备驱动程序每隔一定时间调用设备驱动程序中的一个例程去检测服务命令是否完成。

一种更有效的方法是使用中断。中断驱动的设备驱动程序意味着:任何时候,它所管理的设备需要被处理时,该设备会发出一个中断。例如,每当一个 Ethernet(以太)网卡控制器从网络上接收一个 Ethernet 数据包时,系统将会接收到一个中断。设备驱动程序在初始化时登记了所管理的中断号及相应中断处理程序的地址,Linux 核心传送这个来自设备的中断到相应的设备驱动程序。

这个申请中断资源的过程发生在驱动程序初始化阶段。由于 IBM PC 体系结构的遗留习惯,系统中存在一些固定使用的中断号,例如,软盘控制器将一直使用中断

6，但是其他中断是在系统启动时动态分配的。

一个中断如何被传递到 CPU 中，不同的硬件体系结构有不同的方法。但大多数系统中通过一种特殊的模式传递中断，在这种模式下，系统其他的中断不会发生。一个设备驱动程序的中断处理例程要尽可能地简单快速，从而 Linux 核心可以能够很快地中止这个中断并回到被中断之前的现场。设备驱动程序接收到中断信号后需要做很多工作，但是设备驱动程序可以将中断处理例程放入系统核心的下层处理机或任务队列中排队，稍后再执行。

大多数通用微处理器采用同样的方式处理中断：当一个硬件中断发生时，CPU 停止它正在处理的指令，跳转到内存中的一个地址，该地址含有中断处理过程或一条可以指向中断处理过程的指令。这段代码一般运行在 CPU 的中断模式。一般而言，在这种模式下，其他的中断一般不会被响应，当然也存在例外的情况。一些 CPU 将中断按优先级划分，从而在处理低优先级的中断时，更高级的中断可以提前处理。中断处理程序必须非常细心地编写，通常在处理中断前将系统的当前状态（所有 CPU 通用寄存器和上下文）保存在堆栈中。有些 CPU 提供一组只用于中断模式的特殊寄存器，中断处理代码利用它们来保存大多数需要保存的上下文。

当中断处理完毕后，系统恢复到执行前的状态，CPU 从中断调用处继续执行。中断处理程序应尽可能高效以避免堵塞其他中断。

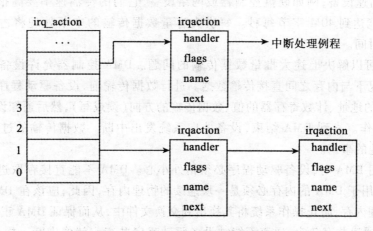

图 11-14　Linux 中断处理数据结构

Linux 中断处理子系统的一个重要任务是当处理中断时，将指令控制指向正确的中断处理代码过程。完成上述任务的代码必须了解系统的中断分布情况。Linux 使用一系列指针指向含有中断处理例程的数据结构，这些例程分别属于系统中不同的设备驱动程序。每一个设备驱动程序在初始化时负责申请它所需要的中断号。

图 11-14 显示了 Linux 系统中指向 irqaction（中断动作）的 irq_action 向量。Irqaction 用于保存中断处理句柄的相关信息，包括中断处理例程的地址。对不同的

硬件体系结构和操作系统来说，系统支持的中断数目和中断处理方法不一样。Linux 中断处理代码依赖于具体的硬件体系结构，因此，irq_action 向量的长度依赖于系统中中断资源的数目。

中断发生时，Linux 首先读取系统可编程中断控制器的中断状态寄存器来判断中断源。然后，系统核心解析这个中断源并映射到 irq_action 向量一个元组上。例如，来自软驱的中断 6 将被映射到向量的第 7 个入口。如果对已发生的中断没有对应的中断处理句柄，Linux 核心将记载一个错误。否则，核心调用相应的中断处理例程。

当一个设备驱动程序的中断处理例程被 Linux 核心调用以后，它必须迅速弄清楚中断的原因并响应中断。为了找出中断的原因，设备驱动程序会读取中断设备的状态寄存器，这个设备有可能正在报告错误发生或操作完成。然后，设备驱动程序可能还要花更多的时间响应中断。如果这样，该中断将花费太多的 CPU 时间，因此 Linux 核心允许设备驱动程序推延其工作。

11.4.3　DMA（直接内存存取）

在数据量很小的情况下，使用中断驱动的设备驱动程序进行硬件设备传输数据可以很好地工作。由于硬件设备发出中断和设备驱动程序处理该中断的时间非常少，那么数据传输的总体系统影响也非常小，数据传输只占用很少的 CPU 处理时间。但是对于高速设备，例如硬盘控制器或网络设备，它们的传输速率要高很多。一个 SCSI 设备能达到 40M 字节每秒。每次大容量数据传输的中断处理将占用较多的 CPU 处理时间。

DMA 可以解决上述大批量数据传输的问题。DMA 控制器允许设备在不影响 CPU 的情况下与内存之间直接传输数据。进行数据传输前，设备驱动程序设置相应 DMA 通道的地址、计数寄存器的值、数据传输的方向（读或写），然后通知设备可以启动 DMA 操作。直到 DMA 结束，设备才向系统发出中断。数据传输的过程中，CPU 可以做其他的事情。

在使用 DMA 时，设备驱动程序必须格外小心。DMA 不能直接存取进程的虚拟空间地址，用于 DMA 的内存必须是一块连续的物理内存，因此，应该在 DMA 期间锁住这块物理内存，防止操作系统将其换出到交换文件中，从而保证 DMA 正确完成。

DMA 通道共有 7 个，通道不能被设备驱动程序共享。就像中断一样，一个设备驱动程序必须能够知道所使用的 DMA 通道号。有些设备使用固定的通道号，有些设备的 DMA 通道号可以通过跳线设置，一些更灵活的设备能够自动挑选一个空闲 DMA 通道号。

Linux 通过一个向量数据结构 dma_chan 来掌握 DMA 通道的使用情况。dma_chan 结构中只包含两个域：一个指向描述 DMA 通道拥有者的字符串的指针，一个显示 DMA 通道是否已被占据的标志。

11.4.4 存储器

设备驱动程序是系统核心的一部分,不能使用虚拟内存。由于任何进程都可以调用设备驱动程序,所以设备驱动程序不能依赖于一个特定的进程。像核心中的其他部分一样,设备驱动程序使用内存数据结构来管理跟踪所控制的设备。这些内存数据结构可以作为设备驱动程序代码的一部分被静态地分配,但这样将使核心变大,造成资源的浪费。大多数设备驱动程序从系统核心中动态分配非物理内存的页面用来存储数据。

设备驱动程序使用 Linux 系统提供的例程进行核心内存分配和释放。核心内存的分配是以 2 的幂次方为单位的,例如,128 字节或 512 字节,即使设备驱动程序需要的内存量少于这些值。这种方法使得内存的释放回收更容易,因为系统可以将这些小的空闲块合并成更大的内存块。

处理请求核心内存分配的申请时,Linux 可能要做许多额外的工作。如果剩余的内存太少,一些物理页面需要被丢弃或写进交换文件。通常地,Linux 将这个处理挂起并放到一个等待队列中直到系统中有足够的物理内存。当然不是所有的设备驱动程序都希望这样被处理,所以当不能立刻分配内存时,核心内存分配例程可以直接返回"失败"。

11.4.5 设备驱动程序接口

Linux 核心通过一些标准的方法连接设备驱动程序。每一类设备驱动程序都提供一个一致的通用接口给核心。这些通用接口意味着核心可以将这些不同的设备和其驱动程序一样来对待。例如,SCSI 和 IDE 硬盘的行为是不同的。但 Linux 核心通过同一个通用接口对它们进行操作。

Linux 是动态可重构的。Linux 核心启动时可能遇到不同的物理设备,因此需要不同的设备驱动程序。当核心重新构建的时候,Linux 允许核心使用配置文件加载设备驱动程序,因此会存在核心初始化某些设备驱动程序而系统中却不存在相应物理设备的情况。其他设备驱动程序只在需要时被装载进入核心。为了处理设备驱动程序的这种动态特性,系统要求设备驱动程序在初始化时向系统进行注册。Linux 核心为每个接口保存一些注册设备驱动程序表。这些表包含了一些例程的指针和其他一些接口支持信息。

1. 字符设备

字符设备,Linux 中最简单的设备,以文件的形式被存取(见图 11-15)。应用程序就像使用文件一样使用标准的系统调用打开、读、写和关闭字符设备。当一个字符设备初始化时,Linux 核心在由 device_struct 数据结构组成的 chrdevs 向量中添加一个条目登记设备驱动程序。chrdevs 向量通过设备的主设备号索引,而设备的主索引号为定值。

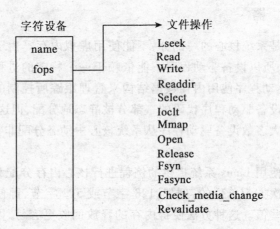

图 11-15　字符设备

device_struct 数据结构含有一个指向注册设备驱动程序名字的指针,以及一个指向文件操作块的指针。文件操作块本身是字符设备驱动程序的例程地址,每个例程完成一定的文件操作功能,如,打开、读、写和关闭。字符设备文件/proc/devices 的内容从 chrdevs 向量获取。

当一个代表字符设备的特殊字符文件被打开时,系统必须正确地工作保证相应的字符设备驱动程序的文件操作例程被调用。就像一个普通文件或目录一样,每一个专用设备文件对应一个 VFS 索引节点。这个 VFS 索引节点中含有这个设备的主设备号和次设备号。VFS 索引节点当一个设备专用文件名找到时由底层文件系统创建。

VFS 索引节点与一系列文件操作相关联。VFS 索引节点被创建时,对应这个 VFS 索引节点的文件操作被设置成缺省的字符设备操作。

当一个字符特殊文件被应用程序打开时,这个打开操作将使用这个设备的主设备号作为 chrdevs 向量的索引来查找对应这个设备的文件操作集的地址。同时创建一个描述该字符专用文件的 file 数据结构,file 中关于文件操作的指针指向相应设备驱动程序。这样,应用程序的文件操作将被映射为该字符设备驱动程序提供的相应文件操作。

2. 块设备

块设备同样支持文件形式存取。块设备的打开操作机制与字符设备基本一样。Linux 在 blkdevs 向量中记录已登记块设备。与 chrdevs 向量一样,blkdevs 向量使用设备的主设备号作为其索引,向量的每一个条目是 device_struct 数据结构。与字符设备不同的是,这些数据结构属于块设备。SCSI 设备和 IDE 设备是其中的两个例子。这些设备数据结构在核心中登记并为核心提供对应于其设备的文件操作。块设备驱动程序提供实现块设备接口的细节。例如,一个 SCSI 设备驱动程序必须为 SCSI 子系统提供接口，SCSI 子系统利用这些接口，给系统核心提供一个一致的文件接口。

除了文件操作接口，每个块设备还必须提供缓冲区接口。每个块设备驱动程序在 blk_dev 向量中都有一个条目。blk_dev 向量的每个元组是一个 blk_dev_struct 数据结构，索引为设备的主设备号。blk_dev_struct 中含有一个请求例程的地址和一个指向 request(请求)数据结构的指针。request 代表了一个从缓冲区到驱动程序的读或写数据块的请求。

缓冲区在向一个已登记设备读写数据之前，先在 blk_dev_struct 中插入一个请求。如图 11-16 所示，每一个申请含有一个指向一个或多个 buffer_head 数据结构。每一个 buffer_head 是读或写一个块数据的请求。Buffer_head 结构是被缓冲区锁住的，因此有可能存在一个进程正在等待该缓冲区完成操作。数据请求分配在一个静态链表中，如果请求队列为空，设备驱动程序的请求函数将被立即调用。否则，驱动程序将顺序地处理请求队列中的所有请求。

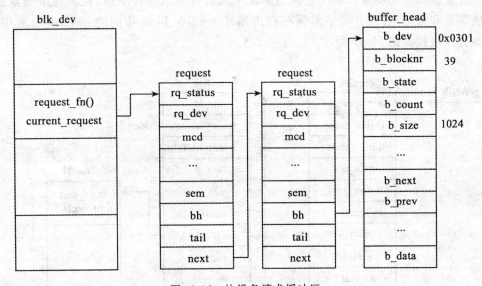

图 11-16　块设备请求缓冲区

一旦设备驱动程序完成一个请求，它必须从这个请求中移去所有 buffer_head，更新标记并释放其锁。对 buffer_head 锁的释放将唤醒所有等待这个块操作完成的睡眠进程。一个例子是，当要解释一个文件名时，EXT2 文件系统必须从块设备中读取下一个 EXT2 目录，这个进程将唤醒该目录的 buffer_head 的设备驱动程序。每个 request 最终将被回收从而可以被其他的块请求使用。

11.4.6　硬　　盘

硬盘将数据保存在磁盘片上，提供一种持久的存储方式。

一个硬盘由一个或多个磁盘片组成。每个磁盘片的表面分成一些小的同心圆,称为磁道。磁道 0 是最外层的磁道,最大编号的磁道最靠近圆心。柱面是指有同样编号的磁道集合。因此所有磁片上的磁道 5 构成了柱面 5。因为柱面的数目等于磁道的数目,人们经常使用柱面来描述硬盘。磁道由扇区组成。扇区是硬盘读或写的最小单位。扇区的大小和数据块的大小一致,在硬盘格式化的时候被确定,通常为 512 个字节。

硬盘可分为多个分区。分区是扇区的集合。允许多个操作系统共用一个硬盘分区。许多 Linux 系统只有一个硬盘,分为 3 个分区:一个是 DOS 文件系统,一个是 EXT2 文件系统,第 3 个是交换分区。硬盘分区用分区表描述。分区表中的条目用磁头号,扇区号和柱面号来描述分区的起始和结束地址。Fdisk 命令支持 3 类分区类型:主分区、扩展分区和逻辑分区。扩展分区不是一个真正的分区,可以含有任意数目的逻辑分区。扩展分区和逻辑分区的发明是用来绕过系统中只允许 4 个主分区的限制。

在系统初始化期间,Linux 将映射系统中所有硬盘的拓扑结构,检测每个硬盘的物理参数和分区结构,并将结果保存在由指针 gendisk_head 指向的 gendisk 链表中。硬盘分区链接如图 11-17 所示。

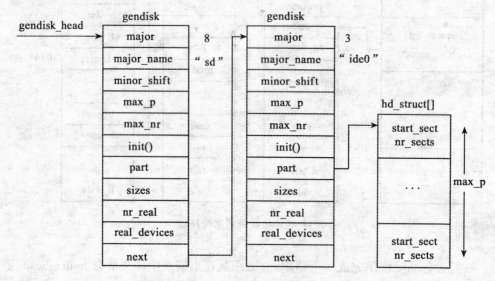

图 11-17　硬盘分区链接表

11.5　文 件 系 统

Linux 最重要的特征之一是支持多种文件系统。这使 Linux 非常灵活,从而可以与许多另外的操作系统很好地共存。Linux 已支持 15 种文件系统:EXT,EXT2,XIA,

MINIX、UMSDOS、MSDOS、VFAT、PROC、SMB、NCP、ISO9660、SYSV、HPFS、AFFS 及 UFS，并且没有疑问，将来将支持更多的文件类型。

　　Linux 不是像 Windows 或 DOS 那样通过设备标识符存取文件系统，而是将它们构建成为一个单一的层次树状结构实体，新文件系统安装后将加入到系统的文件系统树中。所有的文件系统，不管是什么类型，都安装在文件系统树的一个目录上，并且该文件系统将覆盖掉这个安装目录中原来存在的内容。这个目录称为安装目录或安装点。当文件系统被卸载之后，安装目录中原来的文件才能再现。

　　物理的硬盘被划分成很多逻辑分区，每个分区可以拥有一个单个的文件系统，文件系统通过在物理设备上的目录、软连接等来组织文件以形成一个逻辑的层次结构。包含文件系统的设备称为块设备。IDE 硬盘分区/dev/hda1，即系统中的第一个 IDE 硬盘驱动器分区，就是一个块设备。Linux 文件系统认为这些块设备是块的简单的、线性的组合，不知道底层的物理的几何学分布。从读块设备的请求到具体物理参数的映射过程由块设备驱动程序来负责，如相应的磁道、扇区和柱面。文件系统不管位于什么具体的设备上只能用通用的方式和接口进行操作。使用 Linux 文件系统时，即使这些不同的文件系统在不同的物理媒介上，由不同的硬件控制器控制着，对系统用户而言，应该是透明的。文件系统可能甚至不在本地的硬盘系统上，而是一个网络安装的硬盘。

　　一个文件系统的文件是数据的集合。一个文件系统不仅含有文件系统中的文件而且含有文件系统的结构。它包含 Linux 用户和进程所能看见的文件、目录连接、文件保护信息等。操作系统的基本完整取决于它的文件系统。没人将使用随机丢失数据和文件的一个操作系统。

　　Linux 的第一个文件系统 Minix 有相当的局限性而且缺乏很好的性能。Minix 的文件名不能超过 14 个字符(比 8.3 格式稍好)，并且最大的文件大小是 64M 字节。64M 字节文件对数据库系统来说是远远不够的。

　　EXT(扩充文件系统)作为第一个为 Linux 设计的文件系统于 1992 年 4 月被引入，它解决了很多问题但是仍然缺乏很好的性能。

　　因此，EXT2(第二扩充文件系统)在 1993 年被增加到 Linux 文件系统中。

　　当 EXT 文件系统被增加进 Linux 时，一个重要的关于文件系统的技术出现了。真实的文件系统通过一个叫做虚拟文件系统(Virtual File System, VFS)的接口层将操作系统和系统服务逻辑地分离开来。

　　VFS 允许 Linux 支持许多不同的文件系统。每一个文件系统提交一个通用软件接口给 VFS。Linux 的 VFS 层允许同时透明地安装多个不同的文件系统。

　　实现 Linux VFS 要求对文件的存取要尽可能地快和高效，且文件和文件中的数据不会遭到破坏。这两个要求是互相制约的。当文件系统被安装和使用时，Linux VFS 在内存中保存其信息。当文件和目录被创造、写或删除时，在这些缓存里的数据要被修改更新，以更新文件系统。最重要的缓存是缓冲区缓存，它是文件系统存取底层块设备的方法和途径。当数据块被存取时,它们被放进缓冲区缓存并且根据它们的状态放入各种各样的队列中。缓冲区缓存不仅缓存数据缓冲区,它也与块设备驱动程序一起管理异步接口。

11.5.1 第二扩充文件系统(EXT2)

第二扩充文件系统被设计作为 Linux 的一个可扩展的、强有力的文件系统。它也是到目前为止在 Linux 领域最成功的文件系统并且被当前 Linux 的所有版本所支持。

EXT2 文件系统,像很多文件系统一样,其构造的前提假设是文件中保持的数据被放在同样大小的数据块中。在不同的 EXT2 文件系统中数据块大小可以不同。每个文件的大小都被调整为块大小的整数倍。如果块大小是 1 024 个字节,那么 1 025 个字节的一个文件将占据两个数据块。不幸的是,这意味着平均而言每个文件将浪费半个数据块。通常在考虑计算时,存储器和硬盘空间的使用率与 CPU 的工作效率之间需要折中考虑。Linux 与大多数操作系统一样,选择使用相对低效的硬盘以便在 CPU 上减少负载。不是所有文件系统中的数据块都含有文件数据,其中一些必须被用来描述文件系统的结构信息。EXT2 通过 inode(索引节点)数据结构描述每个文件,并以此定义文件系统的拓扑。索引节点描述文件中的数据所占据的块、文件的修正时间、读写权限和文件类型,等等。EXT2 中每个文件被一个索引节点描述并且每个索引节点有一个惟一的数字标识。文件系统的索引节点保存在索引节点表中。EXT2 目录是一种特殊的文件,包含一些指针,指向目录条目的各个文件或子目录的索引节点。

图 11-18 给出了一个在一个块设备上占据一系列块的 EXT2 文件系统布局。就每个文件系统而言,块设备只是能被读和写的一系列数据块而已。文件系统不需要担心数据块在物理介质上的具体存储位置,由负责设备驱动程序处理。EXT2 将逻辑分区划分成为数据块组,文件系统以数据块组为基本单位存取数据。

除了保持其中文件和目录的信息之外,数据块组还复制那些对文件系统的完整性至关重要的信息和数据。当灾难发生并且文件系统需要恢复时,非常需要这些信息的备份。下面将详细地描述数据块组的内容。

1. EXT2 索引节点

在 EXT2 文件系统中,索引节点是最基本的积木。文件系统的每个文件和目录被一个并且仅仅被一个索引节点所描述。每个块组的索引节点被存放在一个索引节点表中。该表与系统中的文件分配表一起,使系统可以追踪分配了的索引节点和没有分配的索引节点的情况。图 11-19 显示出一个 EXT2 索引节点的格式,在其包含的信息之中包含下列域:

(1)模式(mode):这个域含有两个信息——索引节点内容及用户权限。EXT2 索引节点能描述文件、目录、符号连接、块设备、字符设备或 FIFO。

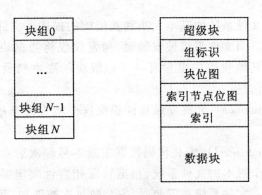

图 11-18　EXT2 文件系统的物理布局

(2) 所有者信息(owner information)：这个文件或目录所有者的用户和组标识符。
(3) 大小(size)：以字节为单位的文件的大小。
(4) 时间戳(time stamps)：索引节点被创造的时间和它最后一次被修改的时间。
(5) 数据块(data blocks)：指向包含这个索引节点描述数据的块的指针。前面的 12 个指针指向包含该索引节点所描述的数据的块，后面 3 个指针包含更多的间接指向。

应该注意的是，EXT2 索引节点可以描述特殊的设备文件。这些不是真实的文件而是程序能够使用来存取设备的句柄。所有在 /dev 下的设备文件都可以允许程序存取 Linux 的设备。例如 mount 程序将想要安装的设备文件作为一个参数来引用。

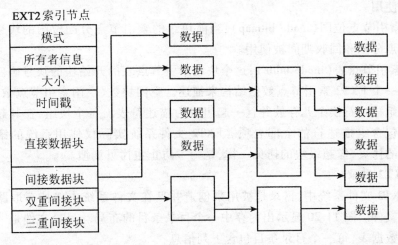

图 11-19　EXT2 索引节点

2. EXT2 超级块

超级块包含一个文件系统的基本大小和其结构的描述。文件系统管理器使用该信息来维持文件系统。当文件系统被安装时,通常仅仅将数据块组 0 的超级块读进内存。在系统的每个其他块组中也含有一个超级块的副本拷贝以防止文件系统崩溃。超级块包含下列信息：

(1) 幻数(magic number)：允许安装软件根据这个域来检查是不是一个 EXT2 文件系统的超级块。

(2) 版本号(revision level)：安装代码根据主版本号和次版本号决定文件系统是否只是特别地支持某个版本的文件系统,根据特征相容性决定哪些新特征可以在这个文件系统上被使用。文件系统被安装时,安装数每次被增加,并且当它等于最大的安装数时,系统将显示警告消息"到达最大的安装数目"。

(3) 块组序号(block group number)：拥有该超级块的拷贝的块组序号。

(4) 块大小(block size)：文件系统的块的大小,例如 1 024 个字节。

(5) 每组块数目(blocks per group)：在一个组中块的数目,固定值。

(6) 空闲块数目(free blocks)：当前文件系统中的空闲块的数目。

(7) 空闲索引节点数目：当前文件系统中的空闲索引节点的数目。

(8) 首索引节点：文件系统中的第一个索引节点的索引节点号码。在一个 EXT2 根文件系统的第一个索引节点将是目录条目项/目录。

3. EXT2 组描述符

每个块组有一个数据结构来描述它。像超级块一样,所有块组的组描述符在每个块组中有一份拷贝以防止文件系统崩溃。每个组描述符包含下列信息：

(1) 块位图(blocks bitmap)：当前块组中块的分配位图的块号码,在块分配和回收期间被使用。

(2) 索引节点位图(inode bitmap)：当前块组的索引节点分配位图的块号码。这在索引节点分配和回收期间被使用。

(3) 索引节点表(inode table)：这个块组索引节点表的开始块的块号码。每个索引节点由一个 EXT2 索引节点数据结构来描述。空闲块数、空闲索引节点数、已使用的目录数组描述符挨个儿存放并且一起组成为描述符表。每个块组,在其超级块的拷贝以后包含组描述符的全部表项。EXT2 文件系统实际仅使用系统的第一个拷贝。其他的拷贝,像超级块的拷贝一样,是为了防止主拷贝崩溃。

4. EXT2 目录

在 EXT2 文件系统中,目录是被用来创造并且在文件系统中保持存取路径到文件的特殊文件。图 11-20 显示出内存中一个目录条目的布局。目录文件是一系列目录条目的数据表,每一个目录条目包含下列信息：

(1) 索引节点：为这个目录条目的索引节点号码。这是被保存在块组索引节点表中的索引节点的数组的索引。在图 11-20 中,文件的目录条目是一个指向索引节点 i1 的指针。

（2）名字长度：这个目录条目以字节记的长度，如 16 字节等。

（3）名字：这个目录条目的名字，如文件的名字或子目录的名字等。每个目录的最前面两个条目总是标准的"."和".."，分别表示"当前目录"和"上一级目录"。

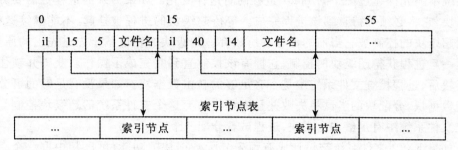

图 11-20　EXT2 目录

5. 文件查找

Linux 文件名由一系列由"/"分开的目录名组成，最后以文件的名字结束。例如，一个文件名是 /home/rusling/.cshrc。在这里，/home 及 /rusling 是目录名字。文件的名字是 .cshrc。Linux 并不特别看重文件名的格式本身。它可以是任何长度，由可打印的字符组成。

第一个索引节点是文件系统的根索引节点，它的值存储在超级块中。为了读取一个 EXT2 索引节点，必须在适当的块组的索引节点表中寻找它。例如根索引节点号码是 42，将从块组 0 的索引节点表中读取第 42 个索引节点。根索引节点为一个 EXT2 目录。换句话说，索引节点作为一个目录，其指向的数据块包含 EXT2 目录条目的数据。

home 只是"/"中许多目录条目的一个。从其在"/"中的条目项，可以得知描述它的索引节点的号码。找到 rusling 必须先读取 home。从得到的数据中，得到/home/rusling 目录索引节点的号码的条目。最后读入指向描述目录/home/rusling 的索引节点数据，并从其指向的数据块中发现 .csshrc 的索引节点数值。通过该索引节点可以定位包含该文件数据的数据块。

6. 文件分配

文件系统一个普遍的问题是文件碎片，保持文件的数据的块分布在整个文件系统中。这使顺序存取一个文件的数据块的效率随着数据块的分离越来越差。为了克服上述的效率问题，EXT2 文件系统将新分配的数据块放在靠近当前块的地方，或至少在一个同样的块组。只有当上述行为失败时，文件系统才在另外的块组中分配数据块。

无论何时进程试图写进一个数据文件，Linux 文件系统进行检查，看数据将写入的位置是否已越过文件的最后分配的数据块。如果是的,它必须为这个文件分配新数据块。直到分配完成,进程不能运行,必须等到文件系统分配一个新数据块并且将余下数据写入到这个新的数据块中之后。EXT2 数据块分配算法要做的第一件事情是锁住 EXT2 文件系统的超级块。分配和释放数据块都要改变超级块内的域值,文件系统不能允许超过一个的 Linux 进程同时这样变化。如果另外的进程更需要分配数据块,它将必须等待直到该进程完成。等待超级块的进程被挂起,不能继续运行,直到超级块的控制被它当前的占有者所放弃。超级块的存取基于先进先出的原则,并且一旦进程获得超级块的控制,它拥有该控制直到它完成了操作。获得并锁住了超级块后,进程检查文件系统中是否有足够的自由数据块。如果没有足够的可分配物理数据块,分配块的尝试将失败并且进程将放弃这个文件系统的超级块控制。如果在文件系统中有足够的自由块,进程试着分配一个。

如果 EXT2 文件系统被设计成有预先分配数据块的功能,可以从中取一个。预先分配的数据块其实并非实际存在,它们只是在分配的块位图中被预先保留而已。代表正在试图分配数据块给那个文件的 VFS 索引节点的新数据块有两个 EXT2 特定的域——prealloc_block 及 prealloc_count。preallocated 是第一个预先分配的数据块的块号码。preallocated 是当前预先分配的数据块已经有多少。如果当前没有预先分配的块或块预分配功能没被打开,EXT2 文件系统必须从头开始分配一个新块。EXT2 文件系统首先查看在该文件的最后那个数据块之后的数据块是不是空闲的。从逻辑上而言,这是分配方案中最有效的块,因为它使顺序存取更加快捷。如果该块不是空闲的,系统扩大搜索范围并且在该块的 64 块范围内寻找数据块。这个寻找到的块,尽管不是最理想的,但还是比较接近同一个数据块组中属于这个文件的其他数据块。

如果甚至上述块也不是空闲的,进程开始依次在其他的块组里进行查找直到它发现空闲的块。块分配代码在块组中寻找一个有 8 个空闲的数据块组。如果它不能发现 8 个数据块在一起,它将要求设置较少些。如果需要或启动了块预分配功能,它将更新 prealloc_block 及 prealloc_count 的值。

当系统发现空闲的块,块分配代码更新该目标块组的块位图,并且在缓冲区缓存中分配一个数据缓冲区。那个数据缓冲区被文件系统支持的对应的设备标识符惟一定位,并且与刚刚分配的物理块号码也是惟一对应的。然后,缓冲区的数据被清零,而且缓冲区的状态被标记"脏"以表示该缓冲区的内容还没被最后写入对应的物理硬盘块。最后,超级块自己被标记作"脏"以表示已被改变,然后被解锁。如果有任何进程正在等待超级块,在队列中的第一个被允许再次运行并且将为它的文件操作获得超级块的独占控制。进程的数据被写到新数据块,并且,如果该数据块已被充满,进程将重复上述块分配行为从而得到一个新的数据块。

11.5.2 虚拟文件系统(VFS)

图 11-21 显示了 Linux 核心的虚拟文件系统与真实文件系统的关系。虚拟文件

系统必须管理所有不同的文件系统。Linux 核心为整个虚拟文件系统和真实的文件系统维持描述全部的数据结构。

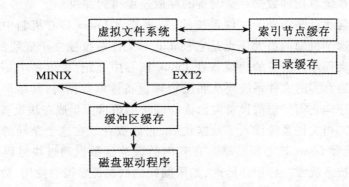

图 11-21 虚拟文件系统的逻辑结构

值得注意的是，VFS 和 EXT2 文件系统一样使用超级块和索引节点来描述系统文件。像 EXT2 索引节点一样，VFS 索引节点用来描述文件、目录、虚拟文件系统的内容及结构拓扑。

VFS 在文件系统被初始化时登记每个文件系统。真实的文件系统要么是被嵌入了核心，要么是作为可装载的模块。系统模块当系统需要它们时被装载，因此，如果 VFAT 文件系统作为一个核心模块被实现，那么只有当被装载的时候，一个 VFAT 文件系统才被装入核心。当一个基于块设备的文件系统被安装时，VFS 必须读入它的超级块。每种文件系统类型的超级块读例程必须了解其相应文件系统的拓扑组织结构并将该信息映射到 VFS 超级块数据结构之上。VFS 保持系统中所有已安装的文件系统的 VFS 超级块并组织成一个链表。每个 VFS 超级块包含相应的信息和能执行特殊功能的例程的指针。例如，一个安装了 EXT2 文件系统的超级块包含一个指向读取一个特定的 EXT2 索引节点结构的例程指针。这个 EXT2 索引节点读取例程，像文件系统的所有其他特定的索引节点读例程一样，在一个 VFS 索引节点中填写相关域。文件系统中每个 VFS 超级块包含一个指针指向其相应的第一个 VFS 索引节点。对于根文件系统，这是代表的"/"目录的索引节点。这个信息映射的过程对 EXT2 文件系统很有效，但是对另外其他的文件系统其效率要差些。

当系统的进程存取目录和文件时，与 VFS 索引节点处理相关的系统例程在系统核心中被调用。例如，键入 ls 以显示一个目录或键入 cat 以显示一个文件导致虚拟文件系统查找代表那个文件系统的相应 VFS 索引节点。因为在系统中每个文件和目录都对应于一个 VFS 索引节点，因此会有很多索引节点将反复被存取。这些索引节点被存放在索引节点缓存。如果某索引节点不在索引节点缓存，则必须调用一个特定的例程来读入正确的索引节点。读索引节点的行为导致一个索引节点被放进索引节点缓存中并且其他相续的对该索引节点的存取将使得该索引节点保持在缓存中。不常用的 VFS 索引节点会从核心索引节点缓存中被挪走。

所有的 Linux 文件系统使用相同的缓冲区缓存机制来缓冲来自底层的数据。这个机制使文件系统对物理数据存储设备的存取速度得到加快。

这个缓冲区缓存是独立于文件系统的，被集成入 Linux 核心机制中用来分配和读写缓冲区。这个机制的最大优点是它使 Linux 文件系统独立于底层的物理介质，独立于设备驱动程序。所有的块设备在 Linux 核心中登记，提供一个一致的基于块的异步接口。当真实的文件系统要从底层物理设备读取数据时，其结果是触发一个块设备驱动程序向它们控制的设备发出读物理块的请求。集成在块设备接口里的就是缓冲区缓存。当文件系统读入了数据块后，它们被存放在这个全局的缓冲区缓存中，被文件系统和 Linux 核心所共享。在其内的缓冲区数据通过块号码和对应于其设备的标识符被系统惟一标识。因此，如果同样的数据经常需要使用，数据将从缓冲区缓存被检索而非从磁盘读入。一些设备支持提前读取功能，系统预测要被读取的数据块并事先将其读入到缓冲区缓存中。

VFS 也保留一个存放目录的缓存以便经常使用的目录的索引节点能快速被发现。目录缓存并不存储目录的索引节点本身，这些应该在索引节点缓存中。目录缓存只简单地存储目录名到其相应的索引节点号码间的映射信息。

11.5.3 缓冲区缓存

当安装的文件系统被使用时，它们产生很多对块设备数据块的读和写请求。所有的块数据读和写请求以 buffer_head 数据结构形式传递给设备驱动程序。buffer_head 含有块设备驱动程序所需要的所有信息，标识一个设备的设备标识符和读取得数据块的号码。所有的块设备都是具有同样大小的数据块的线性组合。为了加快物理块设备的存取，Linux 维持一个块缓冲区的缓存。系统中所有的块缓冲区都被放在这个缓冲区缓存的每个地方，甚至包括最新的、还没被使用的缓冲区。

这个缓存被系统中所有的物理块设备所共享。在任一时间里，在缓存中都有许多块缓冲区，它们可能属于系统中的任何一个块设备而且这些数据处于不同的状态。如果从缓冲区缓存中可以得到有效的数据，这将节省系统去访问物理设备的时间。任何一个被用来从块设备读或写数据的块缓冲区都进入这个缓冲区缓存。随着时间的推移，将来它可能被移走，当然如果它经常被存取，就可以在缓存里留下。

在缓存内的块缓冲区都通过其对应块设备的标识符来惟一标识块号码。缓冲区缓存由两个功能部分组成：第一个功能部分是空闲的块缓冲区的链表。对应于每种支持的缓冲区大小，系统中有一个相应的链表。当系统中的块缓冲被创建或被丢弃时，它们就被挂到这些相应的链表上。当前 Linux 系统支持的缓冲大小是 512、1 024、2 048、4 096 和 8 192 字节。第二个功能部分是其缓存本身。这是一张哈希表，每个条目是指向由指针串起来的缓冲区链表的指针。哈希值索引的计算是由数据块拥有的设备标识符和块号码来产生。图 11-22 所示是这个哈希表和几个条目。

块缓冲区要么是在空闲的链表之中,或在哈希缓冲区缓存中。当它们在缓冲区缓存中时,它们也被链接在 LRU 链中。对每种缓冲区类型都有一张 LRU 链表。它们被系统用来执行对这种类型缓冲相关的操作。

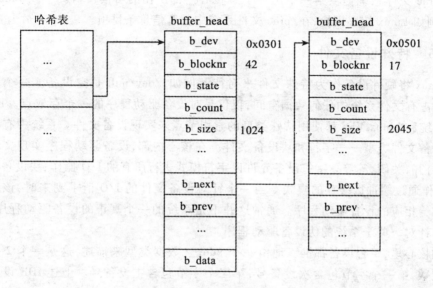

图 11-22　缓冲区缓存

例如,写缓冲区中的新数据到硬盘中。缓冲区的类型反映它的状态。Linux 当前支持下列类型:

(1) 干净(clean):闲置的、新的缓冲区。

(2) 锁(locked):被锁的缓冲区,等待被写。

(3) 脏(dirty):脏缓冲区。这些包含新的、有效的数据,将被写但是到目前为止没有被安排写到硬盘上去。

(4) 分享(shared):共享的缓冲区。

(5) 非共享(unshared):曾经是共享的缓冲区但目前不是,无论何时当一个文件系统需要从它底层的物理设备读一个缓冲区时,它试着从缓冲区缓存得到。如果它不能从缓冲区缓存得到一个缓冲区,然后它将从适当大小的空闲的链表中得到一个干净的、新的缓冲区。这个缓冲区将被放入缓冲区缓存。如果它需要的缓冲区在缓冲区缓存中,它可能已含有最新的数据。如果它不是最新的,或如果它仅仅是一个新的块缓冲区,文件系统必须请求设备驱动程序从硬盘读取适当的数据块。

11.5.4　/proc 文件系统

/proc 文件系统确实显示了 Linux 虚拟文件系统的强大。它其实并不实际存在。/proc 目录,其子目录和它的文件实际上也不存在。/proc 文件系统,就像一个真实的文件系统一样,在虚拟文件系统中登记自己。VFS 对它进行调用请求索引节点的时候,/proc 文件系统利用核心中的信息来创造其文件和目录。例如,核心的/proc/devices 文件从核心中描述设备的数据结构中产生。

/proc 文件系统提供给一个用户了解核心内部工作的可读窗口。一些 Linux 子系统,例如 Linux 核心模块,在/proc 文件系统中都有信息条目项。

11.5.5 特殊设备文件

Linux 将硬件设备作为特殊文件来对待。例如,/dev/null 是空设备。一个设备文件不占有文件系统的任何数据空间,仅仅是对设备驱动程序的一个存取点。EXT2 文件系统和 Linux VFS 都使用特殊类型的索引节点来实现设备文件。系统中有两种特殊设备文件类型——字符和块设备文件。在核心内部,设备驱动程序实现文件的语义:打开,关闭,等等。字符设备允许以字符模式进行所有的 I/O 操作;块设备要求 I/O 操作通过缓冲区缓存的模式。当一个针对设备文件的 I/O 请求到来时,该请求被提交给相应的设备驱动程序。通常这并不是系统的一个真正的设备驱动程序,而是一个针对一些子系统的伪设备驱动程序。

在核心里,每台设备都惟一地由一个 kdev_t 数据类型来描述,这是一个 2 个字节的整数,第一个字节包含次设备号,第二个字节包含主设备号。上述 IDE 设备在核心中的数据就是 0x0301。一个代表块或字符设备的 EXT2 索引节点在它的第一个直接的块指针中保持着该设备的主设备号和次设备号。当它被 VFS 读取时,代表它的 VFS 索引节点数据结构在其 i_rdev 域中设定上述正确的设备标识符信息。

小 结

Linux 是一个当前流行的、优秀的、开源的、免费的、多任务的,多用户的操作系统。

Linux 程序在内存中运行。虚拟内存被用于解决物理内存不足的问题,把有用的信息和数据保存在缓存中可以提高系统性能。程序实际在虚拟内存中运行,虚地址空间通过内存映射和内存映像连接。只有当程序的一部分被调用时,系统才将这部分内存映像读入内存。当进程存取一个无有效页表记录的虚地址时,处理器将产生页错,并报告给 Linux 操作系统处理。内核交换程序的作用是保证系统有足够的内存,从而保证内存管理系统高效工作。

Linux 进程是任务的执行者。进程在各自独立的虚拟地址空间中运行。进程在其生命周期内要共用有限的系统资源,如 CPU 在任一时刻只能供一个进程使用。Linux 统一分配各种资源,以提高资源的使用效率。Linux 使用很多调度策略来保证调度的公平。

Linux 进程之间、进程与核心之间互相通信,以协调它们的活动。Linux 支持一系列进程间通信机制,信号和管道是其中的两种,此外还有 SVR 的进程间通信机制。

Linux 的设备驱动程序用来处理各种硬件的多样性,使系统中的硬件设备对用户而言是透明的。Linux 对设备抽象化处理,所有的物理设备被当做正规的文件来处理。设备驱动程序用中断的方式完成任务,并且给 Linux 核心提供一个一致的共同的接口。DMA 用于解决大批量数据传输的问题。

Linux 支持多种文件系统,EXT2 是目前在 Linux 领域最成功的文件系统。真实的文件系统通过 VFS 接口层,将操作系统和系统服务逻辑地分离开来。VFS 和 EXT2 都使用超级块和索引节点来描述文件、目录、文件系统的内容及结构拓扑。

习题十一

11.1 Linux 系统是如何处理页错的?

11.2 Linux 如何实现内存映射?

11.3 Linux 是如何进行进程的切换的?

11.4 Linux 进程有哪些优先级?

11.5 Linux 进程调度算法是如何使各进程均衡使用 CPU 的?

11.6 Linux 系统怎样处理硬件的多样性?

11.7 在设备管理方面,Linux 系统采用什么方法使读入内存的文件副本能为多个用户共享,避免重复调用和多占内存?

11.8 Linux 的 VFS 和 EXT2 都使用超级块和索引节点描述系统文件,两者有什么区别?

11.9 文件系统一个普遍的问题是文件碎片的处理,Linux 怎样减少文件碎片?

参考文献

[1] 黄水松,黄干平,曾平,李蓉蓉. 计算机操作系统. 武汉:武汉大学出版社, 2003

[2] 黄干平. 计算机操作系统. 北京:科学出版社,1989

[3] 汤子瀛,哲凤屏,汤小丹. 计算机操作系统. 西安:西安电子科技大学出版社,1996

[4] 何炎祥. 操作系统原理. 上海:上海科学技术文献出版社,1999

[5] [美]Villiam Stallings. 操作系统-内核与设计原理. 第4版. 魏迎梅等译. 北京:电子工业出版社,2001

[6] [美]Andrew S. Tanenbaum, Albert S. Woodhull. 操作系统:设计与实现. 第2版. 王鹏等译. 北京:电子工业出版社,1998

[7] [美]莫里斯·贝奇. UNIX操作系统. 陈葆程等译. 北京:机械工业出版社,2001

[8] 李勇,裘施纲,王凤学,宋焕章编著. 计算机原理与设计. 长沙:国防科技大学出版社,1989

[9] 王爱英主编. 计算机组成与结构. 北京:清华大学出版社,2001

[10] 尤晋元,史美林等编著. Windows操作系统原理. 北京:机械工业出版社,2001

[11] 边防,上海交大南洋CTEC. Win 2000功能特性:网络新功能. http://tech.sina.com.cn/news/computer/2000-03-13/19783.shtml